● 高等学校水利类专业教学指导委员会
● 中国水利教育协会 共同组织编审
● 中国水利水电出版社

普通高等教育“十三五”规划教材
全国水利行业规划教材

土壤物理与作物生长模型

王全九 等 编著

内 容 提 要

土壤是作物生长的基本生产资料，作物生长与土壤水、肥、气、热密切相关。本书在介绍土壤中水、肥、气、热传输特征的基础上，详细分析了根系吸水、作物光合特征、植物生长过程模拟模型等方面的基础理论、测试方法和相应数学模型，以期为实现农业水肥高效利用和土地可持续利用提供系统的理论和知识。

本书可作为农业水利工程专业本科生和农业水土工程学科研究生的教材，也可作为从事农业节水灌溉、农业水土资源高效利用和农业生态环境建设与保护等方面学者的参考书。

图书在版编目（CIP）数据

土壤物理与作物生长模型 / 王全九等编著. -- 北京：中国水利水电出版社，2016.2
普通高等教育“十三五”规划教材 全国水利行业规划教材
ISBN 978-7-5170-4130-6

Ⅰ．①土… Ⅱ．①王… Ⅲ．①土壤物理学—高等学校—教材②作物—栽培技术—高等学校—教材 Ⅳ．①S152②S5

中国版本图书馆CIP数据核字(2016)第036242号

书名	普通高等教育“十三五”规划教材 全国水利行业规划教材 **土壤物理与作物生长模型**
作者	王全九 等 编著
出版发行	中国水利水电出版社 （北京市海淀区玉渊潭南路1号D座 100038） 网址：www.waterpub.com.cn E-mail：sales@waterpub.com.cn 电话：(010) 68367658（发行部）
经售	北京科水图书销售中心（零售） 电话：(010) 88383994、63202643、68545874 全国各地新华书店和相关出版物销售网点
排版	中国水利水电出版社微机排版中心
印刷	北京纪元彩艺印刷有限公司
规格	184mm×260mm 16开本 11印张 260千字
版次	2016年2月第1版 2016年2月第1次印刷
印数	0001—2000册
定价	**24.00** 元

前 言

《土壤物理与作物生长模型》是农业水利工程专业和农业水土工程学科的专业扩展性教材，主要涉及土壤物理、植物生长、水文学、生态环境等相关学科的内容，满足农业水利工程专业和农业水土工程学科所需要掌握的土壤基本物理特征和作物生长模拟的基本知识、基本理论和相关数学模型。根据农田水分高效利用和农田物质传输和转化模拟与调控需要，以物质传输和能量转化为主线，描述了土壤水分运动基本理论、土壤入渗模型及其参数确定方法、根系吸水特征及其模型、土壤气体传输特征和主要动力参数确定方法、田间热平衡和土壤热传递特征、土壤养分迁移转化及其对作物生长的影响、作物光合特征及其模型和作物生长模型包含各模块计算方法等方面的内容。本书在编写过程中，为适应现代农业水肥高效利用需要，着重介绍相关过程新理论和方法以及相关过程定量描述，增强学生对相关物理过程的理解和利用数学知识描述物理过程的能力。

全书包括9部分内容，绪论由西安理工大学王全九编写；第1章土壤水分运动基本原理由河海大学缴锡云教授编写；第2章土壤入渗特征由西安理工大学王全九教授编写；第3章根系吸水由中国农业大学左强教授和石建初教授编写；第4章土壤空气传输由西安理工大学王全九教授和卢奕丽博士编写；第5章田间热量平衡与土壤热传递由中国农业大学任图生教授编写；第6章土壤养分运移转化由西安理工大学周蓓蓓副教授编写；第7章光合作用及其模型和第8章作物生长模型由西安理工大学苏李君博士编写。全书由王全九负责统稿。

由于水平有限，书中难免有不妥之处，诚请广大师生和学者指正。

编 者

2015年10月

目　录

绪　论

随着世界人口增加，水资源安全、土地安全、粮食安全和生态环境安全成为社会可持续发展的重要保障。土壤作为农业发展的基本生产资料，承担着为作物生长提供和调节所需要各种营养元素的任务，提高和维持土地生产能力成为现代农业发展的主要内容。作物生长受到众多因素影响，如气象条件、土壤状况、水资源状况、科技发展和经济状况等影响，综合了解作物生长与土壤物理特征间的关系，有助于发展节水灌溉技术和农田物质综合调控方法，实现水土资源高效而可持续利用、农业高产高效和可持续发展。

0.1　土壤

土壤是由矿物质、有机质、水分、空气和生物等所组成的能够生长植物的地球疏松表层。土壤是由固体颗粒、液体和气体构成的多孔介质，可以传输和存储作物生长的各种营养元素。土壤中热量来自太阳，并通过在土壤中传递，改变土壤温度，为根系发育和微生物活动提供热量。土壤中水分、养分和气体通过作物根系进入作物体内参与各种物理、化学和生物过程。土壤物理就是以研究土壤的物理性质以及土壤中的物理现象、过程和能量转化为主要任务，并兼顾与土壤中化学和生物过程有关耦合机制。

由于土壤可存储作物所需一些营养元素，因此土壤具有肥力。把土壤具有的能同时不断地供应和调节植物生长发育所需的水、肥、气和热等生活要素的能力称为土壤肥力。按照土壤肥力形成过程把土壤肥力分为自然肥力和人为肥力。自然肥力是指由自然因素形成的土壤所具有的肥力。自然肥力的高低决定于成土过程中诸成土因素的相互作用，与土壤母质、气候条件和生物的作用有关。人为肥力是指由耕作、施肥、灌溉、改土等人为因素形成的土壤所具有的肥力。人为肥力的高低，与人类农业活动和土地利用有关。按照土壤肥力实际功效，可将土壤肥力分为有效肥力和潜在肥力。有效肥力是指在当季生产上发挥出来并产生经济效果的肥力。潜在肥力是指受环境条件和科技水平限制不能被植物直接利用，但在一定生产条件下可转化为有效肥力的那部分肥力。

土壤生产力是指在特定的耕作管理制度下，土壤生产特定的某种（或一系列）植物的能力。土壤生产能力与土壤肥力不同，土壤肥力属于土壤自身特征，而生产能力不仅与土壤自身特征有关，而且与发挥肥力能力的外部条件有关，如气候条件、灌溉技术、种植技术、田间管理，以及科技发展水平等有关。

0.2　作物

作物是指所有利于人类而由人工栽培的植物。作物生长过程是利用绿色植物进行光合作用，制造和积累大量的有机物质，实质是把太阳能转化为化学能的过程。因此，作物生长是以作物有机体作为生产工具，作物本身又是产品，作物生长发育过程就是产品形成过程。作物生长主要通过光合作用形成生物体，因此提高光合效率，才能提高产量，进而提高水肥利用效率。

0.3　土壤与作物关系

（1）土壤是农业生产的基本资料。作物生长所需五大基本营养元素除光和热来自太阳，肥、水、气主要来自土壤，因此土壤是农作物生长的基地和基本资料。

（2）土壤是农业生态系统组成部分。生态系统是指在一定时间和空间内的生物和非生物的成分之间，通过不断的物质循环和能量流动而相互作用相互依存的统一体。在农业系统中，植物、动物、微生物、土壤就构成一个生态系统。人类通过各种活动来干预系统物质循环和能量流动，使其向有利于农业生产可持续方向发展。因此，人类可以通过调节土壤中物质组成、状态和形式，为作物生长提供良好环境，实现农业高效而可持续发展。

0.4　“土壤物理与作物生长”课程知识架构

由于不仅作物生长所需要水、肥、气来自于土壤，而且作物根系生长发育和微生物活动及养分转化所需要温度环境也与土壤理化性质有密切关系。同时土壤热、气、养分传输、转化与存储与水分密切相关，因此本书首先介绍土壤水分运动基本理论、土壤入渗过程和根系吸水数学描述，然后介绍土壤气、热传递特征，再介绍土壤养分迁移转化特征。在掌握土壤水、气、热、养分传输特征基础上，介绍作物光合特征和作物生长和生物量累积特征。最后介绍将土壤物理特征与作物生长有机结合典型作物生长模型。

复习思考题

1. 理解土壤的定义及其为作物所能提供的主要营养元素。
2. 理解土壤肥力和生长能力的定义及其相互关系。
3. 理解土壤生态系统定义及其功能。

第1章　土壤水分运动基本原理

非饱和土壤中的水分是植物赖以生存的源泉，也是连接地表水与地下水的纽带。在经典物理学中，把物质所具有的能量分为动能和势能，而土壤水分运动速度较慢，一般不考虑其动能，因此土壤水分能量通常是指势能。根据土壤水分存在状况，及其与土壤固液相的相互作用，将土壤水所具有的势能分为重力势、基质势、压力势和溶质势。无论土壤水分处于何能量状态，水分运动服从于热力学第二定理，即从能量高的地方向能量低的地方运动，同时也服从于质量守恒定理。因此，质量守恒定理、能量守恒和热力学第二定理是土壤水分运动和状态转化遵循的基本原理。

1.1　土壤水分形态

1.1.1　土壤水分状态

土壤是由固、液、气三相组成的多孔介质体，其中固体颗粒构成的土壤骨架，固体颗粒间形成空隙，水分和空气填充土壤空隙。当水分进入土壤后，土壤具有储存水分的空隙和保持水分的能量。由于土壤水分所具有的能量不同，水分所具有的形态和对作物的有效性也不尽相同。根据水分在土壤中存在的形态，将水分分为气态水、固态水和液态水。气态水主要以水汽形式存在于土壤空隙中，特别大孔隙成为气态水存在的主要空间；固态水主要以冰、化合水和结晶水形式存在；液态水与作物生长关系最为密切。根据液态水存在形式，可将土壤中的水分分为吸湿水、薄膜水、毛管水和重力水。

（1）吸湿水。吸湿水是土壤中固体颗粒表面直接从空气中吸取的水分。在绝对干燥的空气中，吸湿水含量很小。在饱和水汽条件下，吸湿水达到最大值。吸湿水含量与土壤质地、有机质含量和溶质含量等有关。吸湿水紧紧被束缚在土壤颗粒上，不能自由运动，难以被植物吸收利用。

（2）薄膜水。土壤颗粒吸附水汽分子达到最大吸湿量以后，土壤颗粒吸收更多液态水分，并使颗粒间水膜相互连接形成连续的水膜，包在吸湿水外部的水膜称为薄膜水。薄膜水吸附在吸湿水外部，受到土壤颗粒吸附力较小，可以从水膜厚的地方向水膜薄的地方移动。薄膜水也称为最大分子持水量。

（3）毛管水。当土壤含水量达到最大分子持水量后，土壤水分继续增加并充填土壤的毛管孔隙，保持在土壤的孔隙中，称为毛管水。毛管水受力较小，具有较强移动能力，可以被植物吸收利用。

毛管水具有溶解土壤中所含有的化学物质的能力，也是土壤中化学物质的溶剂和载体。根据土壤水分与地下水的连接程度，可将毛管水分为毛管上升水和毛管悬着水。当地下水埋深较浅，地下水通过毛管力的作用沿毛管上升到一定高度，这种毛管水称为毛管上升水。毛管上升水是地下水对土壤水分补充的一种主要形式，也是植物吸收利用地下水的一种形式。毛管水垂直上升高度与毛管直径存在函数关系，可用公式表示为

$$h=\frac{3}{D} \tag{1.1}$$

式中：h 为毛管水上升高度，cm；D 为毛管直径，cm。

降雨或灌溉后水分从上层土壤向下层运动，一部分水分在重力作用下从大孔隙移动到深层，而一部分水分受毛管力作用而保持在上层土壤中，并呈现悬着状态，这部分水分称为毛管悬着水。

（4）重力水。当土壤中的水分超过毛管力作用后，水分在重力作用下，通过大毛管而向下移动。在重力作用下运动的水分称为重力水。重力水具有液态水分的基本特征，因此可被植物吸收利用，但由于受重力作用而自由移动，不易保持在作物根区，大多数重力水难以被植物吸收利用。

1.1.2 土壤水分常数与水分有效性

按照土壤形态学原理，土壤所保持各种水分的能力可以用数量表示。在一定条件下，土壤中某一类型水分的数量相对稳定。这种土壤水分类型和性质的数量特征称为土壤水分常数。

（1）吸湿系数。吸湿系数也称为最大吸湿量，是指土壤吸湿水达到最大数量时的土壤水分。

（2）最大分子持水量。当薄膜水达到最大厚度时的土壤含水量，包括吸湿水和薄膜水。一般土壤最大分子持水量为最大吸湿量的2～4倍。

（3）凋萎系数。作物产生永久凋萎时的土壤含水量称为凋萎系数。此时土壤含水量处于不能补偿作物耗水量的水分状况，常将其看成可被植物吸收利用水分的下限。

（4）田间持水量。毛管悬着水达到最大量时的土壤含水量称为田间持水量，包括吸湿水、薄膜水和毛管悬着水。田间持水量是土壤能够保持的灌溉水和雨水的最高水分含量，是农田灌溉设计中确定灌水定额的基本参数。它与土壤质地、土壤结构和土壤有机质含量有关。一般地，质地愈黏重，田间持水量愈高。

（5）毛管断裂含水量。由于作物吸收和土面蒸发，毛管悬着水不断减少，当减少到一定程度，其连续状态发生断裂，并停止运动。毛管断裂时的土壤含水量称为毛管断裂含水量。毛管断裂含水量一般被认为是水分对植物有效性的转折点，常将其作为灌溉水分的下限。

（6）饱和含水量。当土壤空隙被水分充满时的土壤所含的水分称为饱和含水量，包括吸湿水、膜状水、毛管水和重力水。

（7）土壤水分有效性。土壤水分有效性是指土壤水分被植物利用的可能性及难易程度。土壤水分有效性不仅与土壤水分存在的形态、性质和数量有关，而且与作物吸收水分能力有关。一般认为凋萎系数是土壤有效水分的下限，而田间持水量是土壤有效水分的上限，因此土壤有效水分就是田间持水量至凋萎系数。为了维持作物的正常生长，农业生产中往往将毛管断裂含水量作为灌溉水的下限，并将田间持水量至毛管断裂含水量间水分称为易有效水分。

1.2 土 壤 水 势

1.2.1 土壤水势的定义

土壤水势是一种衡量土壤水能量的指标，是指在土壤水平衡系统中单位质量的水在恒温条件下移到参照状况的纯自由水体所做的功，简称为土水势。参照状况一般规定为标准状态，即大气压下，与土壤水具有相同温度的情况下，以及在某一固定高度的假想纯自由水体。在饱和土壤中，土水势高于或等于参照状态的水势；在非饱和土壤中，土壤受吸附力和毛细作用的限制，土水势低于参照状态的水势。

1.2.2 土壤水势的组成

土水势一般由重力势、基质势、压力势和溶质势 4 部分组成。土壤水的总势可表达为

$$\psi=\psi_G+\psi_M+\psi_P+\psi_S \tag{1.2}$$

式中：ψ 为土水势，即土壤水的总势能；ψ_G 为重力势；ψ_M 为基质势；ψ_P 为压力势；ψ_S 为溶质势。

1. 重力势

土壤水的重力势由重力场的存在而引起，是将单位质量的水从土壤水的高度 z 移到参考高度 z_0 所做的功。

重力势的大小与参考点位置和坐标轴的方向有关。在具体研究土壤水分问题时，为了方便起见，根据需要选取合适的坐标原点位置，使标准状态的重力势为零（即 $z_0=0$）。通常坐标原点选在地表或地下水位处。坐标方向根据研究方便可取上或下，坐标轴的方向不同，重力势的表达也有所不同。若 z 坐标轴向上为正，重力势的值为

$$\psi_G=z \tag{1.3}$$

若 z 坐标轴向下为正，重力势的值为

$$\psi_G=-z \tag{1.4}$$

2. 基质势

土壤颗粒具有巨大的表面积和表面能，以及由于土壤空隙所形成的毛管力对土壤水分具有吸持能力。这种吸持力降低了土壤水分能量状态。吸持作用愈强，土壤水势愈小。因此，土壤水的基质势由土壤基质对水的吸持作用和毛细管作用而引起，是将单位质量的水从非饱和土壤中一点移到标准参考状态所做的功。

由于参考状态是自由水，在此过程中土壤水要克服土壤基质的吸持作用，所以所做的功为负值。对于饱和土壤，土壤水的基质势与自由水相当，基质势为零；而对于非饱和土壤，基质势小于零。

土壤基质吸持作用的大小随土壤基质吸水量的增加而减少，这一特性与土壤质地和结构密切相关，所以土壤基质吸力与土壤含水量的关系是土壤最为重要的水力特性之一。关于这一问题，将在关于土壤水分特征曲线部分详细讨论。

3. 压力势

土壤水的压力势是由上层土壤水的重力作用而引起，为在上层的饱和水对研究点单位

质量土壤水所施加的压力。

因为参考压力通常为大气压，所以压力势的值为

$$\psi_P = z - z_{up} \tag{1.5}$$

式中：z 为研究点的垂直坐标，向下为正；z_{up} 为上层饱和-非饱和土壤界面的垂直坐标。

土壤水的压力势只在饱和区可能为正，因为在非饱和条件下，由于土壤孔隙的连通性，各点土壤水承受的压力均为大气压，所以非饱和土壤水的压力势为零，但土壤密闭孔隙中的水承受的压力可能不同于大气压，而具有非零压力势。

4. 溶质势

溶质势是土壤水中所含溶质使土壤水的势能所发生的能量变化，是水分子和溶质离子间相互作用的势能，也称渗透压势。

土壤水中溶解有各种溶质，不同离子和水分子之间存在吸引力，由于这些力的作用，所产生的势能就低于纯水的势能。纯水的溶质势等于零；含有各种溶质的土壤水溶液，溶质势为负值。

含有一定溶质的单位质量土壤水的溶质势可用下式表示：

$$\psi_s = -\frac{c}{Mg}RT \tag{1.6}$$

式中：c 为单位体积溶液中含有的溶质质量（即溶液浓度）；M 为溶质的摩尔质量；g 为重力加速度；R 为普适气体常量（8.3143J·mol/K）；T 为热力学温度。

当土-水系统中存在半透膜（只允许水流通过而不允许盐类等溶质通过的材料）时，水将通过半透膜扩散到溶液中去，这种溶液与纯水之间存在的势能差为溶质势，也常称为渗透压势；当不存在半透膜时，这一现象并不明显影响整个土壤水的流动，一般可以不考虑。在植物根系吸水时，水分吸入根内要通过半透性的根膜，土壤溶液的势能必须高于根内势能，否则植物根系将不能吸水，甚至根茎内水分还被土壤吸取。因此，土壤含盐量较大时即使土壤含水率较高，植物也难以从土壤中吸收水分。

1.2.3　土水势及各分势的计算

土壤水势（土水势）是一个相对值，并非绝对值，因此在计算土壤水势时首先应该确定参考面，也就是确定重力势的参考位置。参考面选择既考虑水势计算的简单性，又要考虑后期分析的方便性。下面分两种情况，简单说明水势计算过程。

1. 平衡条件下土水势的计算

由于土壤系统中能量处于平衡状态，水分不发生运动，所以各点水势相等。如一个垂直土体长为 1m，土体上表面用塑料布覆盖，不发生土面蒸发。在土体下段供水，经过一段时间后水分不发生运动，计算土面处、土面下 50cm 和 100cm 处土水势及各分势。

计算土水势时，首先应确定参考面，而参考面可选择任意位置。如将参考面选择在土体下端，即供水位置，则该点的重力势为 0；由于其与水体直接接触，一般认为土壤处于饱和状态，基质势为 0；由于土壤一般不存在半透膜效应，因此溶质势为 0；水面以上的土体处于非饱和状态，因此该点压力势也为 0。于是，土体下端的土水势为 0。由于土体处于平衡状态，各点土水势为 0，可计算出各点分势。在土体表面处，重力势为 100cm，压力势为 0，溶质势为 0，基质势为 −100cm。同样可得到土面下 50cm 处各分势，重力势

为 50cm，压力势为 0，溶质势为 0，基质势为－50cm。

如将参考面选择在土体表面处，则土体表面重力势为 0，50cm 处重力势为－50cm，土体下端重力势为－100cm。不考虑半透膜作用，各点溶质势为 0；由于土体未饱和，各点压力势为 0；由于土体下端土壤处于饱和状态，基质势为 0，于是土体下端处土水势为－100cm。由于能量平衡，各点土水势为－100cm。因此，土体表面处的基质势为－100cm，50cm 处的基质势为－50cm。

将上述两种情况下计算的土水势和各分势见表 1.1。

表 1.1　　平衡条件下的土水势及各分势　　单位：cm

参考面	位置	土水势	重力势	压力势	溶质势	基质势
土体表面	土体表面	－100	0	0	0	－100
	50cm 处	－100	－50	0	0	－50
	土体下端	－100	－100	0	0	0
土体下端	土体表面	0	100	0	0	－100
	50cm 处	0	50	0	0	－50
	土体下端	0	0	0	0	0

由表 1.1 可以看出，随着参考面变化，土水势和重力势发生变化，而压力势、溶质势和基质势未发生变化，因此参考面仅对土水势和重力势的值产生影响，对其他分势无影响。需要特别注意的是，并非在所有能量平衡条件下的土水势和各分势都可以计算。对于上面例子，如果土体下端不供水，土体能量处于平衡状态，则仅能计算重力势、压力势和溶质势，无法计算土水势和基质势。只有给定某位置基质势或土水势，才能计算相应的土水势或基质势。

2. 非平衡条件下土水势的计算

一般情况下，在未给定土壤水分特征曲线情况下，无法计算土体各点的土水势和基质势，但对于一些特殊点也可以计算。如进行垂直一维积水入渗实验时，土体高度为 100cm，表面积水深度为 10cm。当选择土体表面为参考面时，则表面处重力势为 0，压力势为 10cm。如不考虑半透膜作用，该处的溶质势为 0。由于为积水入渗，所以表面处土壤一般认为处于饱和状态，其基质势为 0。于是，土壤表面处土水势为 10cm，而其他位置的土水势和基质势只有给定土壤水分特征曲线和土壤含水量才能进行计算。

如果在上述积水入渗的同时，土体下端也进行供水（无正压），一部分水分从表面向下运动，一部分水分从下端向上运动，此时土体表面和下端处的土水势和各分势也可以计算。如选择土体下端作为参考面，则土体表面和下端的土水势和各分势见表 1.2，而其他位置的土水势和基质势仍无法计算。

表 1.2　　非平衡条件下的土水势及各分势　　单位：cm

参考面	位置	土水势	重力势	压力势	溶质势	基质势
土体下端	土体表面	110	100	10	0	0
	土体下端	0	0	0	0	0

随着积水入渗过程的进行，土体含水量逐渐增加，土体被饱和，水分从土体下端流出，处于稳定出流状态，而且出流处压力为大气压。如不考虑水流动能，则饱和渗透状态下土体各位置的土水势和各分势见表 1.3。

表 1.3　　饱和渗透状态下土水势及各分势　　单位：cm

参考面	位置	土水势	重力势	压力势	溶质势	基质势
土体下端	土体表面	110	100	10	0	0
	50cm 处	55	50	5	0	0
	土体下端	0	0	0	0	0

由表 1.3 可以看出，在土壤饱和条件下，如水流处于稳定流，那么水流过程消耗一定能量，各点压力势并非按照静水压力势进行计算，需要考虑能量消耗。

1.3　土壤水分运动基本方程

土壤水分运动服从质量守恒定理和能量守恒定理，并从能量高的位置向能力低的位置运动。目前普遍采用达西定律和 Richards 方程来描述土壤水分运动特征。

1.3.1　达西定律

达西根据饱和沙柱渗透试验，得出了著名的达西定律，即

$$q=K_S\frac{\Delta h}{l} \tag{1.7}$$

式中：q 为土壤水分通量，LT^{-1}；K_S 为饱和导水率，LT^{-1}；Δh 为土柱两端势能之差，以水头表示，L；l 为土柱长度，L。

式（1.7）描述了一维情况下水分通量，而对于二维或三维空间的土壤水分运动，达西定律则可表示为

$$q=K_S\nabla h \tag{1.8}$$

达西定律描述了饱和土壤水分通量与能量梯度和土壤导水能力间关系，为分析土壤运动速度和数量提供了理论依据。达西定律是在饱和条件下建立的，而自然界土壤大部分处于非饱和状态。饱和与非饱和土壤水分运动存在显著差异，主要表现在如下几个方面：首先饱和土壤的孔隙全部被水充满（不考虑封闭气体），而非饱和土壤空隙部分被水分填充，因此导水空隙存在明显差异；其次，饱和与非饱和土壤水分所具有能量不同，饱和土壤基质势为零，仅具有重力势、压力势和溶质势，而非饱和土壤水分具有基质势、重力势、压力势和溶质势；再次，饱和土壤导水率为常数，而非饱和土壤导水率并非常数，是含水量的函数。因此非饱和土壤水分运动比饱和土壤水分运动要复杂得多。

为了描述非饱和土壤水分运动，Richards（1931）借助达西定律的形式，通过改写导水率和势梯度，将达西定律引入非饱和土壤水分运动中，获得非饱和土壤水分运动的达西定律，并表示为

$$q=-K(\theta)\nabla\psi \tag{1.9}$$

式中：q 为土壤水分通量，LT^{-1}；$K(\theta)$ 为非饱和导水率，LT^{-1}；θ 为土壤体积含水率；

ψ 为土水势，L。

1.3.2　基本方程的主要形式

土壤中的水分运动符合达西定律和质量守恒定律，可用 Richards 方程描述，因变量可以是土壤含水率，也可以是土水势或土壤吸力，坐标系可以是直角坐标系，也可以是柱坐标系或球坐标系。因此，土壤水分运动基本方程有多种形式，常用的为直角坐标系下以土壤含水率或吸力为因变量的形式，在某些情况下为了简化求解也会用到柱坐标系下以土壤含水率或吸力为因变量的形式。球坐标系下方程的形式较少用到。

1. 直角坐标系下的 Richards 方程

根据达西定律和质量守恒定理，可以得到三维土壤水分运动基本方程：

$$\frac{\partial\theta}{\partial t}=\frac{\partial}{\partial x}\left[D(\theta)\frac{\partial\theta}{\partial x}\right]+\frac{\partial}{\partial y}\left[D(\theta)\frac{\partial\theta}{\partial y}\right]+\frac{\partial}{\partial z}\left[D(\theta)\frac{\partial\theta}{\partial z}\right]-\frac{\partial K(\theta)}{\partial z} \tag{1.10}$$

或

$$c(h)\frac{\partial h}{\partial t}=\frac{\partial}{\partial x}\left[K(h)\frac{\partial h}{\partial x}\right]+\frac{\partial}{\partial y}\left[K(h)\frac{\partial h}{\partial y}\right]+\frac{\partial}{\partial z}\left[K(h)\frac{\partial h}{\partial z}\right]+\frac{\partial K(h)}{\partial z} \tag{1.11}$$

其中，$c(h)$ 为土壤容水度，即

$$c(h)=-\frac{\partial\theta}{\partial h} \tag{1.12}$$

式中：θ 为土壤体积含水率；t 为时间，T；h 为以水头表示的土壤吸力，L；x、y、z 为直角坐标系下的坐标，规定 z 向下为正，L；$K(\theta)$ 为非饱和导水率，LT^{-1}；$D(\theta)$ 为非饱扩散率，L^2T^{-1}。

于是，常用的以含水率为因变量的土壤水分一维垂直运动、一维水平运动的方程分别为

$$\frac{\partial\theta}{\partial t}=\frac{\partial}{\partial z}\left[D(\theta)\frac{\partial\theta}{\partial z}\right]-\frac{\partial K(\theta)}{\partial z} \tag{1.13}$$

$$\frac{\partial\theta}{\partial t}=\frac{\partial}{\partial x}\left[D(\theta)\frac{\partial\theta}{\partial x}\right] \tag{1.14}$$

2. 柱坐标系下的 Richards 方程

为了实际应用的方便，常将具有柱状特征水分运动利用柱坐标来描述，这样减少自变量数量。具体表示为

$$\frac{\partial\theta}{\partial t}=\frac{1}{r}\frac{\partial}{\partial r}\left[rD(\theta)\frac{\partial\theta}{\partial r}\right]+\frac{\partial}{\partial z}\left[D(\theta)\frac{\partial\theta}{\partial z}\right]-\frac{\partial K(\theta)}{\partial z} \tag{1.15}$$

或

$$c(h)\frac{\partial h}{\partial t}=\frac{1}{r}\frac{\partial}{\partial r}\left[rK(h)\frac{\partial h}{\partial r}\right]+\frac{\partial}{\partial z}\left[K(h)\frac{\partial h}{\partial z}\right]+\frac{\partial K(h)}{\partial z} \tag{1.16}$$

式中：θ 为土壤体积含水率；h 为以水头表示的土壤吸力，L；t 为时间，T；r 为柱坐标系中的径向坐标，L；z 为柱坐标系中的垂向坐标，以向下为正，L；$K(\theta)$ 为非饱和导水率，LT^{-1}；$D(\theta)$ 为非饱扩散率，L^2T^{-1}；$c(h)$ 为土壤容水度，L^{-1}。

1.3.3　基本方程的定解条件

利用土壤水分运动基本方程描述特定条件下土壤水分运动时，需根据具体情况确定土

壤水分运动的定解条件，即初始条件和边界条件。

1. 初始条件

初始条件为初始时刻计算区间内各节点的土壤含水率或基质势，即

$$\theta(x,y,z,t_0)=\theta_{in}(x,y,z) \tag{1.17}$$

$$h(x,y,z,t_0)=h_{in}(x,y,z) \tag{1.18}$$

式中：下标 in 表示初始已知量；t_0 为初始时刻，一般取 0；其余符号意义同前。

2. 边界条件

边界条件是在外界因素作用过程中，研究土体边界所具有的特定限制条件。根据外部因素引起水分运动的实际情况，通常将边界条件分为三种类型：

（1）第一类边界条件（浓度型）。在土壤水分运动过程中，土壤供水边界维持恒定的土壤含水量或土壤基质势，这样边界条件可以表示为

$$\theta(x_0,y,z,t)=\theta(y,z,t)|_{x=x_0} \tag{1.19}$$

或

$$h(x_0,y,z,t)=h(y,z,t)|_{x=x_0} \tag{1.20}$$

式中：$\theta(y,z,t)|_{x=x_0}$ 表示给出的上边界（$x=0$）处的含水率；$h(y,z,t)|_{x=x_0}$ 表示给出的上边界（$x=0$）处的土壤吸力；其余符号意义同前。

（2）第二类边界条件（通量型）。土壤供水表面的供水强度维持不变，而且不形成表面径流的边界条件为

$$-D(\theta)\frac{\partial\theta}{\partial x}=v|_{x=0} \tag{1.21}$$

或

$$K(h)\frac{\partial h}{\partial x}=v|_{x=0} \tag{1.22}$$

式中：$v|_{x=0}$ 表示给出的左边界（$x=0$）处的渗吸速率；其余符号意义同前。

（3）第三类边界条件（混合边界条件）。对于降雨入渗过程而言，在降雨初期，土壤入渗能力大于雨强，土壤表面不发生积水。随着降雨历时增加，土壤入渗能力降低，并逐步小于雨强，土壤表面发生积水，并产生地表径流。这种边界条件可以分成两个阶段：一是在土表积水以前，降雨全部入渗，入渗强度等于降雨强度，属于通量型；二是在土壤表面发生积水后，表面处于饱和状态，边界条件可以看成是浓度型。

1.4 土壤水分运动参数

土壤水分运动参数包括土壤水分特征曲线、非饱和导水率和土壤水分扩散率，是利用土壤水分运动基本方程分析土壤水分运动特征不可缺少的参数。

1.4.1 土壤水分特征曲线

1.4.1.1 土壤水分特征曲线的定义与影响因素

土壤水的基质势或土壤水吸力是随土壤含水率而变化的，其关系曲线称为土壤水分特征曲线，也称为土壤持水曲线，反映了土壤水分静态能量特征。由于土壤水基质势一般为负值，为了应用方便起见，将负的基质势称为土壤水吸力。因此土壤水分特征曲线也可解

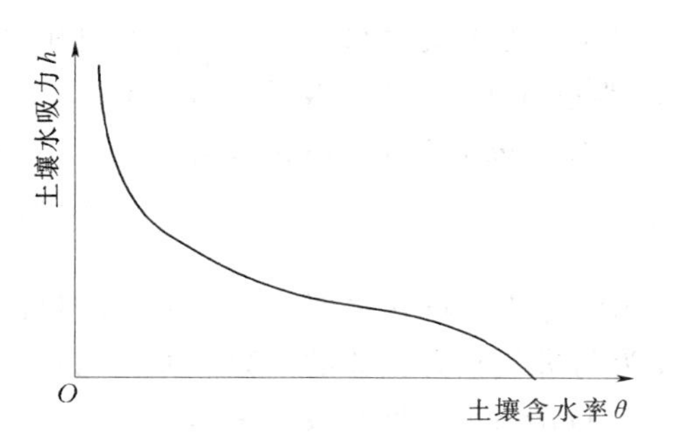

图 1.1 土壤水分特征曲线示意图

释为土壤水吸力与含水量之间函数关系。随着土壤含水量增加，土壤水吸力降低。该曲线表示土壤水的能量和数量之间的关系，反映了土壤水分的基本特性，如图 1.1 所示。

由图 1.1 可以看出，当土壤中的水分处于饱和状态时，含水率为饱和含水率 θ_s，而吸力 h 为零。

土壤水分特征曲线斜率的倒数，即单位基质势的变化所引起的含水量变化，称为比水容量，用 c 表示。c 值随土壤含水率 θ 或土壤水吸力 h 而变化，所以也表示为 $c(\theta)$ 或 $c(h)$。比水容量 c 是分析土壤水分运动的重要参数之一。

土壤水分特征曲线受到众多因素的影响，主要包括土壤质地、容重、结构、温度、有机质含量、湿润方式等。一般而言土壤黏粒含量愈高，同一吸力对应的土壤含水量愈高。土壤质地不仅影响土壤含水量所对应的土壤吸力大小，而且影响土壤水分特征曲线形状。对于砂质土壤而言，一般在高吸力区曲线比较陡，而在低吸力部分土壤水分特征曲线比较平缓。随着容重增加，同一吸力相应土壤含水量升高，土壤饱和含水量减少，土壤水分特征曲线变陡。随着土壤有机质含量增加，土壤团粒结构增加，高含水量段变缓。土壤温度通过改变土壤水分黏滞性和表面张力而影响土壤水分特征曲线。一般随着温度升高，基质势增加。土壤水分特征曲线与土壤水分变化过程也存在密切关系。

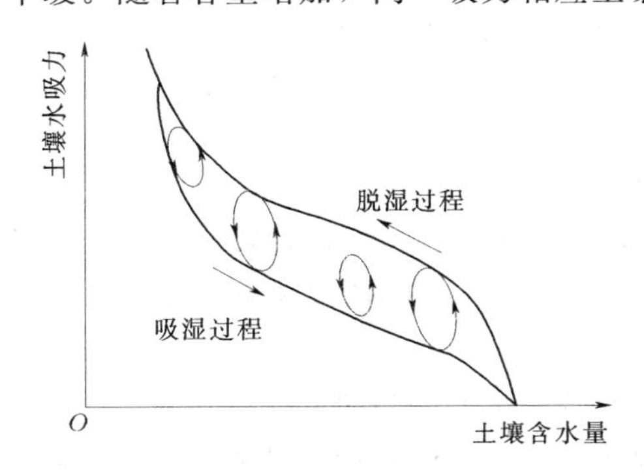

图 1.2 土壤水分特征曲线滞后现象示意图

在其他条件一致的情况下，在脱湿和吸湿过程中测定的土壤水分特征曲线也存在明显差别。在同样含水量条件下，脱湿过程的吸力较吸湿过程要大，将这一现象定义为滞后效应，如图 1.2 所示。滞后现象在轻质土壤中表现较为明显，其形成机制较为复杂。目前对滞后效应的解释存在三种理论，即瓶颈理论、接触角理论和弯月面延迟形成理论。

1.4.1.2 土壤水分特征曲线的函数形式

由于土壤水分特征曲线的影响因素复杂，至今尚没有从理论上建立土壤含水量和土壤基质势之间的关系，通常用经验公式来描述。常用的公式有如下几种形式：

（1）Gardner 模型

$$h=a\theta^{-b} \tag{1.23}$$

式中：h 为土壤吸力，L；θ 为土壤含水率；a、b 为经验参数。

（2）Brooks - Corey 模型

$$\frac{\theta-\theta_r}{\theta_s-\theta_r}=\left(\frac{h_d}{h}\right)^N \tag{1.24}$$

式中：θ为土壤含水率；θ_s为土壤饱和含水率；θ_r为土壤滞留含水率；h为土壤吸力，L；h_d为进气吸力，L；N为形状系数。

（3）van Genuchten 模型

$$\frac{\theta-\theta_r}{\theta_s-\theta_r}=\left[\frac{1}{1+(\alpha h)^n}\right]^m \tag{1.25}$$

式中：θ为土壤含水率；θ_s为土壤饱和含水率；θ_r为土壤滞留含水率；h为土壤吸力，L；α为与进气吸力相关的参数；m、n为形状系数，一般$m=1-1/n$。

Gardner 模型是较早采用的土壤水分特征曲线的经验模型，由于参数少、形式简单，在早期的研究中应用较多。但由于其没有考虑滞留含水量，对高吸力段的描述可能存在偏差；曲线在近饱和段没有弯点，饱和点也与实际不符，所以该模型不能很好地描述实测土壤水分特征曲线，在目前对土壤水力特性精度要求较高的土壤水分运动定量模拟中采用不多。

从 Brooks－Corey 模型可以看出，当土壤处于饱和状态时，土壤吸力等于进气吸力，因此该模型描述了脱湿过程的土壤水分特征曲线。

在 van Genuchten 模型中，当土壤含水量处于饱和状态时，土壤水吸力为零。因此，该模型描述了土壤吸湿过程的土壤水分特征曲线，同时由于该模型能够配合大部分土壤水分特征曲线的形状，因此得到广泛应用。为了比较式（1.24）和式（1.25）所包含参数间关系，将式（1.25）近似简化，忽略式（1.25）右边括号中分母的1，则变为

$$\frac{\theta-\theta_r}{\theta_s-\theta_r}=\left[\frac{1}{(\alpha h)^n}\right]^m \tag{1.26}$$

若令$\alpha=1/h_d$，$mn=N$，则式（1.26）与式（1.24）相同，当然这种转化存在一定误差。因此，可以认为 van Genuchten 模型与 Brooks－Corey 模型之间存在着一定的联系。

1.4.1.3　土壤水分特征曲线确定方法

土壤水分特征曲线确定方法主要有两大类，即直接测定方法和间接推求方法。直接测定方法可以直接准确测定出土壤水分特征曲线，但费时费力，需要特殊设备；而间接确定方法相对比较简单，但准确性和参数不唯一性影响该方法的应用。

1．直接测定方法

实验室内测定土壤水分特征曲线的方法主要有张力计法、砂性漏斗法、压力膜法、离心机法等，田间原位测定土壤水分特征曲线大都用张力计法。在测定过程中，土壤水分含量的测定方法主要有取土烘干法、频域反射仪法（Frequency－Domain Reflectometry，FDR）、时域反射仪法（Time－Domain Reflectometry，TDR）等。

通过试验测定各含水率及相对应的吸力，便可依据最小二乘法等方法对于上述 Gardner 模型、Brooks－Corey 模型、van Genuchten 模型进行拟合，从而得到模型参数。以下是几种常用的实验测定方法。

（1）张力计法：该方法是在一定含水量下测定土壤的水吸力，其原理是：当陶土头插入被测土壤后，管中的纯自由水便通过多孔陶土壁与土壤水建立了水力联系。由于仪器中自由水的势值总是高于非饱和土壤水的势值，所以张力计管中的水很快流向土壤，同时在管中形成负压。当仪器内外的势值达到平衡时，由与管相连通的真空表或负压传感器测得

的负压就是土壤水（陶土头处）的吸力值。该方法既可以用于室内扰动土样和原状土样水吸力测定，也可以用于田间土壤水吸力测定，试验设备和操作都比较简单。但是，此方法只能测定0～80kPa吸力范围（低吸力）内的水分特征曲线，而且实验时间较长。

（2）压力膜法：与砂性漏斗法的实验过程相反，砂性漏斗法是对土样施加吸力，压力仪法则是对土样施以压力。压力室内气压增加，陶土板上土样与板下水室的自由水相联系，当压力室气压增加，陶土板上土样中的总土水势高于板下自由水水势时，土样便开始排水，直到陶土板上的土壤水和陶土板自由水水势相等为止，此即为平衡状态。土样的基质势等于压力室内压力的负值。在已知土样初始含水率的情况下，根据排出的水量就可以算出相应的土壤含水率。该方法仅用于室内实验，其优点是能得到完整的水分特征曲线，缺点是不易得到吸湿曲线（土壤水分逐渐增加的曲线）。

（3）离心机法：用离心率法测定土壤水分特征曲线，实际是将重力场的装置移至离心力场。将粉碎筛分后的土样装入底部有滤纸的离心管中压实，放在浸水中的纱布上约2～4h，即达到毛管饱和，将此离心管中土样放在离心机中旋转过一定时间后称重一次，记录离心机转速及土样失水量即可计算出土壤水吸力与含水率之间的关系曲线。这种方法测定范围较大，可测定高达20个大气压的负压值，但只能得到脱湿曲线（水分逐渐减少）。

2. 间接推求方法

直接方法存在着耗时长、工作量大等缺点，因此人们也在积极探索估计土壤水分特征曲线的间接方法。

间接估计土壤水力性质的方法主要包括：土壤转换函数方法（Pedotransfer functions，PTFS）、分形方法（Fractal method）、土壤形态学方法（Morphological method）、数值反演方法（Numerical inverse method）等。此处仅对该4种方法进行简要介绍。

土壤转换函数法：该方法是利用容易获得的土壤物理性质，如土壤颗粒大小分布、容重和有机质含量等，来估计土壤的水力性质。目前，已有研究得到了van Genuchten模型中的参数与土壤颗粒大小分布、容重和有机质含量等的分布多元线性回归关系。

分形方法：用分形维数表征土壤孔隙弯曲程度，建立描述结构性土壤的孔隙和团聚体大小分布的分形模型，于是可以根据颗粒大小分布资料和分形理论得到土壤水分特征曲线的模型。

土壤形态学方法：其基本思想是通过对高分辨率的系列土壤剖面图像分析处理，确定土壤的孔隙大小分布和连通情况，在此基础上建立网格模型，预测土壤的水力性质。

数值反演方法：该方法根据可控制的初、边值条件，通过求解Richards方程，并与水分分布的实测结果相比较，从而确定Gardner模型、Brooks-Corey模型、van Genuchten模型的参数。

1.4.2 非饱和导水率

1.4.2.1 非饱和导水率的概念及其表达式

非饱和导水率是指非饱和土壤在单位水势梯度作用下单位断面面积的流量（即水流通量）。与饱和土壤导水率（渗透系数）不同，非饱和导水率是土壤含水率的函数，随着土壤含水率的增大而增大，饱和导水率为其极限值；当然非饱和导水率也是土壤吸力的函数，随着土壤吸力的增大而减小。一般来说，粗颗粒土壤的非饱和导水率随含水率的变化，要比细颗粒土壤来得更加剧烈。

常用的非饱和导水率表达式有

$$K(h)=\alpha h^{-m} \tag{1.27}$$

$$K(h)=\frac{K_s}{ch^m+1} \tag{1.28}$$

$$K(\theta)=K_s\left(\frac{\theta-\theta_r}{\theta_s-\theta_r}\right)^{M/N} \tag{1.29}$$

$$K(\theta)=K_s\left\{1-\left[1-\left(\frac{\theta-\theta_r}{\theta_s-\theta_r}\right)^{1/M}\right]^m\right\}^2\left(\frac{\theta-\theta_r}{\theta_s-\theta_r}\right)^{1/2} \tag{1.30}$$

$$K(\theta)=K_s e^{-\beta(\theta_s-\theta)} \tag{1.31}$$

式中：$K(\theta)$、$K(h)$ 分别为以土壤含水率、吸力为自变量的非饱和导水率，LT^{-1}；h 为土壤吸力，L；θ 为土壤含水率；θ_s 为土壤饱和含水率；θ_r 为土壤滞留含水率；α、c、β、N、m 和 M 为经验参数。

1.4.2.2　瞬时剖面法测定非饱和导水率

瞬时剖面法是在室内进行均质土壤的一维上渗或下渗试验时，测定不同时刻土壤剖面的含水率和吸力分布，通过计算求得非饱和导水率 $K(\theta)$。瞬时剖面法对扰动土和原状土均适用，可测定吸湿和脱湿过程，试验和计算都比较方便，因此应用较为普遍。

1. 基本原理

对非饱和垂直一维水分运动，当取 z 坐标向上为正时，由达西定律可导出非饱和导水率的计算式：

$$q=K(\theta)\frac{\partial h}{\partial z}-1 \tag{1.32}$$

$$K(\theta)=\frac{q}{\partial h/\partial z-1} \tag{1.33}$$

式中：$K(\theta)$ 为非饱和导水率，LT^{-1}；h 为土壤基质吸力，L；q 为水流通量，LT^{-1}。

由式（1.33）可知，只要知道了某一点的土壤含水率 θ、水流通量 q 和吸力梯度 $\partial h/\partial z$，就可计算出其相应于土壤含水率 θ 的非饱和导水率 $K(\theta)$。为此，试验需要测得两个时刻 t_1 和 t_2 的土壤含水量和吸力剖面（图1.3）。吸力梯度可直接由吸力剖面计算近似得到，并取两个时刻的均值；各个位置的水流通量可以通过水量平衡原理、水流连续性原理获得。

2. 试验过程

瞬时剖面法测定非饱和导水率常用垂直土柱上渗试验装置，如图1.4所示。土柱顶端不密封，但要防止蒸发。利用马氏瓶维持水位不变，并测出补给水量，可以得到入渗表面（$z=0$）的水流通量 q_0。

试验过程中，设定两个观测时刻 t_1 和 t_2，通常采用TDR或FDR观测土壤含水量得到相应时刻的剖面含水量分布，同时读取张力计读数得到相应时刻的吸力分布。根据水量平衡原理，土柱内含水量的增加量应该等于马氏瓶的补给水量，由此可以计算任意位置 z 处的水流通量 $q(z)$，由此可进行水量平衡验证。由水流连续性原理得

$$\frac{\partial\theta}{\partial t}=-\frac{\partial q}{\partial z} \tag{1.34}$$

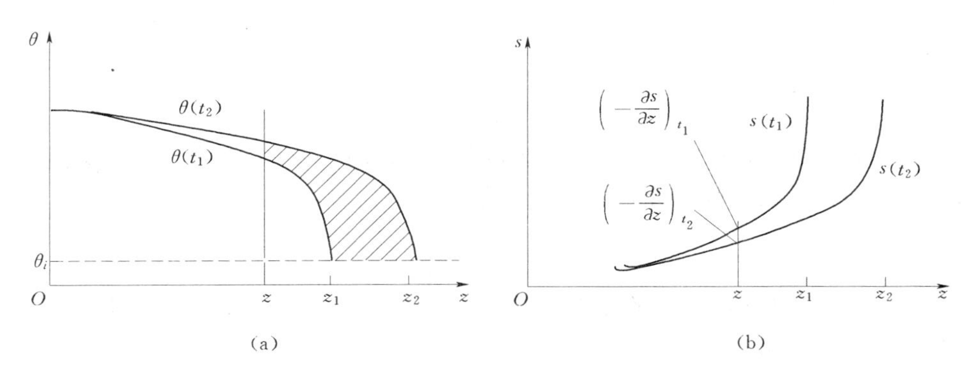

图 1.3 土壤含水率分布曲线和水吸力分布曲线
(a) 含水率分布曲线；(b) 水吸力分布曲线

对式（1.34）在［0，z］范围内积分得

$$q_z - q_0 = -\int_0^z \frac{\partial\theta}{\partial t}\mathrm{d}z = -\frac{\partial}{\partial t}\int_0^z \theta\mathrm{d}z$$
$$= -\frac{1}{\Delta t}\left[\int_0^z \theta(t_2)\mathrm{d}z - \int_0^z \theta(t_1)\mathrm{d}z\right] \tag{1.35}$$

于是有

$$q_z = q_0 - \frac{1}{\Delta t}\left[\int_0^z \theta(t_2)\mathrm{d}z - \int_0^z \theta(t_1)\mathrm{d}z\right] \tag{1.36}$$

式中的后两个积分项分别是 t_1 和 t_2 时刻［0，z］范围土柱的土壤储水量，可根据观测的土壤水分分布采用近似法计算得到。

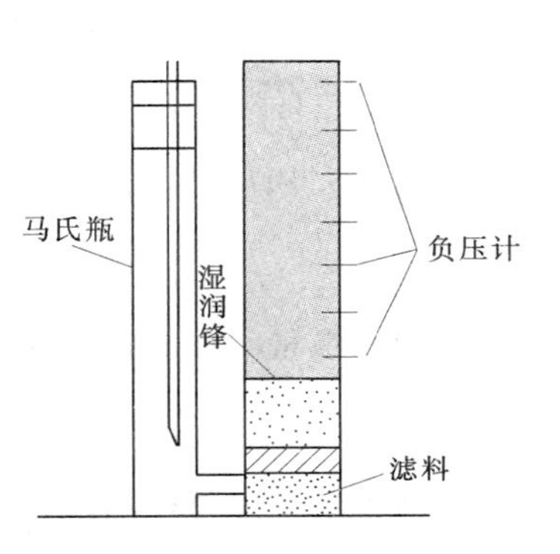

图 1.4 垂直土柱上渗试验装置示意图

1.4.2.3 确定 Brooks - Corey 模型参数的水平吸渗法

水平一维土壤水分运动的达西定律为

$$q = K(h)\frac{\mathrm{d}h}{\mathrm{d}x} \tag{1.37}$$

式中：q 为土壤水分通量，cm/min；$K(h)$ 为非饱和导水率，cm/min；h 为土壤水吸力，cm；x 为横坐标，cm。

土壤水分特征曲线和非饱和导水率仍采用 Brooks - Corey（1964）模型

$$S = \frac{\theta - \theta_r}{\theta_s - \theta_r} = \left(\frac{h_d}{h}\right)^n \tag{1.38}$$

$$K(h) = K_s\left(\frac{h_d}{h}\right)^M = K_s\left(\frac{\theta - \theta_r}{\theta_s - \theta_r}\right)^{M/n} \tag{1.39}$$

当 $h < h_d$ 时，$S = 1$。其中，S 为有效饱和度，n 和 M 为参数。

水平一维土壤水分运动基本方程为

$$\frac{\partial\theta}{\partial t} = \frac{\partial}{\partial x}\left[K(\theta)\frac{\partial h}{\partial x}\right] \tag{1.40}$$

$$\theta(x,0)=\theta_i$$

$$\theta(0,t)=\theta_s$$

$$\theta(\infty,t)=\theta_i$$

式中：θ_i 为初始含水量，cm^3/cm^3；θ_s 为饱和含水量，cm^3/cm^3；其余符号意义同前。

假定任意时刻土壤水吸力分布可以表示为

$$\frac{h_d}{h(x)}=\left(1-a\frac{x}{x_f}\right)^n \tag{1.41}$$

式中：$h(x)$ 为任意坐标点 x 处的吸力，cm；x_f 为湿润锋距离，cm；a 为系数。

这样土壤水分通量表示为

$$q(x)=\frac{ank_sh_d}{x_f}\left(1-a\frac{x}{x_f}\right)^{Mn-n-1} \tag{1.42}$$

当 $x=0$，土壤水分通量 $q(0)$ 即是土壤入渗率 i，即

$$i=\frac{ank_sh_d}{x_f} \tag{1.43}$$

对式（1.40）进行积分，得

$$x_f^2=\frac{ak_sh_d(M-1-1/n)}{\theta_s-\theta_r}t \tag{1.44}$$

累积入渗量与湿润锋关系可表示为

$$I=\int_0^{x_f}(\theta-\theta_i)\mathrm{d}x \tag{1.45}$$

根据土壤水分特征曲线和土壤水吸力分布表达式，土壤水分分布表示为

$$\theta=\left(1-\frac{ax}{x_f}\right)^{n^2}(\theta_s-\theta_r)+\theta_r \tag{1.46}$$

土壤累积入渗量表示为

$$I=\frac{(\theta_s-\theta_r)x_f}{(1+n^2)}+(\theta_r-\theta_i)x_f \tag{1.47}$$

为了简单起见，将式（1.54）、式（1.43）和式（1.48）分别表示为

$$I=A_1x_f \tag{1.48}$$

$$i=A_2/x_f \tag{1.49}$$

$$x_f^2=A_3t \tag{1.50}$$

其中：

$$A_1=\frac{\theta_s-\theta_r}{1+n^2}+\theta_r-\theta_i \tag{1.51}$$

$$A_2=ank_sh_d \tag{1.52}$$

$$A_3=\frac{ak_sh_d(M-1-1/n)}{\theta_s-\theta_r} \tag{1.53}$$

因此，参数 n、M 和 h_d 可表示为

$$n=\sqrt{\frac{\theta_s-\theta_r}{A_1+\theta_i-\theta_r}-1} \tag{1.54}$$

$$h_d=\frac{A_2}{anK_S} \tag{1.55}$$

$$M=\frac{A_3(\theta_s-\theta_r)}{aK_Sh_d}+1+\frac{1}{n} \tag{1.56}$$

Brooks - Corey 模型中包括 6 个参数（θ_r、θ_s、K_s、h_d、M 和 n），其中 θ_r 可根据风干土壤含水量进行确定，θ_s 可根据土壤容重进行计算或在通过实验方法直接测定，K_s 可利用实验方法直接测定。其他 3 个参数可以利用累积入渗量和入渗率与湿润锋距离关系以及湿润锋随时间关系进行计算。具体为利用累积入渗量与湿润锋距离关系计算参数 n，利用入渗率与湿润锋深度关系计算参数 h_d，利用湿润锋深度与时间关系可以计算参数 M。

1.4.2.4 根据土壤水分特征曲线估算土壤非饱和导水率

虽然人们提出了多种测定土壤水分运动参数的室内试验方法，但这些方法在田间都存在一些问题，所以难以获得非饱和土壤水分运动模型参数是限制水分运动数值模拟技术应用于田间的重要因素。鉴于土壤水分特征曲线相对容易获得，土壤水分特征曲线、非饱和导水率均与土壤孔隙分布之间存在明确的关系，于是一些学者通过对土壤孔隙分布特征的概化，建立了土壤水分特征曲线与非饱和导水率间的函数关系。最具代表性的是 Burdine 和 Mualem 建立的由土壤水分特征曲线预报非饱和导水率的模式。基于这些模式，Brooks - Corey 和 van Genuchten 先后提出根据不同的土壤水分特征曲线形式获得非饱和导水率、扩散率的计算方法。

1. Brooks - Corey 模型

Burdine 建立的非饱和导水率预测模型为

$$K(\Theta)=K_s\Theta^l\int_0^\Theta\frac{\mathrm{d}x}{h^2(x)}\Big/\int_0^1\frac{\mathrm{d}x}{h^2(x)} \tag{1.57}$$

其中，Θ 为有效饱和度，即

$$\Theta=\frac{\theta-\theta_r}{\theta_s-\theta_r} \tag{1.58}$$

式中：$h(x)$ 为土壤水分特征曲线；x 为积分符后的代换变量；l 为孔隙弯曲度。

Brooks - Corey 采用的土壤水分特征曲线模型为

$$\Theta=\left(\frac{h_d}{h}\right)^N \tag{1.59}$$

式中：h 为土壤吸力，L；h_d 为进气吸力，L；N 为形状系数。

将式（1.59）代入式（1.57），积分可得非饱和导水率的表达式为

$$K(\Theta)=K_s\Theta^{l+1+2/N} \tag{1.60}$$

Brooks - Corey 采用孔隙弯曲度 $l=2$，再令

$$M=3+2/N$$

于是，根据土壤水分特征曲线（1.57）得到非饱和导水率

$$K(\Theta)=K_s\Theta^M \tag{1.61}$$

根据土壤水分扩散率的定义，由上述土壤水分特征曲线、导水率公式可得到：

$$D(\Theta)=\frac{1}{N}K_sh_d\frac{\Theta^{2+1/N}}{\theta_s-\theta_r} \tag{1.62}$$

2. van Genuchten 模型

Mualem 建立的非饱和导水率预测模型为

$$K(\Theta)=K_s\Theta^l\left[\int_0^{\Theta}\frac{\mathrm{d}x}{h^2(x)}\Bigg/\int_0^1\frac{\mathrm{d}x}{h^2(x)}\right]^2 \tag{1.63}$$

式中：各符号意义同前。

van Genuchten 采用的土壤水分特征曲线表达式为

$$\Theta=\left[\frac{1}{1+(\alpha h)^n}\right]^m$$

式中：θ 为土壤含水率；θ_s 为土壤饱和含水率；θ_r 为土壤滞留含水率；h 为土壤吸力，L；α 为与进气吸力相关的参数；m、n 为形状系数。

van Genuchten 取 $m=1-1/n$、孔隙弯曲度 $l=1/2$，将该土壤水分特征曲线表达式代入 Mualem 建立的非饱和导水率预测模型中，积分得到非饱和导水率表达式：

$$K(\Theta)=K_s\Theta^{1/2}[1-(1-\Theta^{1/m})^m]^2 \tag{1.64}$$

根据土壤水分扩散率的定义，由上述土壤水分特征曲线、导水率公式可得

$$D(\Theta)=K_s\frac{1-m}{m\alpha}\frac{\Theta^{1/2-1/m}}{\theta_s-\theta_r}[(1-\Theta^{1/m})^{-m}+(1-\Theta^{1/m})^m-2] \tag{1.65}$$

1.4.3　非饱和土壤水分扩散率

为了在以土壤含水率为因变量和以基质势（或吸力）为因变量的土壤水分运动方程的转换中便于表达，定义了非饱和土壤扩散率，其定义式为

$$D(\theta)=\frac{K(\theta)}{c(\theta)}=K(\theta)\frac{\mathrm{d}\psi}{\mathrm{d}\theta} \tag{1.66}$$

其中，$c(\theta)$ 为土壤容水度，即

$$c(h)=\frac{\partial\theta}{\partial\varphi}=-\frac{\partial\theta}{\partial h} \tag{1.67}$$

式中：$D(\theta)$ 为非饱扩散率，L^2T^{-1}；$K(\theta)$ 为非饱和导水率，LT^{-1}；θ 为土壤体积含水率；ψ 为土壤基质势，L；h 为以水头表示的土壤吸力，L。

1.4.3.1　水平入渗法测定非饱和土壤水分扩散率

水平入渗法是测定土壤水分扩散率 $D(\theta)$ 的非稳定流法，最早由 Bruce 和 Klute 提出。该方法利用半无限长水平土柱吸渗试验资料，结合解析公式计算出土壤水分扩散率$D(\theta)$。

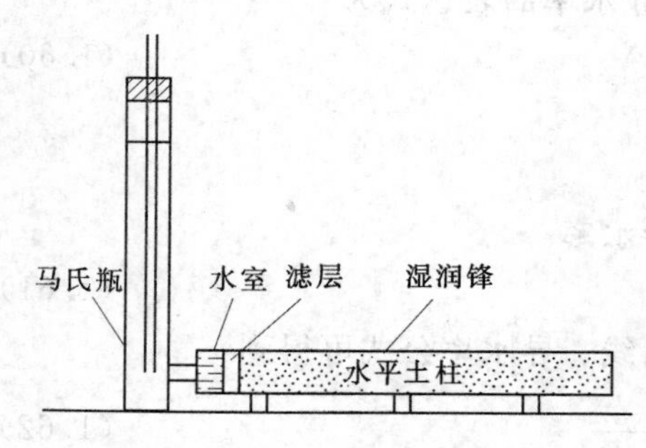

图 1.5　水平土柱渗吸试验装置示意图

试验装置如图 1.5 所示。试验前按一定容重装土，保证土柱初始含水量和各点密度均匀。为保证进水端含水率保持不变，采用马氏瓶供水。在试验结束时从湿润锋开始向进水端等间隔迅速测出从进水端到湿润锋之间的 n 段各断面土壤含水量分布，即 $\theta_i(i=0, 1, 2, \cdots, n)$，其中 i 为断面编号。

水平入渗法测定土壤水分扩散率的基础是一维水平土壤水分运动的 Boltzmann 变换解。问题的控制方程和定解条件为

$$\begin{cases}\frac{\partial\theta}{\partial t}=\frac{\partial}{\partial x}\left[D(\theta)\frac{\partial\theta}{\partial x}\right]\\ \theta(t,x)\mid_{t=0,x>0}=\theta_0\\ \theta(t,x)\mid_{t>0,x=0}=\theta_b\\ \theta(t,x)\mid_{t>0,x=\infty}=\theta_0\end{cases}\tag{1.68}$$

式中：θ_0 为初始土壤含水量；θ_b 为进水端边界土壤含水量（接近饱和含水率）。

式（1.68）中，后两式分别为左边界条件和右边界条件。左边界为进水端，含水率接近饱和含水率；右边界为渗吸试验过程影响不到（湿润锋未达）之处，含水率仍然保持初始含水率。该方程为非线性偏微分方程，采用 Boltzmann 变换得到解析解：

$$D(\theta)=-\frac{1}{2\frac{d\theta}{d\lambda}}\int_{\theta_0}^{\theta_b}\lambda d\theta\tag{1.69}$$

其中，λ 为 Boltzmann 变换参数，即

$$\lambda=xt^{-\frac{1}{2}}\tag{1.70}$$

式中：$D(\theta)$ 为土壤水分扩散率，L^2T^{-1}；θ_0 为初始土壤含水量；θ_b 为进水端边界土壤含水量；x 为自进水端沿水平土柱渗水方向的坐标，L；t 为渗吸结束取土时的入渗历时，T。

由式（1.69）可以得到渗吸试验结束时（t 时刻）参数 λ 沿 x 坐标的分布，同时由试验观测得到同时刻的土壤含水率 θ 沿 x 坐标的分布，于是可得到 $\lambda-\theta$ 关系曲线。将式（1.69）离散化，便可得到土壤水分扩散率的计算式

$$D(\theta)=-\frac{1}{2}\frac{\lambda_i-\lambda_{i-1}}{\theta_i-\theta_{i-1}}\sum_{i=1}^{n}\lambda_i(\theta_i-\theta_{i-1})\tag{1.71}$$

式中：$D(\theta)$ 为土壤水分扩散率，L^2T^{-1}；n 为从进水端到湿润锋之间的分段数；i 为从进水端到湿润锋之间的观测断面编号；θ_i 为第 i 断面的含水率；λ_i 为第 i 断面的 Boltzmann 变换参数，$LT^{-1/2}$。

1.4.3.2 确定土壤水分扩散率的水平一维分析法

目前常采用 Bruce 和 Klute（1956）方法进行土壤水分扩散率的测定。该方法主要依据土壤水分运动基本方程的 Boltzmann 变换结果，利用水平一维土壤吸湿过程中的含水量剖面计算土壤的扩散率。因此该方法需要准确测定土壤含水量剖面，并对含水量剖面进行人为光滑，增加人为误差。在土壤入渗过程中，湿润锋距离比较容易测定，下面介绍相关理论。

水平一维土壤水分运动的达西定律表示为

$$q=k(h)\frac{dh}{dx}=D(\theta)\frac{d\theta}{dx}\tag{1.72}$$

式中：q 为水分通量，cm/min，$k(h)$ 为非饱和导水率，cm/min，h 为土壤吸力，cm，x 为坐标，cm，$D(\theta)$ 为扩散率；θ 为含水量，cm^3/cm^3。

非饱和导水率可表示为（Brooks - Corey，1964）：

$$k(h)=K_s\left(\frac{h_d}{h}\right)^M\tag{1.73}$$

式中：K_s 为饱和导水率，cm/min；h_d 为进气吸力，cm；M 为参数。

土壤水分特征曲线表示为（Brooks - Corey，1964）：

$$\frac{\theta-\theta_r}{\theta_s-\theta_r}=\left(\frac{h_d}{h}\right)^n \tag{1.74}$$

式中：θ_s 为饱和含水量，cm^3/cm^3；θ_r 为滞留含水量，cm^3/cm^3；n 为参数。

水平一维吸渗条件下土壤水分运动的基本方程为

$$\begin{cases}\dfrac{\partial\theta}{\partial t}=\dfrac{\partial}{\partial x}\left[D(\theta)\dfrac{\partial\theta}{\partial x}\right]\\ \theta(x,0)=\theta_i\\ \theta(0,t)=\theta_s\\ \theta(\infty,t)=\theta_i\end{cases} \tag{1.75}$$

式中：θ_i 为初始含水量，cm^3/cm^3；其余符号意义同前。

王全九（2004）对式（1.75）进行分析，得到了入渗率 i 表达式为

$$i=\frac{1}{x_f}\frac{h_dK_s}{M-1} \tag{1.76}$$

式（1.76）表示了入渗率与湿润锋距离间关系，即入渗率与湿润锋距离的倒数呈线形关系。

土壤吸力分布可表示为

$$\frac{x}{x_f}=1-\left(\frac{h_d}{h_x}\right)^{M-1} \tag{1.77}$$

土壤含水量分布为

$$\frac{x_f-x}{x_f}=\left(\frac{\theta_x-\theta_r}{\theta_s-\theta_r}\right)^{\frac{M-1}{n}} \tag{1.78}$$

土壤累积入渗量表示为

$$I=x_f(\theta_s-\theta_i)-\frac{nx_f}{M+n-1}(\theta_s-\theta_r)^{\frac{1-M}{n}}\left[(\theta_s-\theta_r)^{\frac{M+n-1}{n}}-(\theta_i-\theta_r)^{\frac{M+n-1}{n}}\right] \tag{1.79}$$

如初始含水量比较低，且认为滞留含水量与初始含水量相等时，累积入渗量简化为

$$I=x_f(\theta_s-\theta_i)\left[\frac{1}{1+n/(M-1)}\right] \tag{1.80}$$

由于入渗率是累积入渗量的导数，即

$$\frac{dI}{dt}=i \tag{1.81}$$

这样可得到湿润锋距离与时间关系：

$$x_f=\sqrt{\frac{2h_dK_s(M+n-1)}{(M^2-1)(\theta_s-\theta_i)}}t^{\frac{1}{2}} \tag{1.82}$$

式（1.82）显示湿润锋距离与时间平方根呈线形关系。

扩散率是土壤水分特征曲线和非饱和导水率的函数，即

$$D=D_s\left(\frac{\theta-\theta_r}{\theta_s-\theta_r}\right)^L=\frac{K_sh_d}{n(\theta_s-\theta_i)}\left(\frac{\theta-\theta_i}{\theta_s-\theta_i}\right)^{\frac{M-n-1}{n}} \tag{1.83}$$

并且有

$$D=\left(\frac{M-1}{n}\right)\frac{K_s h_d}{(M-1)(\theta_s-\theta_i)}\left(\frac{\theta-\theta_i}{\theta_s-\theta_i}\right)^{\frac{M-1}{n}-1} \tag{1.84}$$

$$D_s=\frac{M-1}{n}\frac{K_s h_d}{(M-1)(\theta_s-\theta_r)} \tag{1.85}$$

$$L=\frac{m-1}{n}-1 \tag{1.86}$$

在式（1.85）和式（1.86）中的 $(1-M)/n$ 可以利用式（1.80）进行计算。$k_s h_d/(M-1)$ 可利用式（1.76）进行计算。因此，当测定累积入渗量、入渗率湿润锋距离和随时间变化过程就可计算土壤水分扩散率。

1.5　土壤水分运动基本方程的求解方法

1.5.1　求解方法的总体特征

由于土壤水分运动基本方程是一个偏微分方程，目前仍无法获得其精确解析解，通常采用数值计算和半解析解或近似方法进行求解。目前常用的数值计算方法有有限差分、有限元、边界元、无网格法等方法。

就半解析解或近似分析方法而言，人们通过概化土壤水分运动或水分含量或能量分布特征，建立相应分析方法，目前分析方法主要有以下几种类型。

（1）从土壤水分运动基本方程入手，借助数理方程的基本理论，求解土壤水分运动基本方程。目前常用 Boltzmann 变换求解水平一维土壤水分运动基本方程，获得土壤水分运动基本方程的半解析解，并发展了土壤水分扩散率测定方法及 Philip 入渗模型。

（2）从土壤水分运动参数入手，通过假定土壤水分运动参数的变化特征，简化土壤水分运动基本方程。通常假定非饱和土壤导水率是含水量线形函数，或者假定土壤水分扩散系数或导水率是一个特定函数，将土壤水分运动方程的线形化，然后利用数理方程理论获得相应的解析解。

（3）从土壤水分通量入手，通过假定土壤水分通量的变化特征来简化土壤水分运动基本方程，获得土壤水分运动基本方程的近似分析方法。一般假定任一时刻土壤剖面水分通量相等，这样将土壤水分运动基本方程进行简化，获得相应的分析解。如著名的 Green-Ampt 入渗公式推求过程可以属于这一类型。

（4）从土壤含水量或吸力分布入手，通过假定土壤含水量或吸力剖面分布，进而求解土壤水分运动基本方程。邵明安和王全九通过假定土壤吸力分布，分别获得了推求 van Genuchten 和 Brooks-Corey 模型参数的解析表达式，进而建立了相应的简捷方法。

1.5.2　有限差分解算方法

非饱和土壤水分运动方程属于抛物型非线性偏微分方程。目前，在土壤水分运动计算中，多采用直接差分法进行偏微分方程的离散化，其中控制容积法已比较成熟，其推导过程物理概念清晰，且可以保证离散化方程具有守恒特性。以下以直角坐标系下的土壤水分运动的三维和柱坐标系下二维情况为例，说明非饱和土壤水分运动方程离散化的控制容积法。土壤水分一维、二维运动方程的离散化与求解，在此基础上直接简化即可。

1.5.2.1　直角坐标系下的土壤水分运动方程离散化

对计算区域按长方体进行网格剖分，即图 1.6 所示的实线网格。对于网格节点 P，与其相邻的网格节点有 E、W、S、N、U、V，取包含 P 点的控制容积，虚线 e、w、s、n、u、v 表示控制容积面。

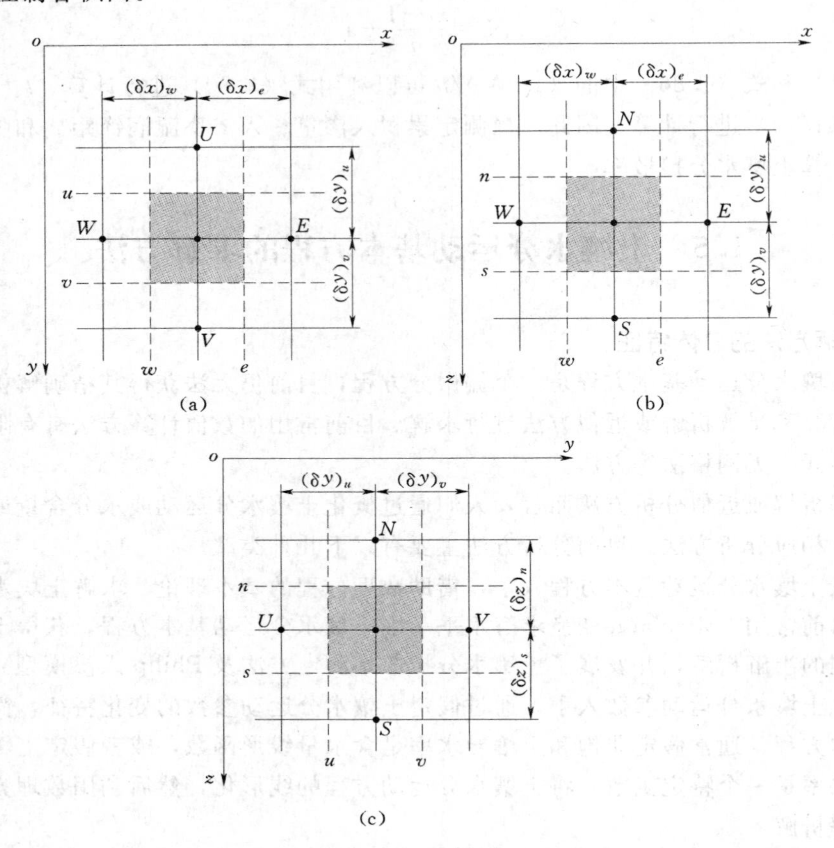

图 1.6　直角坐标系下的网格剖分示意图

(a) xy 面；(b) xz 面；(c) yz 面

图 1.6 中 $(\delta x)_e$、$(\delta x)_w$、$(\delta y)_u$、$(\delta y)_v$、$(\delta z)_s$、$(\delta z)_n$ 为网格间距，对网格采用均匀剖分，即 $(\delta x)_e=(\delta x)_w=\Delta x$，$(\delta y)_u=(\delta y)_v=\Delta y$，$(\delta z)_s=(\delta z)_n=\Delta z$。$x$ 方向的节点编号为 $i=1,2,\cdots,nx$，y 方向的节点编号为 $j=1,2,\cdots,ny$，z 方向的节点编号为 $k=1,2,\cdots,nz$。

采用控制容积法对非饱和土壤水分运动基本方程式（1.10）在控制容积中进行积分，时间间隔为 $[t+\Delta t]$，计算过程如下：

$$\int_n^s\int_u^v\int_w^e\int_t^{t+\Delta t}\frac{\partial\theta}{\partial t}\mathrm{d}x\mathrm{d}z\mathrm{d}y\mathrm{d}t=\int_n^s\int_u^v\int_w^e\int_t^{t+\Delta t}\frac{\partial}{\partial x}\left[D(\theta)\frac{\partial\theta}{\partial x}\right]\mathrm{d}x\mathrm{d}z\mathrm{d}y\mathrm{d}t$$
$$+\int_n^s\int_u^v\int_w^e\int_t^{t+\Delta t}\frac{\partial}{\partial y}\left[D(\theta)\frac{\partial\theta}{\partial y}\right]\mathrm{d}x\mathrm{d}z\mathrm{d}y\mathrm{d}t$$
$$+\int_n^s\int_u^v\int_w^e\int_t^{t+\Delta t}\frac{\partial}{\partial z}\left[D(\theta)\frac{\partial\theta}{\partial z}\right]\mathrm{d}x\mathrm{d}z\mathrm{d}y\mathrm{d}t$$

$$-\int_n^s\int_u^v\int_w^e\int_t^{t+\Delta t}\frac{\partial[K(\theta)]}{\partial z}\mathrm{d}x\mathrm{d}z\mathrm{d}y\mathrm{d}t \tag{1.87}$$

写为差分形式则为

$$\begin{aligned}\int_n^s\int_u^v\int_w^e(\theta_P^{t+\Delta t}-\theta_P^t)\mathrm{d}x\mathrm{d}z\mathrm{d}y=&\int_n^s\int_u^v\int_t^{t+\Delta t}\left\{\left[D(\theta)\frac{\partial\theta}{\partial x}\right]_e-\left[D(\theta)\frac{\partial\theta}{\partial x}\right]_w\right\}\mathrm{d}z\mathrm{d}y\mathrm{d}t\\&+\int_n^s\int_w^e\int_t^{t+\Delta t}\left\{\left[D(\theta)\frac{\partial\theta}{\partial y}\right]_v-\left[D(\theta)\frac{\partial\theta}{\partial y}\right]_u\right\}\mathrm{d}x\mathrm{d}z\mathrm{d}t\\&+\int_w^e\int_u^v\int_t^{t+\Delta t}\left\{\left[D(\theta)\frac{\partial\theta}{\partial z}\right]_s-\left[D(\theta)\frac{\partial\theta}{\partial z}\right]_n\right\}\mathrm{d}x\mathrm{d}y\mathrm{d}t\\&-\int_t^{t+\Delta t}\int_u^v\int_w^e(k_s-k_n)\mathrm{d}x\mathrm{d}y\mathrm{d}t\end{aligned} \tag{1.88}$$

(1) 非稳态项。对等式(1.88)左边在时间间隔 $[t+\Delta t]$ 内进行积分，取 θ 在空间变化的型线为阶梯式，即同一控制容积中各处的 θ 值相同，等于节点 P 上之值 θ_P，故有

$$\int_n^s\int_u^v\int_w^e(\theta_P^{t+\Delta t}-\theta_P^t)\mathrm{d}x\mathrm{d}z\mathrm{d}y=(\theta_P^{t+\Delta t}-\theta_P^t)\Delta x\Delta y\Delta z=(\theta_P-\theta_P^0)\Delta x\Delta y\Delta z \tag{1.89}$$

(2) 扩散项。选取导数随时间作显式阶跃式的变化，得

$$\begin{aligned}&\int_n^s\int_u^v\int_t^{t+\Delta t}\left\{\left[D(\theta)\frac{\partial\theta}{\partial x}\right]_e-\left[D(\theta)\frac{\partial\theta}{\partial x}\right]_w\right\}\mathrm{d}z\mathrm{d}y\mathrm{d}t\\&=\left\{\left[D(\theta)\frac{\partial\theta}{\partial x}\right]_e^t-\left[D(\theta)\frac{\partial\theta}{\partial x}\right]_w^t\right\}\Delta y\Delta z\Delta t\end{aligned} \tag{1.90}$$

$$\begin{aligned}&\int_n^s\int_w^e\int_t^{t+\Delta t}\left\{\left[D(\theta)\frac{\partial\theta}{\partial y}\right]_v-\left[D(\theta)\frac{\partial\theta}{\partial y}\right]_u\right\}\mathrm{d}x\mathrm{d}z\mathrm{d}t\\&=\left\{\left[D(\theta)\frac{\partial\theta}{\partial y}\right]_v^t-\left[D(\theta)\frac{\partial\theta}{\partial y}\right]_u^t\right\}\Delta x\Delta z\Delta t\end{aligned} \tag{1.91}$$

$$\begin{aligned}&\int_w^e\int_u^v\int_t^{t+\Delta t}\left\{\left[D(\theta)\frac{\partial\theta}{\partial z}\right]_s-\left[D(\theta)\frac{\partial\theta}{\partial z}\right]_n\right\}\mathrm{d}x\mathrm{d}y\mathrm{d}t\\&=\left\{\left[D(\theta)\frac{\partial\theta}{\partial z}\right]_s^t-\left[D(\theta)\frac{\partial\theta}{\partial z}\right]_n^t\right\}\Delta x\Delta y\Delta t\end{aligned} \tag{1.92}$$

进一步取 θ 随 x、y、z 呈分段线性变化，则式(1.90)～式(1.92)中 $\left(\frac{\partial\theta}{\partial x}\right)$、$\left(\frac{\partial\theta}{\partial y}\right)$、$\left(\frac{\partial\theta}{\partial z}\right)$ 可表示为

$$\left[D(\theta)\frac{\partial\theta}{\partial x}\right]_e^t=D_e\frac{\theta_E-\theta_P}{(\delta x)_e}=D_e\frac{\theta_E-\theta_P}{\Delta x},\left[D(\theta)\frac{\partial\theta}{\partial x}\right]_w^t=D_w\frac{\theta_P-\theta_W}{(\delta x)_w}=D_w\frac{\theta_P-\theta_W}{\Delta x}$$

$$\left[D(\theta)\frac{\partial\theta}{\partial y}\right]_v^t=D_v\frac{\theta_V-\theta_P}{(\delta y)_v}=D_v\frac{\theta_V-\theta_P}{\Delta y},\left[D(\theta)\frac{\partial\theta}{\partial y}\right]_u^t=D_u\frac{\theta_P-\theta_U}{(\delta y)_u}=D_u\frac{\theta_P-\theta_U}{\Delta y}$$

$$\left[D(\theta)\frac{\partial\theta}{\partial z}\right]_s^t=D_s\frac{\theta_S-\theta_P}{(\delta z)_s}=D_s\frac{\theta_S-\theta_P}{\Delta z},\left[D(\theta)\frac{\partial\theta}{\partial z}\right]_n^t=D_n\frac{\theta_P-\theta_N}{(\delta z)_n}=D_n\frac{\theta_P-\theta_N}{\Delta z}$$

由于网格剖分采用均匀网格，所以上述各式中有 $(\delta x)_e=(\delta x)_w=\Delta x$，$(\delta y)_v=(\delta y)_u=\Delta y$，$(\delta z)_s=(\delta z)_n=\Delta z$。

(3) 源项。对等式(1.88)右边最后一项 $-\frac{\partial K(\theta)}{\partial z}$ 按照源项进行处理，对该项随 x、

y、t 取阶梯式型线，则

$$-\int_t^{t+\Delta t}\int_u^v\int_w^e (k_s-k_n)\mathrm{d}x\mathrm{d}y\mathrm{d}t=-(k_s-k_n)\Delta x\Delta y\Delta t \tag{1.93}$$

将离散化后的各项代入式（1.88），整理后得隐格式的离散化方程为

$$\begin{aligned}&\left(\frac{\Delta V}{\Delta t}+D_e\frac{\Delta y\Delta z}{\Delta x}+D_w\frac{\Delta y\Delta z}{\Delta x}+D_v\frac{\Delta x\Delta z}{\Delta y}+D_u\frac{\Delta x\Delta z}{\Delta y}+D_s\frac{\Delta x\Delta y}{\Delta z}+D_n\frac{\Delta x\Delta y}{\Delta z}\right)\theta_P\\&=\frac{\Delta V}{\Delta t}\theta_P^0+\frac{D_e\Delta y\Delta z}{\Delta x}\theta_E+\frac{D_w\Delta y\Delta z}{\Delta x}\theta_w+\frac{D_v\Delta x\Delta z}{\Delta y}\theta_v+\frac{D_u\Delta x\Delta z}{\Delta y}\theta_u+\frac{D_s\Delta x\Delta y}{\Delta z}\theta_s\\&\quad+\frac{D_n\Delta x\Delta y}{\Delta z}\theta_N-(k_s-k_n)\Delta x\Delta y\end{aligned} \tag{1.94}$$

简化之，可以写为如下形式

$$a_P\theta_P=a_P^0\theta_P^0+a_E\theta_E+a_W\theta_W+a_V\theta_V+a_U\theta_U+a_S\theta_S+a_N\theta_N+S \tag{1.95}$$

式中：$a_P^0=\frac{\Delta V}{\Delta t}$；$a_E=\frac{D_e\Delta y\Delta z}{\Delta x}$；$a_W=\frac{D_w\Delta y\Delta z}{\Delta x}$；$a_V=\frac{D_v\Delta x\Delta z}{\Delta y}$；$a_U=\frac{D_u\Delta x\Delta z}{\Delta y}$；$a_S=\frac{D_s\Delta x\Delta y}{\Delta z}$；$a_N=\frac{D_n\Delta x\Delta y}{\Delta z}$；$S=-(k_s-k_n)\Delta x\Delta y$；$\Delta V=\Delta x\Delta y\Delta z$；$a_P=a_P^0+a_E+a_W+a_V+a_U+a_S+a_N$；$\theta_P$、$\theta_E$、$\theta_W$、$\theta_S$、$\theta_N$、$\theta_U$、$\theta_V$ 分别为各节点的未知含水率（即 $t+\Delta t$ 时刻的含水率）；θ_P^0 为 P 点在前一个时刻的含水率（即 t 时刻的含水率）；D_e、D_w、D_s、D_n、D_u、D_v 分别为控制容积面 e、w、s、n、u、v 处的扩散率；K_s、K_n 分别为控制容积面 s、n 处的导水率；Δx、Δy、Δz 分别为网格间距。

由离散化方程式（1.95）可看出，节点 P 在 $t+\Delta t$ 时刻的含水率是其上一时刻的含水率 θ_P^0 及其相邻各点在本时刻的含水率 θ_P、θ_E、θ_W、θ_S、θ_N、θ_U、θ_V 以不同权重叠加的结果。离散化方程式（1.95）含有 7 个未知变量，因此对整个计算区域离散化，可得到每行含有 7 个未知元素的离散化方程组。

1.5.2.2　柱坐标系下的土壤水分运动方程离散化

对计算区域按矩形网格进行剖分，如图 1.7 所示的实线网格。对于网格节点 P，与其相邻的网格节点有 E、W、S、N。取包含 P 点的控制容积，如图 1.7 中的阴影部分，虚线 e、w、s、n 表示控制容积面。图中$(\delta r)_e$、$(\delta r)_w$、$(\delta z)_s$、$(\delta z)_n$ 为网格间距，如果网格为均匀剖分，则$(\delta r)_e=(\delta r)_w=\Delta r$，$(\delta z)_s=(\delta z)_n=\Delta z$。为简单起见，以下按均匀网格处理。

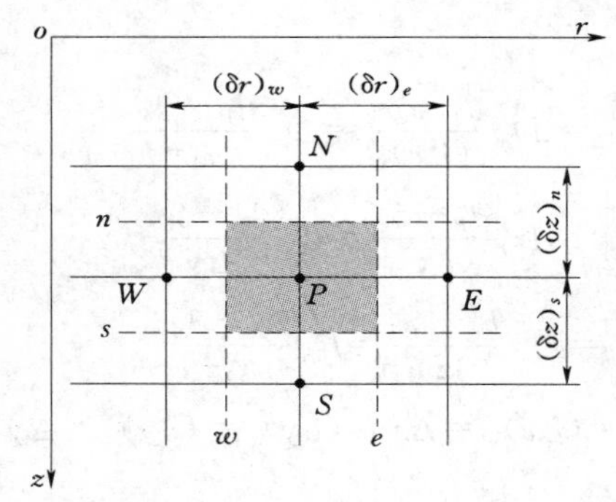

图 1.7　柱坐标系下的网格剖分示意图

对于控制方程式（1.15）右边的最后一项［即 $-\frac{\partial K(\theta)}{\partial Z}$］按源项处理，则通过在控制容积中对控制方程进行积分，其中时间间隔由 t 到 $t+\Delta t$，可得全隐格式的离散化方程为

$$a_P\theta_P=a_E\theta_E+a_W\theta_W+a_S\theta_S+a_N\theta_N+a_P^0\theta_P^0+S_c \tag{1.96}$$

式中：$a_E=\frac{r_E\Delta zD_e}{\Delta r}$；$a_W=\frac{r_W\Delta zD_w}{\Delta r}$；$a_S=\frac{r_P\Delta rD_s}{\Delta z}$；

$a_N=\frac{r_P\Delta r D_w}{\Delta z}$；$a_P^0=\frac{\Delta V}{\Delta t}$；$S_c=-\frac{K_s-K_n}{\Delta z}\cdot\Delta V$；$a_P=a_E+a_W+a_S+a_N+a_P^0$；$\Delta V=\frac{1}{2}(r_E+r_W)\Delta r\Delta z$，（$\Delta V$ 为控制容积的体积）；θ_P、θ_E、θ_W、θ_S、θ_N 分别为各节点的未知含水率（即 $t+\Delta t$ 时刻的含水率）；θ_P^0 为 P 点在前一个时刻的含水率（即 t 时刻的含水率）；D_e、D_w、D_s、D_n 分别为控制容积面 e、w、s、n 处的扩散率；K_s、K_n 分别为控制容积面 s、n 处的导水率；r_E、r_W、r_P 分别为节点 E、W、P 处的径向坐标。

由离散化方程式（1.96）可以清晰地看出，节点 P 在 $t+\Delta t$ 时刻的含水率是其上一时刻的含水率 θ_P^0 及其相邻各点在本时刻的含水率 θ_E、θ_W、θ_S、θ_N 以不同的权重叠加的结果。离散化方程式（1.96）含有 5 个未知变量，因此对整个计算区域离散化，可得每行含有 5 个未知元素的离散化方程组。

1.5.2.3　非线性系数的处理

以上述柱坐标系下的离散化方程为例，控制容积面 e、w、s、n 处的扩散率 D_e、D_w、D_s、D_n 和控制容积面 s、n 处的导水率 K_s、K_n，要利用该控制容积面两侧节点在 $t+\Delta t$ 时刻的值进行计算，一般可取两点的算术平均值。

扩散率 $D(\theta)$ 和导水率 $K(\theta)$ 都是含水率的函数，然而节点 E、W、S、N 在 $t+\Delta t$ 时刻的含水率是待求的未知量。对于该非线性问题可以采用显式线性化法、预报校正法、迭代法等来处理。处理非线性问题最常用的方法是对每一个时间步的计算采用迭代法来进行处理。先以各点在 t 时刻的含水率 θ^t 计算其扩散率 $D(\theta)$ 和导水率 $K(\theta)$，从而得到所需的控制容积面 e、w、s、n 处的扩散率 D_e、D_w、D_s、D_n 和控制容积面 s、n 处的导水率 K_s、K_n，通过对离散化方程的解算，可以得到各界点含水率在 $t+\Delta t$ 时刻的第 1 次迭代结果 $\theta^{t+\Delta t}$；再利用该结果计算 D_e、D_w、D_s、D_n、K_s、K_n 等值，进行第 2 次迭代……直至前后两次迭代计算出的含水率之差小于某一规定值。

1.5.2.4　离散化方程组的求解

求解方程组的方法可以分为直接法和迭代法两类。对于该非线性问题，离散方程中的系数也是未知量 θ 的函数，这样整个问题的求解必然是迭代性质的，经过多次迭代直到获得收敛的解。在这一计算过程中，每一次求解代数方程时，其系数都是临时的，若采用直接方法求解，则所得到的是关于这一组临时系数的解，但既然代数方程本身的系数是有待改进的，就没有必要把相应的真解求出来；若采用迭代法，则可控制在适当时候中止迭代，以在改进代数方程系数后再求解，故对非线性问题来说，直接解法也是不经济的。迭代法包括点迭代法、块迭代法和交替方向隐式迭代法（ADI 方法），其中 ADI 方法计算简单有效，在土壤入渗计算中常被采用。

1. 直角坐标系下的土壤水分运动

ADI 方法的具体实施方式很多，最简单的就是采用 Jacobi 方式的按行与列的交替迭代，对于离散化方程式（1.95）可表示为

在 k 方向上：

$$a_P\theta_P^{t+\frac{\Delta t}{3}}=a_S\theta_S^{t+\frac{\Delta t}{3}}+a_N\theta_N^{t+\frac{\Delta t}{3}}+(a_E\theta_E^t+a_W\theta_W^t+a_V\theta_V^t+a_U\theta_U^t+a_p^0\theta_P^t+S^t)\tag{1.97}$$

在 i 方向上：

$$a_P\theta_P^{t+\frac{2\Delta t}{3}}=a_E\theta_E^{t+\frac{2\Delta t}{3}}+a_W\theta_W^{t+\frac{2\Delta t}{3}}+(a_S\theta_S^{t+\frac{\Delta t}{3}}+a_N\theta_N^{t+\frac{\Delta t}{3}}+a_V\theta_V^{t+\frac{\Delta t}{3}}$$

$$+a_U\theta_U^{t+\frac{\Delta t}{3}}+a_P^0\theta_P^t+S^t) \tag{1.98}$$

在 j 方向上：

$$a_P\theta_P^{t+\Delta t}=a_U\theta_U^{t+\Delta t}+a_V\theta_V^{t+\Delta t}+(a_E\theta_E^{t+\frac{2\Delta t}{3}}+a_W\theta_W^{t+\frac{2\Delta t}{3}}+a_S\theta_S^{t+\frac{2\Delta t}{3}}$$
$$+a_N\theta_N^{t+\frac{2\Delta t}{3}}+a_P^0\theta_P^t+S^t) \tag{1.99}$$

在一个时间步长的计算过程中，先按式（1.97）在 k 方向上扫描，结合边界点的边界条件得三对角系数矩阵的方程组，按追赶法解算，得到的含水率作为对 j 方向扫描的初始含水率；在 k 方向扫描完毕后，按式（1.98）对 i 方向进行扫描计算，得到的含水率作为对 j 方向扫描的初始含水率；最后按式（1.99）对 j 方向进行扫描计算，完成一次完整扫描。对 i、j、k 三个方向进行交替扫描，直至前后两次扫描结果之差满足精度要求为止。然后逐步进行下一步长的计算。

在计算过程中，对于列或行的扫描方向（即，在按列扫描的情况下，是从左向右逐列扫描，还是从右向左逐列扫描；在按行扫描的情况下，是从上向下逐行扫描，还是从下向上逐行扫描）是一个影响收敛速度的重要问题。原则上是从对整个计算区域影响较大的边界处开始。

时间步长与空间步长是影响计算精度的重要因素。若步长取得过大，则会引起较大误差，过小又会占用较大内存、花费较长的计算时间。在对非线性偏微分方程进行数值求解时，目前尚无成熟的理论来选择适宜的时间步长与空间步长。对一个具体的计算问题，一般采用试取的方法来确定其时间步长与空间步长。

2. 柱坐标系下的土壤水分运动

设通过对计算区域的网格剖分，在 z 方向共有 m 条网格线，在 r 方向共有 n 条网格线，所以共有网格节点 $m\times n$ 个。于是，通过离散化方程式（1.96）并考虑边界条件，可得含有（$m\times n-m-n+4$）个未知变量的方程组，该方程组的系数矩阵为大型稀疏矩阵，对其直接进行解算（即直接解法），占用计算机内存多，计算较复杂。

对于一维抛物型偏微分方程，其全隐格式的离散化方程组的系数矩阵均为三对角矩阵，采用追赶法求解非常方便。对于高维抛物型偏微分方程采用某些迭代格式，便可以对每一个时间步通过多次求解三对角方程组来得到问题的解（迭代解法）。其中交替方向迭代法（ADI方法）计算简单有效，在土壤水分运动计算中常被采用。

ADI方法的具体实施方式很多，最简单的就是采用Jacobi方式的按列与行交替迭代，对于离散化方程式（1.96）可表示为

$$a_P\theta_P^{t+\Delta t/2}=a_S\theta_S^{t+\Delta t/2}+a_N\theta_N^{t+\Delta t/2}+(a_E\theta_E^t+a_W\theta_W^t+a_P^0\theta_P^t+S_c^t) \tag{1.100}$$

$$a_P\theta_P^{t+\Delta t}=a_E\theta_E^{t+\Delta t}+a_W\theta_W^{t+\Delta t}+(a_S\theta_S^{t+\Delta t/2}+a_N\theta_N^{t+\Delta t/2}+a_P^0\theta_P^t+S_c^t) \tag{1.101}$$

式中：带有上标 t 的量为在时刻 t 的值；带有上标 $t+\Delta t/2$ 的量为在时刻 t 与时刻 $t+\Delta t$ 的中间值，在式（1.100）中为未知变量，在式（1.101）中为已知变量；带有上标 $t+\Delta t$ 的量为在时刻 $t+\Delta t$ 的值。

在计算过程中，先对列按式（1.100）列方程组，得三对角系数矩阵的方程组，按追赶法解算，图1.8为按列扫描的图像。逐列扫描完毕后，再对行按式（1.101）进行逐行扫描计算，于是完成一次完整扫描。对行、列交替进行扫描，直至前后两次扫描结果之差

满足精度要求为止。

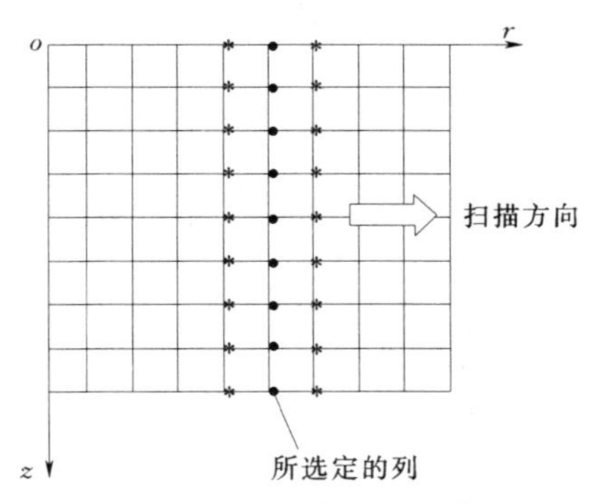

图 1.8 按列扫描的图像

复 习 思 考 题

1. 理解土壤水分类型和土壤水分常数内涵。
2. 理解土壤水势及其分势定义及其特点。
3. 对比分析土壤水势确定方法。
4. 理解土壤水分运动基本方程推求基本原理，对比分析求解土壤水分运动基本方程的方法。
5. 理解确定土壤水力参数的方法的基本原理、实验方法和计算过程。
6. 了解土壤水分运动控制方程离散化的基本思路。
7. 根据以角坐标系下的土壤水分运动的三维离散化方程，简化推导一维离散化方程。
8. 了解土壤水分运动有限差分法的解算过程。

参 考 文 献

[1] Bolt G H. Soil physics terminology [J]. Bulletin International Society of SoilScience，1976，49：26-36.

[2] 姚贤良，程云生．土壤物理学 [M]. 北京：农业出版社，1986.

[3] 雷志栋，杨诗秀，谢森传．土壤水动力学 [M]. 北京：清华大学出版社，1988.

[4] Brooks R H，Corey A J. Hydraulic Properties of Porous Media [M]. Fort Collins，Colo. State Univ. 1964.

[5] van Genuchten M Th. A closed form equation for predicting the hydraulic conductivityof unsaturated soils [J]. Soil Science Society of America Journal，1980，44：892-898.

[6] Bruce R R，Klute A. The measurement of soil water diffusivity [J]. Soil Science Society of America Proceedings，1956，20：458-462.

[7] Buidine N T. Relative permeability calculations from pore - size distribution data [J]. Petrol. Transaction of American Institute of Mining Engineering，1953，198，71-77.

[8] Mualem Y. A new model for predicting the hydraulic conductivity of unsaturatedporous media [J]. Water Resources Research，1976，12：513-522.

[9] 李盼盼．膜沟灌溉三维入渗数值模拟研究［D］．南京：河海大学，2008.
[10] 缴锡云，王文焰，张江辉．覆膜灌溉理论与技术要素的试验研究［M］．北京：中国农业科技出版社，2001.
[11] 王全九，邵明安，郑纪勇．土壤中水分运动与溶质迁移［M］．北京：中国水利水电出版社，2007.
[12] W. J. Rawls，D. L. Brakensiek，K. E. Saxton. Estimation of Soil Water Properties［J］. Soil Sci. Soc. A m. J. 1982，25：1316－1320.
[13] 夏卫生，雷廷武，刘贤赵，等．土壤水分特征曲线的推算［J］．土壤学报，2003，40（3）：311－315.
[14] Sollins，P，and Radulovich R. Effects of soil physical structure on solute transport in a weathered tropical soil［J］. Soil Sci. Soc. A m. J. 1988，52：1168－1173.
[15] Fury，M.，W. A. J ury，and J. Leuenberger. Susceptibility of soils to preferential flow of water：A field study［J］. Water Resour. Res. 1994，30：1945－195.
[16] Forre I.，A. Papritz，R. Kasteel，H. Fluhler，and D. Luca. Quantifying dye tracers in soil profiles by image processing［J］. European J. Soil Sci. 2000，51：313－322.
[17] 谢华，王康，张仁铎，等．土壤水入渗均匀特性的染色示踪试验研究［J］．灌溉排水学报，2007，26（5）：1－4.
[18] 陶文铨．数值传热学［M］．2 版．西安：西安交通大学出版社，2001.

第2章 土壤入渗特征

土壤入渗是田间水循环的重要组成部分，直接影响土壤含水量分布状况、土壤蓄水量以及作物对土壤水分的利用程度。

2.1 土壤入渗过程

入渗是指降雨或灌溉条件下，水分通过土壤表面垂直或水平进入土壤的过程。土壤入渗过程主要受控于供水强度和土壤入渗能力。供水强度取决于降雨强度和灌溉方式。而土壤入渗能力是决定于土壤自身特征，受土壤质地、容重、土壤结构、土壤构造、土壤前期含水量、有机质含量等影响。当供水强度大于土壤入渗能力时，土壤入渗过程受控于土壤入渗能力。如果供水强度小于土壤入渗能力，土壤入渗受控于供水强度。通常将充分供水情况下的土壤入渗特征称为土壤入渗能力。

2.1.1 土壤入渗物理过程

土壤入渗过程常用土壤入渗率和累积入渗量来表示。入渗率是指在单位时间、单位面积通过土壤表面进入的水量。在入渗初期，土壤入渗率较大，随着时间延续，入渗率逐渐减小，并趋于稳定，并将趋于稳定的入渗率称为稳定入渗率。累积入渗量是指一定时段内通过单位土壤表面进入土壤的累积水量。累积入渗量（I）与入渗率（i）存在函数关系，可表示为

$$i=\frac{dI}{dt} \tag{2.1}$$

虽然在量刚上，土壤入渗率与土壤水分通量相同，但物理意义有所区别。土壤水分通量描述了土体内任意位置的单位时间水分通过土壤的数量，而入渗率是指单位时间通过土壤表面的水分数量。因此，土壤表面水分通量就是入渗率，而在土体内不存在入渗率概念。根据土壤水分所具有能量状态和水分特征，将土壤入渗分成三个阶段，即湿润阶段、渗漏阶段和渗透阶段。

（1）湿润阶段。在入渗初期，入渗水分主要受分子力作用，水分被土壤颗粒所吸附。当土壤含水量大于分子持水量，这一阶段逐渐消失。因此对于干燥土壤而言，这一阶段表现得最为明显。

（2）渗漏阶段。在毛管力和重力作用下，水分在土壤孔隙中作非稳定流动，并逐步填充土壤孔隙，直到全部孔隙被水分所充满而饱和。

（3）渗透阶段。当土壤孔隙被水分充满而饱和，水分在重力作用下呈现稳定流动。

由于三个入渗阶段土壤水分运动特征不尽相同，必然影响土壤水分的分布，通常将土壤含水量分布分成四个区，即饱和区、过渡区、传导区和湿润区。饱和区是指积水入渗

后，土壤表层存在一薄的饱和层，可能数毫米和厘米；过渡区是指土壤含水量由饱和明显下降区；传导区是指土壤含水量变化不大区；湿润区是指含水量迅速减少至土壤初始含水量，而湿润区的前缘称为湿润锋。

2.1.2 土壤入渗影响因素

土壤入渗过程受到多种因素的影响，如土壤质地、土壤构造、土壤前期含水量、供水方式与强度、供水水质、土壤温度等。

（1）土壤质地。不同质地的土壤颗粒组成不同，所具有的孔隙大小和分布存在明显差别，导致土壤导水能力不同，进而影响土壤的入渗能力。砂性土壤具有较多大孔隙，土壤导水能力强，土壤入渗能力高。同时达到稳定入渗阶段所需要的时间也短，而黏性土壤与其相反，土壤入渗能力小，达到稳定入渗阶段的时间也长。

（2）土壤构造。由于成土原因或人为作用，自然界土壤一般表现出层状构造。通常主要有两种形式：一是上层为粗质土，下层为细质土；二是上层土壤为细质土，而下层土壤为粗质土。这两种构造土壤而言，土壤入渗过程都有别于均质土壤。

对于上层为粗质土，下层为细质土而言，入渗初期，土壤水分运动受控于粗质土，当湿润锋到达或延伸到细质土，入渗率受控于下层的细质土。如果下层土壤饱和导水率与上层土壤饱和导水率相差较大，下层土壤相对上层土壤而言形成了隔水层，可能在界面处形成临时水位。在无排水条件情况下，随着时间延续，上层土壤会全部饱和。

对于上层为细质地土，下层为粗质土而言，入渗初期，土壤水分运动受控于细质土，当湿润锋到达界面，入渗率受下层粗质土的影响。由于能量的不连续及孔隙连续性的影响，湿润锋到达界面后，水分不能连续向下运移，而在界面处积累，直至上层土壤含水量达到某一程度，致使上下层土壤孔隙发生有效连接，湿润锋才继续向下运动。这时土壤入渗率变为常数。而土壤入渗率取决上层土壤厚度和饱和导水率及下层土壤进水吸力。

（3）土壤前期含水量。土壤前期含水量直接影响土壤导水孔隙和导水能力和土壤基质势，随着土壤前期含水量增加，土壤基质势增加，基质势作用相对降低，土壤入渗能力下降。当土壤处于饱和状态时，基质势作用为0，仅有重力势和压力势起发挥作用。

（4）供水方式与强度。在自然降雨过程中，当雨强大于土壤入渗能力时，土壤入渗取决于土壤入渗能力。当雨强小于土壤入渗能力时，土壤入渗率就等于供水强度。在自然界雨滴具有一定的动能，当雨滴降落到地面后，击实表层土壤或分散细颗粒堵塞土壤孔隙，形成结皮，降低土壤导水能力，因此雨滴动能也是影响土壤入渗的重要因素。在灌溉条件下，由于灌水方法不同，土壤入渗过程和特征也不尽相同。如滴灌属于非充分供水，土壤水分运动呈现三维形式；传统地面灌溉属积水入渗过程；而沟灌属于二维土壤水分运动过程。

（5）供水水质。入渗水一般含有一定数量的化学物质，而所含的化学物质进入土壤后，与土壤颗粒和土壤原有的化学物质发生物理化学作用，改变土壤孔隙分布特征，进而影响土壤导水能力和入渗特征。近年来随着淡水资源的短缺，微咸水利用也成为缓减水资源短缺的重要方面。而微咸水中所含有的化学物质直接影响土壤入渗过程，主要因素有微咸水矿化度和钠吸附比。

（6）土壤温度。土壤温度直接影响土壤水分形态、土壤水分黏滞度和表面张力，因此温度变化不仅影响土壤水分能量状态，而且影响土壤导水率。当土壤平均温度升高时，土壤入渗能力增加，反之则减小。当温度降到冻土情况时，土壤入渗率下降到最小。如果土壤中存在温度梯度时，水分在温度梯度作用下也发生运动。当表层土壤温度高于下层，土壤入渗能力会增加，反之会减少土壤入渗能力。

2.2 物理基础积水入渗公式

随着人们对土壤入渗特征认识的不断深入，相继提出了不同特点的土壤入渗公式，概括起来可分成三种类型，即物理基础公式、经验公式和概念公式。物理基础公式是依据土壤水分运动特征，通过概化入渗过程，获得的土壤入渗公式。同时公式中参数与土壤水力参数有机联系，便于获得。因此，物理基础公式得以广泛应用。

2.2.1 Green - Ampt 入渗公式

Green - Ampt(1911) 通过对土壤水分运动特征和土壤含水量分布的概化，建立了相应的入渗公式。对于初始含水量均匀分布土壤，提出了 3 个基本假定，即假定土壤湿润锋面是水平的；在湿润锋面存在 1 个固定不便的吸力；湿润锋面以上的土壤处于饱和状态。根据这一假定，达西定理可表示为

$$i=k_s\left(\frac{z_f+h_f+H}{z_f}\right) \tag{2.2}$$

式中：z_f 为概化的湿润锋深度，h_f 为湿润锋处的吸力，H 为表面积水深度。

由于假定湿润锋面以上的土壤处于饱和状态，因此根据水量平衡原理，累积入渗量表示为

$$I=(\theta_s-\theta_i)z_f \tag{2.3}$$

式中：θ_s 为土壤饱和含水量；θ_i 为土壤初始含水量。

由于累积入渗量与入渗率间存在着函数关系，即

$$i=\frac{\mathrm{d}I}{\mathrm{d}t} \tag{2.4}$$

这样有

$$\frac{\mathrm{d}z_f}{\mathrm{d}t}=\frac{k_s}{\theta_s-\theta_i}\frac{z_f+h_f+H}{z_f} \tag{2.5}$$

对式（2.5）行积分有

$$t=\frac{\theta_s-\theta_i}{k_s}\left[z_f-(h_f+H)\ln\frac{z_f+h_f+H}{h_f+H}\right] \tag{2.6}$$

式（2.2）、式（2.3）和式（2.6）构成了 Green - Ampt 入渗公式。这里特别需要注意的是，Green - Ampt 入渗公式中湿润锋深度是概化湿润锋，仅能通过累积入渗量计算，无法直接测定。对于特殊情况，Green - Ampt 入渗公式可以进行相应的简化。

如果土壤表面的积水深度比较小，积水所形成的压力势可以忽略不计，Green - Ampt 入渗公式变为

$$i=k_s\left(\frac{z_f+h_f}{z_f}\right) \tag{2.7}$$

$$t=\frac{\theta_s-\theta_i}{k_s}\left[z_f-h_f\ln\frac{z_f+h_f}{s_f}\right] \tag{2.8}$$

当入渗时间较短，土壤基质势作用远大于重力势作用，重力势可以忽略，Green－Ampt 入渗公式表示为

$$i=k_s\left(\frac{H+h_f}{z_f}\right) \tag{2.9}$$

$$z_f=\sqrt{2k_s\frac{h_f+H}{\theta_s-\theta_i}t} \tag{2.10}$$

累积入渗量与时间关系表示为

$$I=\sqrt{2k_s(\theta_s-\theta_i)(h_f+H)t} \tag{2.11}$$

在 Green－Ampt 入渗公式中包含了两个主要参数：一是饱和导水率，二是湿润锋面平均吸力。饱和导水率可通过实验方法进行测定，而湿润锋平均吸力的确定比较困难。许多学者进行了大量研究来寻求湿润锋平均吸力确定方法。目前应用较多的公式为

$$h_f=\int_{h_d}^{\infty}\frac{k(h)}{k_s}\quad 或\quad h_f=\int_0^{\infty}\frac{k(h)}{k_s} \tag{2.12}$$

式中：$k(h)$ 为土壤非饱和导水率；h_d 为进气吸力。

已知土壤非饱和导水率就可计算湿润锋平均吸力。

2.2.2 Philip 入渗公式

对于积水入渗而言，描述土壤水分运动的定解方程为

$$\frac{\partial\theta}{\partial t}=\frac{\partial}{\partial z}\left[D(\theta)\frac{\partial\theta}{\partial z}\right]-\frac{\partial k(\theta)}{\partial z} \tag{2.13}$$

$$\theta(0,z)=\theta_i$$

$$\theta(t,0)=\theta_s$$

$$\theta(t,\infty)=\theta_i$$

Philip（1957）认为方程式（2.13）的解可以利用级数形式描述，即

$$z(\theta,t)=\phi_1t^{0.5}+\phi_2t+\phi_3t^{1.5}+\cdots=\sum_0^{\infty}\phi_i(\theta)t^{i/2} \tag{2.14}$$

其中 $\phi_i=\phi_i(\theta)$ 是含水量的函数。

根据水量平衡原理，累积入渗水量为

$$\int_0^{\infty}(\theta-\theta_i)\mathrm{d}z=\int_{\theta_i}^{\theta_s}z\,\mathrm{d}\theta=I(t)-k_it \tag{2.15}$$

其中 $I(t)$ 为累积入渗量，表示为

$$I(t)=St^{0.5}+(A_2+K_i)t+A_3t^{1.5}+\cdots \tag{2.16}$$

其中 S 为吸湿率。A_2、A_3 等参数表示为

$$A_n=\int_{\theta_i}^{\theta_s}\phi_n\mathrm{d}\theta \tag{2.17}$$

入渗率 $i(t)$ 为

$$i(t)=\frac{1}{2}St^{-0.5}+(A_2+K_i)+\frac{3}{2}A_3t^{0.5}+\cdots \tag{2.18}$$

在实际应用中，为了简单起见，常用二项式描述垂直一维入渗过程，Philip 入渗公式表示为

$$i(t)=\frac{1}{2}St^{-0.5}+A \tag{2.19}$$

$$I(t)=St^{0.5}+At \tag{2.20}$$

其中 A 为常数，通常认为其值近视为饱和导水率。如果入渗时间比较短，重力作用可以忽略，则短历时 Philip 入渗公式表示为

$$i(t)=\frac{1}{2}St^{-0.5} \tag{2.21}$$

$$I(t)=St^{0.5} \tag{2.22}$$

公式中典型参数是吸渗率，对于吸渗率 S 人们也提出不同计算方法。王全九等获得了吸渗率与扩散率间关系，具体推求过程如下。

对于一维水平水分入渗过程可以表示为

$$\begin{cases}\dfrac{\partial\theta}{\partial t}=\dfrac{\partial}{\partial x}\left[D(\theta)\dfrac{\partial\theta}{\partial x}\right]\\ \theta(0,x)=\theta_i\\ \theta(t,0)=\theta_s\\ \theta(t,\infty)=\theta_i\end{cases} \tag{2.23}$$

式中：$D(\theta)$ 为扩散率；θ 为含水量；t 为时间；x 为水平坐标。

Boltzmann 变化表达式为

$$\lambda=xt^{-0.5} \tag{2.24}$$

Philip（1957）根据上述变化，推求的入渗率表达式为

$$i=\frac{1}{2}\int_{\theta_i}^{\theta_s}\lambda\,\mathrm{d}\theta=\frac{1}{2}St^{-0.5} \tag{2.25}$$

累积入渗量为

$$I=St^{0.5} \tag{2.26}$$

式中：I 为累积入渗量；i 为入渗率；S 为吸渗率；λ 为参数。

Parlange（1971）将式（2.23）变为

$$\frac{\partial x}{\partial t}+\frac{\partial}{\partial\theta}\left[\frac{D}{(\partial x/\partial\theta)}\right]=0 \tag{2.27}$$

积分上式得

$$\int_{\theta}^{\theta_s}\frac{\partial x}{\partial t}\mathrm{d}\theta+D(\theta_s)\left(\frac{\partial\theta}{\partial x}\right)_{x=0}-D(\theta)\frac{\partial\theta}{\partial x}=0 \tag{2.28}$$

令 $\theta=\theta_i$，式（2.28）变为

$$\int_{\theta_i}^{\theta_s}\frac{\partial x}{\partial t}\mathrm{d}\theta+D(\theta_s)\left(\frac{\partial\theta}{\partial x}\right)_{x=0}=0 \tag{2.29}$$

Parlange 认为第一项较小，式（2.29）变为

$$D(\theta)\frac{\partial\theta}{\partial x}\approx D(\theta_s)\left(\frac{\partial\theta}{\partial x}\right)_{x=0} \tag{2.30}$$

令

$$q(t)=-D(\theta)\frac{\partial\theta}{\partial x}\approx-D(\theta_s)\left(\frac{\partial\theta}{\partial x}\right)_{x=0} \tag{2.31}$$

对式（2.31）积分得

$$xq(t)=\int_{\theta}^{\theta_s}D(\theta)\mathrm{d}\theta \tag{2.32}$$

并获得下面表达式：

$$q(t)^2=\frac{\int_{\theta_0}^{\theta_s}\theta D(\theta)\mathrm{d}\theta}{2t} \tag{2.33}$$

这样：

$$q(t)=\frac{1}{\sqrt{2}}\sqrt{\int_{\theta_0}^{\theta_s}\theta D(\theta)\mathrm{d}\theta t^{-0.5}} \tag{2.34}$$

根据上面分析，$q(t)$ 与入渗率相同，这样有

$$S=\sqrt{2}\sqrt{\int_{\theta_0}^{\theta_s}\theta D(\theta)\mathrm{d}\theta} \tag{2.35}$$

如将扩散率表示为

$$D(\theta)=D_s\theta^a \tag{2.36}$$

这样吸渗率表示为

$$S=\frac{\sqrt{2}}{\sqrt{a+2}}\sqrt{D_s(\theta_s^{a+2}-\theta_i^{a+2})} \tag{2.37}$$

如果初始含水量较低，吸渗率变为

$$S=\frac{\sqrt{2}}{\sqrt{a+2}}\sqrt{D_s(\theta_s^{a+2})} \tag{2.38}$$

式（2.38）描述了土壤吸渗率与扩散率间的关系。

2.2.3　代数入渗模型

Green - Ampt 和 Philip 入渗公式可以很好描述土壤入渗率和累积入渗量，但难以描述土壤含水量分布。农业生产中不仅关心进入土壤水分的数量，同样关注含水量的分布。王全九等（2002）建立了代数入渗模型，该模型即可描述入渗量也可描述土壤含水量分布。

垂直一维非饱和土壤水分运动的 Darcy 定理可表示为

$$q=k\frac{\mathrm{d}h}{\mathrm{d}z}+k \tag{2.39}$$

式中：z 为垂直坐标，cm，取向下为正；q 为水分通量。

描述一维垂直水分运动基本方程表示为

$$\frac{\partial\theta}{\partial t}=\frac{\partial}{\partial z}\left[D(\theta)\frac{\partial\theta}{\partial z}\right]-\frac{\partial k(\theta)}{\partial z} \tag{2.40}$$

$$\theta(z,0)=\theta_i$$

$$\theta(0,t)=\theta_s$$

$$\theta(\infty,t)=\theta_i$$

式中：$K(\theta)$ 为非饱和导水率；$D(\theta)$ 为扩散率；t 为时间。

将式（2.40）变为

$$\frac{\partial z}{\partial t}+\frac{\partial}{\partial\theta}\left[\frac{D(\theta)}{(\partial z/\partial\theta)}\right]-\frac{\mathrm{d}k(\theta)}{\mathrm{d}\theta}=0 \tag{2.41}$$

积分式（2.41）得

$$\int_{\theta}^{\theta_s}\frac{\partial z}{\partial t}\mathrm{d}\theta+D(\theta_s)\left(\frac{\partial\theta}{\partial z}\right)_{z=0}-\frac{D(\theta)\partial\theta}{\partial z}-k(\theta_s)+k(\theta)=0 \tag{2.42}$$

利用 Parlange（1971）假定，并扩展到整个水分运动过程，式（2.42）变为

$$-D(\theta_s)\left(\frac{\partial\theta}{\partial z}\right)_{z=0}+k(\theta_s)\approx-\frac{D(\theta)\partial\theta}{\partial z}+k(\theta) \tag{2.43}$$

令

$$i=-D(\theta_s)\left(\frac{\partial\theta}{\partial z}\right)_{z=0}+k(\theta_s) \tag{2.44}$$

因此，式（2.44）表示为

$$i=-D(\theta)\frac{\partial\theta}{\partial z}+k(\theta) \tag{2.45}$$

将式（2.45）表示为吸力函数，并变形为

$$i-k=k\frac{\mathrm{d}h}{\mathrm{d}z} \tag{2.46}$$

利用 Brooks－Corey（1964）模式描述土壤水分特征曲线和非饱和导水率。Brooks－Corey 描述的土壤含水量与土壤吸力间关系为

$$S=\frac{\theta-\theta_r}{\theta_s-\theta_r}=\left(\frac{h_d}{h}\right)^N \tag{2.47}$$

式中：θ 为土壤含水量，$\mathrm{cm}^3/\mathrm{cm}^3$，$\theta_s$ 为土壤饱和含水量，$\mathrm{cm}^3/\mathrm{cm}^3$，$\theta_r$ 为相对不动水体含水量，$\mathrm{cm}^3/\mathrm{cm}^3$，$h_d$ 为土壤进气吸力，cm，S 为土壤饱和度，h 为土壤吸力，cm。

$$k=k_s\left(\frac{h_d}{h}\right)^M=k_s\left(\frac{\theta-\theta_r}{\theta_s-\theta_r}\right)^{\frac{M}{N}} \tag{4.48}$$

根据 Brooks－Corey 模型基本理论，$M=2+3N$。

对非饱和导水率表达式进行微分得

$$\mathrm{d}k=-Mk_s\left(\frac{h_d}{h}\right)^M h^{-1}\mathrm{d}h=-Mh^{-1}k\mathrm{d}h \tag{2.49}$$

并有

$$\frac{1}{h}\mathrm{d}z=\frac{-\mathrm{d}k}{M(i-k)} \tag{2.50}$$

对于积水入渗而言，对式（2.50）积分得

$$\int_0^z\frac{1}{h}\mathrm{d}z=\frac{-1}{M}\int_{k_0}^{k_z}\frac{\mathrm{d}k}{i-k} \tag{2.51}$$

根据积分中值定理，$\int_0^z\frac{1}{h}\mathrm{d}z=\frac{z}{ah_d}$，$a$ 为大于或等于 1 的参数。式（2.51）变为

$$\frac{-Mz}{ah_d}=\ln\frac{i-k_s}{i-k} \tag{2.52}$$

当 z 等于湿润锋深度，即 $z=z_f$ 时，土壤含水量为初始含水量。如果土壤初始含水量比较低，因而 k 比较小，并可忽略，式（2.52）变为

$$i=\frac{k_s}{1-e^{\frac{-Mz_f}{ah_d}}} \tag{2.53}$$

式（2.53）表示了水分通量与湿润锋深度间的关系。对式（2.53）进行泰勒级数展开，则有

$$i=\frac{k_s ah_d}{Mz_f}+k_s \tag{2.54}$$

任意 z 处所对应的土壤非饱和导水率为

$$k=k_s-(i-k_s)\frac{Mz}{ah_d} \tag{2.55}$$

将式（2.55）进行泰勒级数展开：

$$k=k_s-(i-k_s)\frac{Mz}{ah_d} \tag{2.56}$$

这样有

$$\theta=\left[1-\frac{z}{z_f}\right]^{\frac{N}{M}}(\theta_s-\theta_r)+\theta_r \tag{2.57}$$

累积入渗量表示为

$$I=\int_0^{z_f}\left[1-\frac{z}{z_f}\right]^{\frac{n}{M}}(\theta_s-\theta_r)\mathrm{d}z+(\theta_r-\theta_i)\mathrm{d}z \tag{2.58}$$

对式（2.58）进行简化：

$$I=z_f(\theta_s-\theta_r)\frac{M}{M+N}+(\theta_r-\theta_i)z_f \tag{2.59}$$

由于

$$\frac{\mathrm{d}I}{\mathrm{d}t}=i \tag{2.60}$$

进行积分得

$$t=\frac{(\theta_s-\theta_r)M+(M+N)(\theta_r-\theta_s)}{k_s(M+N)}\left[z_f-\frac{ah_d}{M}\ln\frac{z_f+\frac{ah_d}{M}}{\frac{ah_d}{M}}\right] \tag{2.61}$$

这样式（2.54）、式（2.57）、式（2.59）和式（2.61）构成了描述土壤水分运动过程的代数模型。令 $\alpha=\frac{N}{M}$，$\beta=\frac{M}{ah_d}$。并将 α 定义为土壤水分特征曲线和非饱和导水率综合形状系数式，β 定义为非饱和土壤吸力分配系数（1/cm），代数模型变为

$$i=\frac{k_s}{\beta z_f}+k_s \tag{2.62}$$

$$\theta=\left[1-\frac{z}{z_f}\right]^{\alpha}(\theta_s-\theta_r)+\theta_r \tag{2.63}$$

$$I=z_f(\theta_s-\theta_r)\frac{1}{1+\alpha}+(\theta_r-\theta_i)z_f \tag{2.64}$$

$$t=\frac{(\theta_s-\theta_r)[1/(1+\alpha)+(\theta_r-\theta_i)]}{k_s}\left[z_f-\frac{1}{\beta}\ln(1+\beta z_f)\right] \tag{2.65}$$

2.2.4 物理基础入渗模型参数间关系分析

上面介绍的3个物理基础入渗模型是在不同假定基础上推求的，各具有独特的参数。为了便于应用和相互转化，下面分析其相互间的关系。

1. Green - Ampt 入渗公式与 Philip 入渗公式参数间的关系

Green - Ampt(1911) 假定在积水入渗过程中，土壤含水量剖面中存在陡的湿润锋面，在湿润锋面与土表面间的土壤处于饱和状态，同时湿润锋面处存在一个固定不变的吸力。Green - Ampt 入渗公式具体表示为

$$i=k_{s1}\left(\frac{H+h_f+z_f}{z_f}\right) \tag{2.66}$$

式中：i 为入渗率，cm/min；k_{s1} 为土壤表征饱和导水率，cm/min，有时称为饱和导水率，主要取决于土壤封闭空气对入渗的影响程度；H 为土壤表面积水深度，cm；h_f 为湿润锋面吸力，cm；z_f 为概化的湿润锋深度，cm。

对于入渗时间比较短，基质势起着主要作用，式（2.66）可以简化为

$$i=k_{s1}\frac{h_f}{z_f} \tag{2.67}$$

Green - Ampt 入渗公式包括两个特征参数，即土壤表征饱和导水率和湿润锋面吸力。而表面积水深度可以根据实验条件来决定，概化湿润锋深度可以根据累积入渗量确定，具体表示为

$$I=(\theta_s-\theta_i)z_f \tag{2.68}$$

式中：I 为累积入渗量，cm；θ_s 为土壤饱和含水量，cm^3/cm^3；θ_i 为初始土壤含水量，cm^3/cm^3。

Philip(1957) 认为在入渗过程中任意时刻的入渗率与时间呈现幂级数关系，具体入渗公式为

$$i_0=\frac{1}{2}St^{-0.5}+A \tag{2.69}$$

式中：i_0 为入渗率，cm/min；S 为土壤吸渗率，$cm/min^{0.5}$；t 为入渗时间，min；A 为一个常数，cm/min。

对于入渗历时短和土壤基质势占优的情况下，Philip 入渗公式可简化为

$$i_0=\frac{1}{2}St^{-0.5} \tag{2.70}$$

累积入渗量（I_0）可表示为

$$I_0=St^{0.5} \tag{2.71}$$

在 Philip 入渗公式同样包括两个特征参数，即土壤吸湿率和一个常数（A）。首先利用短历时入渗公式来寻求吸湿率与表征饱和导水率及概化湿润锋吸力间的关系。对于确定的入渗率就有相对应的入渗时间和概化湿润锋深度，因此式（2.67）与式（2.70）所描述的土壤入渗率应该是相等的，即

$$\frac{k_{s1}h_f}{z_f}=\frac{1}{2}St^{-0.5} \tag{2.72}$$

式（2.72）变为

$$S=\frac{2k_{s1}h_ft^{0.5}}{z_f} \tag{2.73}$$

将式（2.68）和式（2.71）代入等式（2.73），有

$$S^2=\frac{2k_{s1}h_fI_0(\theta_s-\theta_i)}{I} \tag{2.74}$$

对于确定入渗时间和相对应的概化湿润锋深度，I 应与 I_0 相等，因此式（2.74）变为

$$S^2=2k_{s1}h_f(\theta_s-\theta_i) \tag{2.75}$$

式（2.75）描述了吸湿率与表征饱和导水率和概化湿润锋吸力间的关系。

显然，对于长历时入渗公式而言，表征饱和导水率与 Philip 入渗模型中的 A 可以是相同的。将 $A=k_{s1}$ 代入式（2.75），有

$$S^2=2h_fA(\theta_s-\theta_i) \tag{2.76}$$

概化湿润锋吸力表示为

$$h_f=\frac{S^2}{2A(\theta_s-\theta_i)} \tag{2.77}$$

式（2.76）和式（2.77）描述了入渗公式参数间的关系。

White（1987）通过对比分析土壤通量密度表达式与大毛管特征长度间关系，得到了大毛管特征长度与吸湿率间的关系。Bouwer（1964）认为概化湿润锋吸力是非饱和土壤导水率的函数，即

$$h_f=-\int_{h_i}^{h_s}\frac{k(h)\mathrm{d}h}{k_s} \tag{2.78}$$

式中：$k(h)$ 为非饱和土壤导水率，cm/min；h_i 为初始土壤吸力，cm；h_s 为土壤表面含水量所对应的吸力，cm。

将式（2.78）代入式（2.76）有

$$S^2=-2k_s(\theta_s-\theta_i)\int_{h_i}^{h_s}k(h)/k_s\mathrm{d}h \tag{2.79}$$

Philip（1985）提出了大毛管特征长度（L）概念，认为大毛管特征长度等于式（2.78）的右边，这样式（2.79）变为

$$L=\frac{S^2}{2k_s(\theta_s-\theta_i)} \tag{2.80}$$

上述公式表明大毛管特征长度就是 Green - Ampt 入渗公式中湿润锋面的吸力，因此可以利用 Green - Ampt 公式推求大毛管特征长度。

2. Green - Ampt 入渗公式与代数入渗公式参数间关系

不考虑表面积水所形成压力势，Green - Ampt 入渗公式具体表示为

$$i=k_s\left(1+\frac{h_f}{z_f}\right) \tag{2.81}$$

$$I=(\theta_s-\theta_i)z_f \tag{2.82}$$

$$t=\frac{\theta_s-\theta_i}{k_s}\left[z_f-(h_f+H)\ln\frac{z_f+h_f+H}{h_f+H}\right] \tag{2.83}$$

如认为初始含水量与滞留含水量相等，代数入渗模型可表示为

$$i=\frac{k_s}{\beta z_{f1}}+k_s \tag{2.84}$$

$$\theta=\left(1-\frac{z}{z_{f1}}\right)^{\alpha}(\theta_s-\theta_r)+\theta_r \tag{2.85}$$

$$I=z_{f1}(\theta_s-\theta_r)\frac{1}{1+\alpha} \tag{2.86}$$

$$t=\frac{(\theta_s-\theta_r)[1/(1+\alpha)+(\theta_r-\theta_i)]}{k_s}\left[z_f1-\frac{1}{\beta}\ln(1+\beta z_{f1})\right] \tag{2.87}$$

对比上述两公式，参数间存在如下关系：

$$z_f=\frac{z_{f1}}{1+\alpha} \tag{2.88}$$

$$h_f=\frac{1}{\beta(1+\alpha)} \tag{2.89}$$

式中：z_{f1}为湿润锋距离。

2.2.5 上土下沙层状土壤积水入渗特征分析

对于上土下沙层状土壤在积水入渗过程中，当入渗峰面处于沙土夹层以上的土层范围内时，整个入渗过程为一非线形过程。即整个过程中入渗率将随时间的增加而逐渐减少。当入渗锋面在重力势和基质势的共同作用下继续向下迁移至沙土上界面时，其锋面不再下移。随着入渗水量的补给，界面上层的土壤含水量逐渐增加，相应的基质势亦逐步增大。当界面处的土壤含水量增大到某一含水量状态时，入渗锋面才开始穿过界面继续进入下层。此时入渗率变为常数，整个入渗过程进入稳渗阶段。Hillel（1988）认为当湿润锋面进入下层沙后，在界面处存在一固定的基质势，并定义这个确定的基质势为进水吸力。图 2.1 显示了具有细沙夹层和不同上层土壤厚度情况下累积入渗量（I）变化过程，其中 L 表示上层土壤厚度，也就是沙层埋设深度。

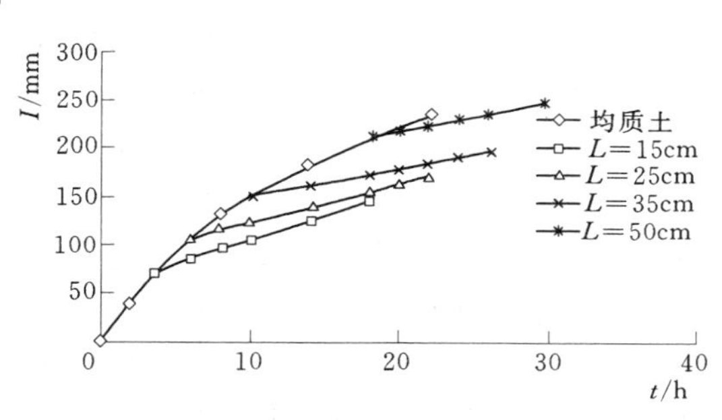

图 2.1 累积入渗量过程线

根据土壤水动力学原理及土壤入渗特性，湿润锋穿过沙土界面应满足两个条件：一是在土沙界面处，沙与细质土应具有相同的势值。因此，在界面处，细质土所具有的基质势应等于沙的进水吸力。同时也显示在界面处，上层细质土处于非饱和状态，而且其含水量大小与沙的进水吸力有关；二是在界面处，上层细质土与下层沙应具有相同的水分通量。

根据上述层状土入渗特征的分析，可将入渗过程分为两个阶段进行数学描述：一是当入渗锋面进入下层土体以前视为层状土入渗的第一阶段；二是当入渗锋面穿过沙土夹层界面开始向下继续运移时视为层状土入渗的第二阶段。同时为了便于揭示层状土入渗机制，

均采用Green－Ampt（1911）入渗模型来描述两个阶段的入渗过程。如上所述，在层状土入渗过程的第一阶段，实质上是一个均质土的入渗问题。Green－Ampt入渗公式对这一过程的表示为

$$i=k_s\left(1+\frac{h_f}{z_f}\right) \tag{2.90}$$

式中：i为入渗率，cm/min；k_s为细质土饱和导水率，cm/min；h_f为湿润锋面处平均吸力，cm；z_f为概化的湿润锋深度，cm。

对于上述层状土入渗的第二阶段，可以将其近似地看成为一个具有一定厚度L（即为沙土夹层以上的土层厚度）的饱和土层渗透问题。但它又不同于一般均质土的渗透，其主要区别在于这一阶段的入渗过程，土壤水分除了在重力势的作用下运移外，同时还存在着沙土夹层对其作用，即进水吸力作用。因此对于这一阶段的入渗过程，如果仍采用Green－Ampt（1911）入渗模式进行描述，则公式中部分参数将需重新定义，即

$$i_s=k_s\left(1+\frac{h_m}{L}\right) \tag{2.91}$$

式中：i_s为入渗率，mm/h；k_s为上层细质土饱和导水率，mm/h；h_m为下层沙的进水吸力，cm；L为上层细质土厚度，cm。

式（2.90）中的参数含义与式（2.91）有所不同。式（2.90）中的吸力代表湿润锋面处的平均吸力，而式（2.91）中的吸力代表下层沙的进水吸力；式（2.90）中的深度代表相当与饱和条件下的土壤深度，而式（2.91）深度代表上层土壤实际厚度。

当湿润峰穿过土沙界面后，入渗率变为常数。在式（2.91）中k_s和L是常数，如果h_m是一个常数，则式（2.91）的计算值也就变为常数，这与实际情况相一致。因此，欲计算层状土的入渗过程，最重要的则是研究进水吸力问题。进水吸力仅与沙夹层的质地有关，而与上层土壤厚度无关。进水吸力值随沙夹层质地由粗变细而由小变大。这就表明了在层状土壤入渗过程中，一旦入渗锋面穿过沙土界面后，其入渗率与上层土壤饱和导水率k_s成正比，与其厚度L成反比，同时与沙夹层的进水吸力h_m成正比。

2.3 降雨入渗公式

降雨入渗过程是田间水循环的重要组成部分，世界各国学者对此进行了大量研究，并提出多种模型来描述这一过程。当不考虑填凹和植物截留以及蒸发，径流量是降雨量与土壤入渗量之差，因此土壤入渗过程是计算降雨产流的关键因素，而土壤入渗过程可以通过分析土壤水分运动过程确定。土壤水分运动可以利用达西定理和Richards方程来描述，但由于目前仍无法得到Richards方程解析解，因此通常通过获得其半解析解或其近似解来分析土壤入渗过程。因此本节通过分析具有明确物理意义的积水入渗条件下土壤入渗公式，建立描述降雨入渗过程的入渗公式和径流量计算公式。

2.3.1 基于Philip公式的降雨入渗公式

Philip建立了积水条件下土壤入渗公式，具体表示为

$$I(t)=St^{0.5}+At \tag{2.92}$$

$$i(t)=\frac{1}{2}St^{-0.5}+A \tag{2.93}$$

式中：$I(t)$ 为累积入渗量；$i(t)$ 为入渗率；S 为吸湿率；A 为常数。

当入渗历时比较短情况下，上述入渗公式可以简化为

$$i(t)=\frac{1}{2}St^{-0.5} \tag{2.94}$$

$$I(t)=St^{0.5} \tag{2.95}$$

对于恒定降雨强度而言，土壤初始含水量均匀，而且降雨初期土壤入渗能力大于雨强，这样随着降雨继续，当某一时刻雨强与土壤入渗能力相同，并随着开始产生地面积水，形成地面径流。这个时刻通常称为地面积水时刻或地面径流形成时刻，用 t_p 来表示。这样在 t_p 之前降雨量等于土壤入渗量（I_p），表示为

$$I_p=t_p r \tag{2.96}$$

式中：r 为降雨强度。

对于积水入渗而言，累积入渗量为 I_p 所经历时间（t_0）可表示为

$$I_p=St_0^{0.5}+At_0 \tag{2.97}$$

这样 t_0 表示为

$$t_p=\frac{St_0^{0.5}+At_0}{r} \tag{2.98}$$

当 $t=t_p$ 时，土壤入渗能力（i）等于雨强，这样有

$$i=r=\frac{1}{2}St_0^{-0.5}+A \tag{2.99}$$

t_0 又可以表示为

$$t_0=\left[\frac{S}{2(r-A)}\right]^2 \tag{2.100}$$

联合式（2.98）和式（2.100）有

$$t_p=\frac{(2r-A)S^2}{4(r-A)^2 r} \tag{2.101}$$

达到相同入渗量，降雨入渗与积水入渗所需时间存在差别，而这一差别可以利用时间差（t_m）来描述，即

$$t_m=t_p-t_0 \tag{2.102}$$

这样降雨过程中土壤入渗率表示为

$$i=\begin{cases} r & ,t\leqslant t_p \\ \frac{1}{2}S(t-t_m)^{-0.5}+A & ,t>t_p \end{cases} \tag{2.103}$$

式（2.103）中包含两个参数，同时计算 t_p 公式也比较复杂，为了便于应用。对于降雨时间比较短的情况，可以忽略等式第二项，那么相应时间 t_0 表示为

$$t_0=\left(\frac{t_p r}{S}\right)^2 \tag{2.104}$$

显然达到相同入渗量，降雨入渗与积水入渗所需时间存在差别，而这一差别可以利用时间差（t_m）来描述，即

$$t_m = t_p - \left(\frac{t_p r}{S}\right)^2 \tag{2.105}$$

当 $t=t_p$ 时，土壤入渗能力（i）等于雨强，这样有

$$i = r = \frac{1}{2} S t_0^{-0.5} \tag{2.106}$$

t_0 又可以表示为

$$t_0 = \left(\frac{S}{2r}\right)^2 \tag{2.107}$$

联合式（2.106）和式（2.107）有

$$t_p = \frac{S^2}{2r^2} \tag{2.108}$$

当 $t>t_p$ 时，降雨入渗强度与土壤入渗能力相同，这时土壤入渗率（i）表示为

$$i = \frac{1}{2} S (t - t_m)^{-0.5} \tag{2.109}$$

这样降雨过程中土壤入渗率表示为

$$i = \begin{cases} r & , t \leqslant t_p \\ \frac{1}{2} S (t - t_m)^{-0.5} & , t > t_p \end{cases} \tag{2.110}$$

由上面分析可以看出，当假定在相同入渗量情况下，不论土壤供水强度如何，土壤水分分布所引起的土壤入渗能力变化过程是基本相同的，仅是时间不同。当然，这种假定与实际入渗过程存在差别，但由于开始积水时间比较小，因此不会产生太大的误差。

2.3.2 基于 Green - Ampt 公式的降雨入渗公式

Green - Ampt 通过对土壤水分运动特征和土壤含水量分布的分析和概化，提出了相应基本假定。假定土壤湿润锋面是水平的，在湿润锋面存在一个固定不变的吸力，而且湿润锋面以上的土壤处于饱和状态。根据这一假定，达西定理可表示为

$$i = k_s \left(\frac{z_f + h_f + H}{z_f}\right) \tag{2.111}$$

式中：z_f 为概化的湿润锋深度；h_f 为湿润锋处的吸力；H 为表面积水深度。

由于假定湿润锋面以上的土壤处于饱和状态，因此根据水量平衡原理，累积入渗量表示为

$$I = (\theta_s - \theta_i) z_f \tag{2.112}$$

上面分析了积水入渗条件下 Green - Ampt 入渗公式，下面分析利用 Green - Ampt 入渗描述降雨条件下土壤入渗特征。早在 1973 年 Mein - Larson 建立了利用 Green - Ampt 入渗描述恒定降雨入渗过程。具体公式推导如下：

当降雨强度等于或大于土壤入渗能力时，将产生地面积水，并随后产生地面径流。对于地面积水时刻，土壤入渗能力等于雨强，省略地面积水深度时有：

$$i = k_s + \frac{h_f k_s}{z_{f0}} = r \tag{2.113}$$

其中 z_{f0} 是相应于积水时刻 t_p 的湿润锋深度。同时累积入渗量可以表示为

$$t_p r = z_{f0}(\theta_s - \theta_i) \tag{2.114}$$

积水时刻表达式为

$$t_p = \frac{(\theta_s - \theta_i)}{r} \frac{k_s h_f}{r - k_s} \tag{2.115}$$

当降雨时间大于积水时刻，土壤入渗决定于土壤入渗能力，这样入渗率表示为

$$i = k_s \left[1 + \frac{(\theta_s - \theta_i) h_f}{I}\right] \tag{2.116}$$

这样整个降雨过程土壤入渗率表示为

$$i = \begin{cases} r & , t \leqslant t_p \\ k_s \left[1 + \dfrac{(\theta_s - \theta_i) h_f}{I}\right] & , t > t_p \end{cases} \tag{2.117}$$

如果降雨强度比较高，积水时刻比较小，这样假定重力作用比较小，则入渗率表示为

$$i = \frac{h_f k_s}{z_{f0}} = r \tag{2.118}$$

结合式（2.115），得

$$t_p = \frac{k_s h_f (\theta_s - \theta_i)}{r^2} \tag{2.119}$$

这样整个降雨过程土壤入渗过程可以表示为

$$i = \begin{cases} r & , t \leqslant t_p \\ \dfrac{(\theta_s - \theta_i) k_s h_f}{I} & , t > t_p \end{cases} \tag{2.120}$$

2.3.3 基于代数入渗公式的降雨入渗公式

王全九等建立的积水入渗条件下代数入渗公式如下：

入渗率表示为

$$i = \frac{k_s}{\beta z_f} + k_s \tag{2.121}$$

含水量剖面表示为

$$\theta = \left[1 - \frac{z}{z_f}\right]^{\frac{n}{m}} (\theta_s - \theta_i) + \theta_i \tag{2.122}$$

累积入渗量表示为

$$I = z_f (\theta_s - \theta_i) \frac{m}{m+n} \tag{2.123}$$

时间表示为

$$t = \frac{(\theta_s - \theta_r) m}{k_s (m+n)} \left[z_f - \frac{a h_d}{m} \ln \frac{z_f + \dfrac{a h_d}{m}}{\dfrac{a h_d}{m}} \right] \tag{2.124}$$

令 $\alpha = \dfrac{n}{m}$，$\beta = \dfrac{m}{a h_d}$。并将 α 定义为土壤水分特征曲线和非饱和导水率综合形状系数式，β 定义为非饱和土壤吸力分配系数（1/cm）。在分析土壤水分运动特征时，仅需知道

α、β、k_s、θ_s、θ_r、θ_i 等参数，而 θ_s、θ_r、θ_i 是土壤水分特征值，一般可根据土壤特性和初始条件获得。因此仅有 α、β 和 k_s 需要通过试验来确定。

假定降雨入渗过程土壤水分运动类似于积水入渗，同时代数入渗模型可以用于描述土壤水分运动过程。对于降雨历时比较长，当 $t=t_p$，根据式（2.123），累积入渗量表示为

$$I_p=t_p r=\frac{z_{fp}(\theta_s-\theta_i)}{1+\beta} \tag{2.125}$$

其中 z_{fp} 是相应于 t_p 湿润锋深度，并表示为

$$z_{fp}=\frac{(1+\alpha)t_p r}{(\theta_s-\theta_i)} \tag{2.126}$$

剖面含水量表示为

$$\theta=\left(1-\frac{z}{z_{fp}}\right)^{\alpha}(\theta_s-\theta_i)+\theta_i \tag{2.127}$$

入渗率表示为

$$i=\frac{k_s}{\beta z_{fp}}+k_s=r \tag{2.128}$$

并且 t_p 表示为

$$t_p=\frac{k_s(\theta_s-\theta_i)}{\beta(1+\alpha)r(r-k_s)} \tag{2.129}$$

相应于积水时间 t_p 的积水入渗时间 t_0 表示为

$$t_0=\frac{(\theta_s-\theta_i)}{(1+\alpha)k_s}\left[z_{fp}-\frac{1}{\beta}\ln(1+\beta z_{fp})\right] \tag{2.130}$$

进行简化为

$$t_0=\frac{k_s(\theta_s-\theta_i)}{\beta(1+\alpha)}\frac{1}{(r-k_s)(2r-k_s)} \tag{2.131}$$

降雨入渗与积水入渗时间差表示为

$$t_m=t_p-t_0 \tag{2.132}$$

整个降雨过程土壤入渗率表示为

$$i=\begin{cases} r & ,t\leqslant t_p \\ \dfrac{k_s}{\beta z_f}+k_s & ,t>t_p \end{cases} \tag{2.133}$$

也可以表示为

$$i=\begin{cases} r & ,t\leqslant t_p \\ \dfrac{(r-k_s)z_{fp}}{z_f}+k_s & ,t>t_p \end{cases} \tag{2.134}$$

对于降雨历时比较短，重力作用可以不考虑，同样假定降雨入渗过程土壤水分运动类似于积水入渗，并且已发展的代数入渗模型可以用于描述土壤水分运动过程。对于降雨历时比较长重力作用不能忽略。当 $t=t_p$，累积入渗量表示为

$$I_p=t_p r=\frac{(m-1)z_{fp}(\theta_s-\theta_i)}{m+n-1} \tag{2.135}$$

其中 z_{fp} 是相应于 t_p 湿润锋深度，并表示为

$$z_{fp}=\frac{(m+n-1)t_p r}{(m-1)(\theta_s-\theta_i)} \tag{2.136}$$

入渗率表示为

$$i=\frac{k_s h_d}{(m-1)z_{fp}}=r \tag{2.137}$$

并且 t_p 表示为

$$t_p=\frac{k_s h_d(\theta_s-\theta_i)}{(m+n-1)r^2} \tag{2.138}$$

相应于积水时间 t_p 的积水入渗时间（t_0）表示为

$$t_0=\frac{k_s h_d(\theta_s-\theta_i)}{2(m+n-1)r^2} \tag{2.139}$$

降雨入渗与积水入渗时间差表示为

$$t_m=t_p-t_0 \tag{2.140}$$

这样

$$t_m=\frac{k_s h_d(\theta_s-\theta_i)}{2(m+n-1)r^2} \tag{2.141}$$

整个降雨过程土壤入渗率表示为

$$i=\begin{cases} r & ,t\leqslant t_p \\ \dfrac{k_s h_d}{(m-1)z_f} & ,t>t_p \end{cases} \tag{2.142}$$

也可以表示为

$$i=\begin{cases} r & ,t\leqslant t_p \\ \dfrac{(r-k_s)z_{fp}}{z_f}+k_s & ,t>t_p \end{cases} \tag{2.143}$$

复 习 思 考 题

1. 理解积水入渗的物理过程。
2. 对比分析典型物理基础积水入渗公式。
3. 分析入渗公式中参数间的关系。
4. 分析入渗公式中参数确定的方法。
5. 对比分析降雨入渗公式与积水入渗公式间的关系。
6. 如何利用入渗公式计算产流过程。

参 考 文 献

[1] Brooks, R. H. and A. J. Corey. Hydraulic properties of porous media [D]. Hydrol. Paper 3, Colo. State Univ. Fort Collins, Colo. 1964.

[2] Healy, R. W. and A. W. Warrick. A generalized solution to infiltration from a surface point source [J]. Soil Sci. Soc. Am. J., 1988, 52: 1245-1250.

[3] Hillel, D. and Ralph S. Baker. A descriptive theory of fingering during infiltration into infiltration into layered soils [J]. Soil Sci, 1988, 146 (1): 51-55.

[4] Glass, R. J., J-Y Parlange and T. S. Steenhuis. Wetting front instability: 1 theoretical discussion and dimensional analysis [J]. Water Resource Res, 1989, 125 (6): 1187-1194.

[5] Glass, R. J., T. S. Steenhuis and J. Y. Parlange. Mechanism for finger persistence in homogeneous, unsaturated porous media: theory and verification [J]. Soil Sci, 1989, 148 (1): 60-70.

[6] Green, W. H., and G. A. Ampt. Studies on soil physics: 1. Flow of air and water through soils [J]. Agric. Sci., 1911, 4 (1): 1-24.

[7] Philip, J. R. The theory of infiltration: 1 the infiltration equation and its solution [J]. Soil Sci,. 1957, 83 (5): 345-357.

[8] Parlange, J-Y. Theory of water movement in soils: 2 one dimensional infiltrations [J]. Soil Sci,. 1972, 111 (3): 170-174.

[9] Parlange, J. Y. and D. E. Hillel. Theoretical analysis of wetting front instability in soils [J]. Soil Sci, 1976, 122 (4): 236-239.

[10] Ralph S. Baker and D. Hillel. Laboratory tests of theory of fingering during infiltration into layered soils [J]. Soil Sci. Soc. Am. J, 1990, 54: 20-30.

[11] Wang Quanjiu, Shao Mingan, and Robert Horton. A modified Green-Ampt Equation for layered soils and muddy water infiltration [J]. Soil Science, 1999, 164 (7): 445-453.

[12] Wang Quanjiu, Robert Horton, and Shao Mingan. Algebraic model for one-dimensional infiltration and soil water distribution [J]. Soil Sciences, 2003, 168 (10): 671-676.

[13] 王全九，王文焰，邵明安．浑水入渗机制及模拟模型．农业工程学报，1999，16 (1)：135-138.

[14] 汪志荣，王文焰，王全九．浑水波涌灌的入渗机制与 Green-Ampt 公式 [J]. 水利学报，1998，10：44-48.

[15] 邵明安．根据土壤水分的再分布过程确定土壤的导水参数 [J]. 中国科学院西北水土保持研究所集刊，1985 (02)：47-53.

[16] 王全九，邵明安．非饱和土壤导水特性分析 [J]. 土壤侵蚀与水土保持学报，1998，4 (6)：16-22.

[17] 王文焰，张建丰，汪志荣．黄土中沙层对入渗特性的影响 [J]. 岩土工程学报，1995，17 (5)：33-41.

第3章　根　系　吸　水

作物主要依靠根系从土壤中吸收水分、养分，并将之依次输送至根、茎、叶等各个部位，从而满足作物的各种生理活动。因此根系吸水不仅是土壤、植物和大气连续系统（Soil-Plant-Atmosphere Continuum，SPAC）水分传输的重要组成部分，也是影响作物营养元素传输特征的重要方面。

3.1　根系吸水过程

SPAC系统中的水流运动十分复杂，涉及土壤、植物和大气等不同的介质和众多的影响因素，还包括液态水的运动和气态水的扩散等相变过程。总体而言，其中的水分运移取决于水势的高低。水分经土壤被植物吸收并最终散发至大气之中，大致可分为以下三个环节：首先是植物根系吸水过程，即土壤水分向根系运动，并通过根膜进入植物体内的过程；其次是水在植物体内的输移过程；最后是植物体内的水分经叶片向大气损失和散发过程，即蒸腾。事实上，植物根系从土壤中吸收的水分，90%以上都消耗于蒸腾，植物体中所含的水分及植物代谢作用所需要和消耗的水分均十分有限。各个环节中的水流运动规律都可借鉴电学中欧姆定律的形式，将水分通量（q）表示成水势差（$\Delta\psi$）与水流阻力（R）的比值，即

$$q=\frac{\Delta\psi}{R} \tag{3.1}$$

由于各个环节中水势和/或水流阻力的确定或定量表征极为困难，上述式（3.1）目前还只能用于定性描述SPAC系统中的水分运动原理，尚难以用于实际定量分析计算水流运动过程。

植物主要依靠根系从土壤中吸收水分（及溶解于水中的其他营养物质）以满足其生长发育和新陈代谢等生理活动的需要。植物根系之所以能从土壤中吸收水分，主要原因在于：植物体内的液泡膜（又称原生质膜）为半透膜，液泡膜内的细胞液含有多种成分溶质，其势能比纯自由水体低（两者间的这种势差称为溶质势或渗透压势），从而使得水分能从土体进入根系细胞，产生根系吸水；另外，对于幼嫩植物或某些条件下蒸腾作用受到强烈抑制的成年植物而言，根压也可使根系从土壤中主动吸水。所以，根系吸水的动力可分为水势梯度和根压两种，所导致的吸水过程可分别称为被动吸水和主动吸水。

（1）被动吸水。蒸腾作用将导致水分不断从叶细胞中损失，造成细胞液浓度升高，以及溶质势和压力势减小，从而形成从土壤→根→茎→叶逐渐减小的水势分布。在这种水势梯度作用下，水分不断进入植物体，经根、茎导管至叶面并最终散失至大气中，补充因蒸腾而损失的水分。此时，植物体主要充当水分运动的通道，一旦蒸腾停止，则根系吸水会

随之减弱，以至停止。因此，一般称蒸腾作用下由于水势梯度存在所导致的植物根系吸水为被动吸水。细胞溶质势的高低，主要取决于液泡内溶液的浓度，温带生长的大多数作物细胞的溶质势在－1.0～－2.0MPa之间（张蔚榛，1996）。

（2）主动吸水。植物根系内的生理活动使根系从土壤中吸水并从根部上升的压力称为根压。根压可将根部的水分压到地上部，甚至能使水分沿植物体上升到几十米的高度。根压的存在使得土壤中的水分不断补充到根部，从而形成根系的主动吸水。植物幼小阶段，其细胞尚没有液泡化，无法形成溶质势产生被动吸水，只能通过原生质胶体吸胀作用从土壤中主动吸水；在某些极端条件下，当成年植物的蒸腾作用受到极大抑制时，由于根压所导致的生理主动吸水是主要的。根压大小因植物种类各异，大多数禾本科植物的根压不超过0.1～0.2MPa，有些树木和葡萄的根压还不到0.1MPa（邵明安和黄明斌，2000）。

一般认为，主动吸水与被动吸水均存在于植物吸水过程之中，只是因环境、条件差异所起的作用不同。高大植物或蒸腾作用强烈时，以物理性的被动吸收为主；幼小植物或蒸腾被强烈抑制的成年植物，则多为生理性的主动吸收（雷志栋等，1988）。

3.2 根系吸水的影响因素

根系吸水过程复杂、影响因素众多。SPAC系统主要包括土壤、植物和大气等三种介质，均会影响植物根系吸水，且作用机理各不相同。因此，根据介质性质，可将根系吸水的影响因素大致归纳为气象、土壤和植物本身等三类，其中植物因素属内因，气象和土壤因素则属外因。

3.2.1 气象因素

蒸腾是根系吸水的整体最终结果，其强弱主要取决于植物叶片与大气之间的水势差，因此，凡是能影响大气水汽压的因素，均会影响蒸腾或根系吸水，如温度、湿度、太阳辐射、风速等。当土壤供水充分（最优水分条件）时，植物的蒸腾作用最为强烈，称为潜在蒸腾，其大小通常用潜在蒸腾强度 T_p（常用单位：cm/d或mm/d）来评价，表示最优水分条件下单位时间从单位面积土壤上蒸腾损失的水量。尽管影响根系吸水的气象因素很多，但潜在蒸腾强度 T_p 常常被用来表征气象因素对根系吸水的综合影响，它反映的是当土壤水分没有成为限制因素的条件下，完全由大气蒸发能力和植物自身条件决定的最大可能根系吸水量。当土壤水分成为限制因素时所产生的蒸腾称为实际蒸腾，常用 T_a（cm/d或mm/d）表示。

显然，蒸腾的准确获取对于根系吸水评估极为重要，现有的直接测定方法主要包括茎流计法（sap flow method）和稳定同位素法（stable isotopes method）。茎流计法是利用热脉冲、热扩散或热平衡技术并根据植物生理和环境因子来定量描述植株茎流通量的一种方法，其测量精度受茎流通量自身的大小以及其径向梯度的影响。另外，在较大尺度上对单株植被蒸腾进行测量仍存在代表性较差等问题，因此，该方法在实践应用过程中尚受到较大限制。稳定同位素法则主要根据土面蒸发与植物蒸腾在水同位素组成方面的差异来获取蒸腾，然而该方法受取样方法及样品分析精度的影响，在目前技术水平下仍很难进行实际应用。

由于土壤含水量的监测相对容易、可靠，而根系层内土壤含水量的变化可以综合反映蒸散（包括植物蒸腾和土面蒸发两部分）效应，因此，植物蒸腾往往通过蒸散和土面蒸发来间接获得，可实测或估算。

3.2.1.1 蒸散和土面蒸发的测定

蒸散的实测方法主要包括水量平衡法和蒸渗仪（lysimeter）法。

（1）水量平衡法。根系层的土壤水分主要消耗于蒸散（包括植物蒸腾和土面蒸发）和深层渗漏（反映根系层与下部土层之间的水分交换），定期监测根系层土壤含水量的分布，通过水量平衡即可计算获得监测时段内的蒸散强度 ET(cm/d 或 mm/d）或蒸散量。其中深层渗漏常常在实测水势梯度和水分运动参数的基础上，采用达西定律予以估算。只要深层渗漏估算准确，应用水量平衡法可以方便、准确、可靠地分析蒸散规律，故该方法常常被用于检验其他方法。但由于土壤空间变异性及土壤水分运动参数代表性等问题的影响，深层渗漏的估算尚不尽如人意。

（2）蒸渗仪法。在蒸渗筒内填装土壤并种植植物，定期称重即可获知蒸渗筒内的水分消耗情况，即蒸散量。由于蒸渗筒隔断了根系层土壤与深层土壤之间的水力联系，加之蒸渗筒的边壁效应使得植物的生长发育空间毕竟有限。因此，通过蒸渗仪法测定获得的蒸散量与田间实际情况可能会存在一定的差距。

土面蒸发（或棵间蒸发）可通过微型蒸渗仪（micro－lysimeter）实测获得，其准确测定与微型蒸渗仪的材料、大小尺寸及摆放位置、换土时间间隔、取土位置等因素均有十分密切的关系，具体应用时应予注意。此外，与上述深层渗漏的分析方法类似，土面蒸发强度 E(cm/d 或 mm/d）也可在实测近地表水势梯度和水分运动参数的基础上，采用达西定律予以估算，当然，土壤空间变异性及土壤水分运动参数代表性等问题同样会对估算的准确性有较大的影响。

与上述有关蒸腾的定义类似，最优水分条件下的蒸散强度和土面蒸发强度分别称为潜在蒸散强度 ET_p 和潜在土面蒸发强度 E_p，当土壤水分成为限制因素时发生的蒸散和土面蒸发分别称为实际蒸散强度 ET_a 和实际土面蒸发强度 E_a。显然，在分别实测获得 ET_p、E_p 或 ET_a、E_a 后，有

$$T_p = ET_p - E_p \quad 或 \quad T_a = ET_a - E_a \tag{3.2}$$

3.2.1.2 蒸散和土面蒸发的估算

关于蒸散，还需要交代另一个概念——参考作物潜在蒸散强度。前述潜在蒸散强度 ET_p 与土壤水分无关，主要取决于气象条件和植物种类及其生长状况，为了消除植物因素的影响，定义最优水分条件下，地面完全覆盖高度均匀一致的短绿草地（如牧草）上的蒸散强度为参考作物潜在蒸散强度（ET_{cp}），显然，ET_{cp} 主要受气象条件的影响。实际蒸散强度 ET_a、潜在蒸散强度 ET_p 和参考作物潜在蒸散强度 ET_{cp} 三者之间的关系如下：

$$ET_a = \alpha ET_p = \alpha K_C ET_{cp} \tag{3.3}$$

式中：α 为土壤水分胁迫修正系数，与土壤质地及土壤含水量有关；K_C 为作物系数。K_C 主要反映植物和土壤因素对蒸散的影响，与植物种类及播种方式、时间和地理位置、土壤质地与结构以及土壤肥力等因素密切相关。不同地区作物系数的变化规律不尽相同，就同一植物而言，除赤道附近的 K_C 基本为常数外，其他地区的 K_C 均随植物生长阶段不断

变化。

参考作物潜在蒸散强度 ET_{cp}(cm/d) 的估算方法包括空气动力学法、能量平衡法、彭曼(Penman)公式和经验计算等多种方法，其中彭曼公式建立在紊流扩散与能量平衡的理论基础之上，是空气动力学法与能量平衡法综合的结果，在蒸散估算中被广泛采用，其形式如下：

$$ET_{cp}=\frac{0.1\delta(R_n-G)+\rho_a C_p VD/r_a}{\lambda} \frac{}{\delta+\gamma(1+r_c/r_a)} \quad (3.4)$$

式中：λ 为水的汽化潜热，MJ/kg；δ 为饱和水汽压-温度关系曲线的斜率，kPa/℃；R_n 为作物冠层所截留的太阳净辐射通量，MJ/(m^2 · d^1)；G 为土壤热通量，MJ/(m^2 · d^1)；ρ_a 为常气压空气密度，kg/m^3；C_p 为空气定压比热，MJ/(kg · ℃)；VD 为冠层空气饱和水气压差，kPa；r_a 为空气动力学阻力，d/m；γ 为干湿球常数，kPa/℃；r_c 为冠层气孔阻力，d/m。

潜在土面蒸发强度 E_p(cm/d) 也常常通过改进后的彭曼公式予以计算如下（Ritchie，1972）：

$$E_p=\frac{0.1\delta R_n \exp(-0.39LAI)}{(\delta+\gamma)\lambda} \quad (3.5)$$

式中：LAI 为叶面积指数。

实际过程中，土面蒸发强度 E 有时也通过经验公式表示成含水量的函数：

$$\frac{E}{E_0}=f(\theta_0) \quad (3.6)$$

式中：E_0 为水面蒸发强度，cm/d；θ_0 为近地表某深度（如地表下 5cm 或 10cm）处的含水量，cm^3/cm^3；$f(\theta_0)$ 根据实验资料拟合，常被拟合成线性函数的形式。

如式（3.4）与式（3.5）所示，彭曼公式的理论基础是区域性紊流扩散和能量平衡，需要用到的大量气象资料反映的通常是区域性的气象条件，而非点尺度上的微气象条件，可能未必适用于描述点尺度上的变化规律。所以对于区域水均衡计算中的农田蒸散估算而言，彭曼公式是较为可靠和值得信赖的方法，但将之用于研究农田点尺度上的蒸散和根系吸水过程，则可能会产生较大的误差。在研究农田点尺度上的蒸散和根系吸水时，如欲采用彭曼公式应特别慎重，必须进行有效的检验和验证。

3.2.2 土壤因素

影响根系吸水的土壤因素包括土壤质地、土壤含水量（或通气性）或土壤水基质势、土壤温度、土壤含盐量等。土壤质地、温度、通气状况等均会影响根系生长、下扎和分布，从而影响根系吸水；温度过高或过低均不利于根系对水分的吸收；土壤通气不畅将导致根压下降、吸水功能减弱等。

根系吸水模拟过程中，土壤因素的影响通常采用胁迫修正系数予以考虑，表示实际根系吸水与最大根系吸水的比值，以土壤水分胁迫修正系数和土壤盐分胁迫修正系数最为常见。

3.2.2.1 土壤水分胁迫修正系数

土壤水分与根系吸水的关系极为密切。早期的水分胁迫修正系数常表示为土壤含水量

$\theta(\text{cm}^3/\text{cm}^3)$ 的函数，最为经典的形式如下（Feddes 等，1976）：

$$\alpha(\theta)=\begin{cases}0 & ,\theta_H<\theta\leqslant\theta_S \\ 1 & ,\theta_L<\theta\leqslant\theta_H \\ \dfrac{\theta-\theta_W}{\theta_L-\theta_W} & ,\theta_W<\theta\leqslant\theta_L \\ 0 & ,\theta\leqslant\theta_W\end{cases} \tag{3.7}$$

式中：$\alpha(\theta)$ 为土壤水分胁迫修正系数；θ_S、θ_H、θ_L、θ_W 为影响根系吸水的几个土壤含水量临界值，cm^3/cm^3；θ_S 为饱和含水量；θ_H，θ_L 分别为最适宜植物根系吸水的土壤含水量上限与下限；θ_W 通常取为植物出现永久凋萎时的土壤含水量。

水分胁迫修正系数 α 与含水量 θ 之间的关系如图 3.1（a）所示。由于土壤与植物种类的不同，不同学者对土壤最适宜含水量上限 θ_H 与下限 θ_L 的取值范围存在不同的看法。一般认为，当土壤含水量高于田间持水量的 80%时，植物不会受到水分胁迫，但是当土壤含水量高于土壤水基质势－50cm 所对应的含水量时，由于土壤通气性很差，根系无法再吸收水分。当土壤含水量从 θ_L 降低至 θ_W 时，由于受到土壤水分胁迫逐渐严重，根系吸水呈线性衰减直至零。当含水量低于 θ_W 后，根系将不能从土壤中吸收水分。

鉴于土壤含水量无法反映土壤的滞后效应，土壤水分胁迫修正系数也常常被表示成土壤水基质势 h 的函数 $\alpha(h)$，与式（3.7）类似，$\alpha(h)$ 的线性形式可表示为

$$\alpha(h)=\begin{cases}0 & ,h>h_1 \\ \dfrac{h-h_1}{h_2-h_1} & ,h_2<h\leqslant h_1 \\ 1 & ,h_3<h\leqslant h_2 \\ \dfrac{h-h_4}{h_3-h_4} & ,h_4<h\leqslant h_3 \\ 0 & ,h<h_4\end{cases} \tag{3.8}$$

式中：h_1、h_2、h_3、h_4 为影响根系吸水的几个土壤水基质势临界值，cm。

其中 h_1 应不超过土壤的进气值，h_2 与 h_3 分别为最适宜植物根系吸水的土壤水基质势的上限与下限，与以上式（3.7）中的 θ_H 和 θ_L 相对应，h_4 通常取为植物出现永久凋萎时的土壤水基质势。当基质势从 h_1 降低至 h_2 时，由于土壤通气状况逐渐变好，根系吸水从零线性递增至最大；当基质势从 h_3 降低至 h_4 时，由于土壤水分胁迫程度越来越严重，根系吸水从最大线性衰减至零。水分胁迫修正系数 α 与基质势 h 之间的关系如图 3.1（b）所示。

显然，以上 $\alpha(h)$ 与 h 的线性关系只是一种非常理想的假设，往往可能与实际情况存在较大差距，故 $\alpha(h)$ 有时也被拟合成如图 3.1（c）或图 3.1（d）所示的非线性函数形式，其中图 3.1（d）为分段函数：当 $h\geqslant h^*$（即水分供应充分）时，$\alpha(h)=1$（无水分胁迫）；当 $h<h^*$ 时，$\alpha(h)$ 非线性衰减。

3.2.2.2 土壤盐分胁迫修正系数

土壤盐分主要通过土壤溶液的溶质势（或渗透势）影响植物根系吸水，盐分含量越高，则溶质势越低，根系吸水越困难。因此，土壤盐分胁迫修正系数常常被表示成土壤水

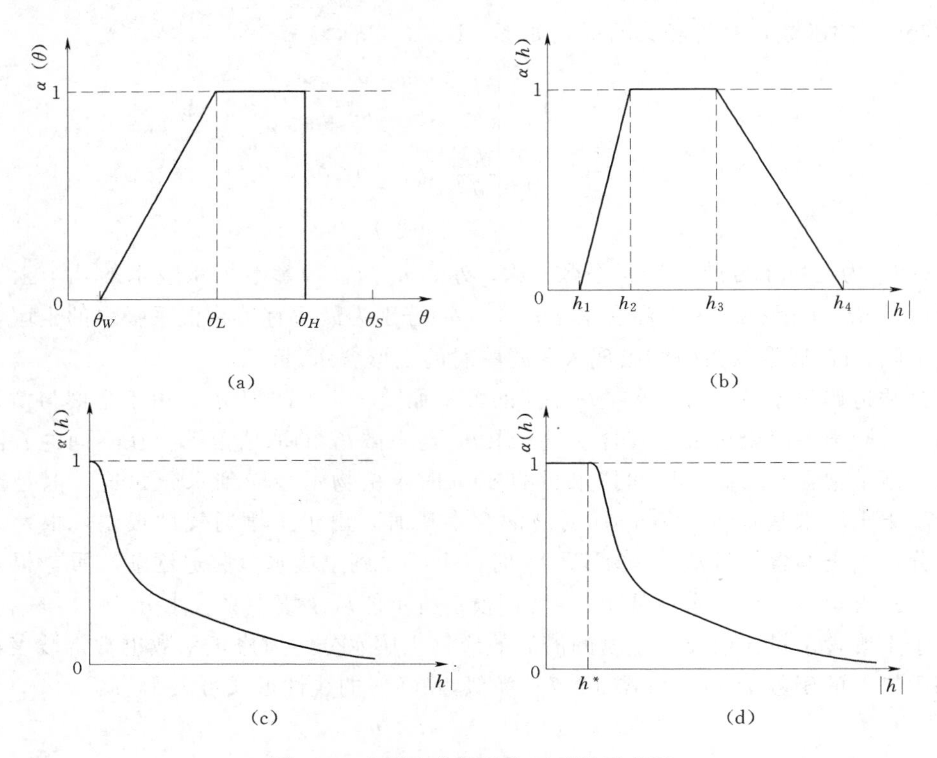

图 3.1　土壤水分胁迫修正系数示意图

溶质势 h_0(cm) 的函数，其常用的线性函数源于水分充分供应条件下的作物盐分生产函数，相关形式分别如下（Maas 和 Hoffman，1977）：

$$\frac{Y}{Y_{\max}}=1-a(EC_e-EC_e^*)\tag{3.9}$$

$$\beta(h_0)=1-\frac{a}{360}(h_0^*-h_0)\tag{3.10}$$

式中：Y 为水分充分供应时盐分胁迫条件下的作物产量，kg/hm²；$Y_{\max}$ 为水分充分供应、无盐分胁迫条件下的作物最高产量，kg/hm²；EC_e 为土壤饱和浸提液的电导率，dS/m；EC_e^* 为作物产量开始衰减时的土壤饱和浸提液电导率临界值，dS/m；a 为拟合参数，表示每单位电导率增加所导致作物产量减少的百分数，m/dS，即作物盐分生产函数的斜率；$\beta(h_0)$ 为盐分胁迫修正系数；360 表示电导率（dS/m）与溶质势（cm）之间的单位转换因子；h_0^* 为土壤水溶质势临界值，cm，可理解为当作物产量开始衰减时的土壤水溶质势临界值。

与土壤水分胁迫修正系数类似，以上土壤盐分胁迫修正系数的线性函数形式往往与田间实际情况不符，常被改进描述成非线性函数的形式，如以下常见的 S 形函数：

$$\beta(h_0)=\frac{1}{\left[1+\left(\frac{h_0}{h_{0\,50}}\right)^p\right]}\tag{3.11}$$

式中：$h_{0\,50}$ 为 $\beta(h_0)$ 衰减至 50％时的土壤水溶质势临界值，cm；p 为拟合参数，依赖于作物、土壤和气象条件而变化。

van Genuchten（1987）的研究表明，指数 $p=3$ 时，式（3.11）（S形函数）可以比式（3.10）（线性函数）更好地描述盐分胁迫状况。

一般来讲，不同作物的耐盐程度会有较大差异，即每种作物都存在自己的耐盐阈值，但式（3.11）却无法反映这种物理机制，因此，Dirksen等（1993）建议将式（3.11）改进为

$$\beta(h_0)=\frac{1}{\left[1+\left(\frac{h_0^*-h_0}{h_0^*-h_{0\,50}}\right)^p\right]} \tag{3.12}$$

应用式（3.11）与式（3.12）的主要困难在于溶质势临界值 $h_{0\,50}$ 难以获取；另外，拟合经验参数 p 的物理意义也并不清楚。

3.2.2.3　土壤水分、盐分的共同胁迫

就单一因素而言，土壤水分或盐分对根系吸水的影响机理已基本清楚。当同时出现水分、盐分胁迫效应时，其对植物根系吸水的共同作用机理尚不十分明了，但在根系吸水的模拟过程中，土壤水分与盐分的共同胁迫作用常常用两个胁迫修正系数的乘积来表示。根据式（3.11）有（van Genuchten，1987）

$$\alpha(h)\beta(h_0)=\frac{1}{1+\left(\frac{h}{h_{50}}\right)^{p_1}}\frac{1}{1+\left(\frac{h_0}{h_{0\,50}}\right)^{p_2}} \tag{3.13}$$

式中：h_{50} 为 $\alpha(h)$ 衰减至50%时的土壤水基质势临界值，cm；p_1、p_2 为拟合参数。

同样，根据式（3.12）则有（Dirksen等，1993）

$$\alpha(h)\beta(h_0)=\frac{1}{1+\left(\frac{h^*-h}{h^*-h_{50}}\right)^{p_1}}\frac{1}{1+\left(\frac{h_0^*-h_0}{h_0^*-h_{0\,50}}\right)^{p_2}} \tag{3.14}$$

式（3.13）与式（3.14）中水分胁迫修正系数随土壤水基质势的变化趋势分别如图3.1（c）、（d）所示。

3.2.3　植物因素

植物种类、生长阶段与状况、根系的数量与分布等均会影响根系吸水。由于根系是主要吸水器官，根系吸水应首先取决于根系的分布范围和数量多少，故根系吸水模型都建立在根系特征参数之上，以根长密度（单位土体中根的长度）和根重密度（单位土体中根的质量）最为常用。

诸多研究结果业已表明，初生根、细根和根毛等是主要的吸水根系，主根或较粗的根系则主要承担输水任务，与根重密度相比，根长密度更能体现根系的吸水活性，所以大多数根系吸水模型都表征为根长密度（而非根重密度）分布的函数，其中最为典型、常用的当属线性正比假设模型：假定根区内单位长度根系的吸水特性一致，最优水分条件下的根系吸水与根长密度呈线性正比。

如前所述，作物根区范围内，并不是所有根或根的所有部位都具有吸水能力，根与根之间以及根的各部位之间其吸水性能并不完全一致，随着根龄的增大，根系吸水将逐渐减弱甚至完全丧失。一般认为，距根尖1.5～20.0cm处的根系吸水性能最强，根的最大吸

水区通常位于根尖到距根尖5cm处的区域之间。因而根区内各位置处单位长度根系的吸水性能会存在较大差异。为此，部分研究者（Molz，1981；邵明安和黄明斌，2000）提出了有效根长密度（即吸水根系的根长密度）这一概念，并且将根系吸水速率表示为有效根长密度分布、潜在蒸腾速率与土壤含水量之间的函数。但关于有效根与无效根的区分标准始终无法确定，基于有效根长密度刻画或模拟根系吸水还存在较大难度。总体而言，关于根系吸水与根系特征参数之间关系的研究仍有待进一步深入。

3.3 根系吸水模型

3.3.1 根系吸水模型基本特点

植物根系吸水通常用根系吸水速率（单位时间内植物根系从单位土体中吸收水的体积）来表征。迄今为止，由于适时适地根系吸水速率尚无法实际测定，一般都是通过考虑土壤属性与大气条件以及植物自身特性等影响因素来建立根系吸水模型，即根系吸水速率函数，从而模拟计算根区各土层中根系的吸水速率。从20世纪50年代至今，国内外专家已经建立了大量的根系吸水模型，这些模型基本上可分为微观模型和宏观模型两类。

微观模型又叫单根径向流模型，假定每个单根可视为无限长、半径均匀和具有均匀吸水特性的圆柱体，整体的根系用一系列这样的单根来描述。由于模型假设太多，且所需要的参数很难获得，尤其是根系几何形态与分布的详尽资料，因此，实际应用中很少被采用。

宏观模型将整个根系看作是在每一深度的土壤中分布均匀而在整个根区其密度随深度变化的吸水器，不单独顾及单根的吸水特性，每一土层中的根系吸水被视为源汇项而添加在土壤水动力学方程（即Richards方程）的右侧。根据所考虑的影响因素以及构造方式的不同，宏观根系吸水模型可分为以下两类。

（1）第Ⅰ类——阻力模型。与式（3.1）类似，这类模型借鉴电学中欧姆定律的形式，将根系吸水表示成水势差与水流阻力的比值。模型除考虑土壤状况与大气环境等外部环境因素对根系吸水的影响外，还充分考虑了根水势、根系阻力以及根-土界面阻力等内部因素的影响，能较好地反映根系的吸水机理，为根系吸水模拟研究拓展了思维空间，但由于涉及植物根水势、根系水力参数和根-土界面阻力等诸多难以确定的参数，实际过程中也较少应用。

（2）第Ⅱ类——权重因子模型。理论上，植物蒸腾应是各土层根系吸水的总和，基于此，这类模型将蒸腾速率在根区土壤剖面上按一定的权重因子进行分配，从而建立根系吸水速率函数。模型中的权重因子通常定义为土壤含水量（或基质势）、土壤含盐量（或溶质势）、导水率（或扩散率）与根系分布的函数。较为全面地考虑了根系吸水的各个影响因子，如气象因素主要被综合体现在（潜在）蒸腾之中，土壤因素可考虑土壤质地、水分胁迫或盐分胁迫的影响，植物因素则通过根系分布参数集中反映。与第Ⅰ类模型相比，第Ⅱ类模型虽然经验性较强，但由于模型所需要的参数（如蒸腾速率、根系分布、土壤含水量、含盐量、土壤水力学参数等）相对容易获得，所以应用更为广泛。除非特别提及，以下将着重介绍第Ⅱ类宏观根系吸水模型。

当考虑土壤水分与盐分共同胁迫作用时，最为简洁常用的根系吸水模型可表示为

$$S=\alpha(h)\beta(h_0)S_{max} \tag{3.15}$$

式中：S为根系吸水速率，$cm^3/(cm^3 \cdot d)$；S_{max}为最大根系吸水速率，$cm^3/(cm^3 \cdot d)$，表示最优土壤水分条件下的根系吸水速率。

显然，最优水分条件下（既无水分胁迫、也无盐分胁迫），式（3.15）中的$\alpha(h)=1$，$\beta(h_0)=1$；若只考虑水分胁迫（无盐分胁迫），则$\beta(h_0)=1$；同理，若只考虑盐分胁迫（无水分胁迫），则$\alpha(h)=1$。

由于植物蒸腾是不同深度土层根系吸水的总体表现，若仅考虑垂直一维条件，则有

$$T_a(t)=\int_0^{L_r}S(z,t)\mathrm{d}z \tag{3.16}$$

$$T_p(t)=\int_0^{L_r}S_{max}(z,t)\mathrm{d}z \tag{3.17}$$

式中：z为垂向坐标，cm，取地表为原点，向下为正；t为时间，d；L_r为最大扎根深度，cm。

显然，式（3.15）已考虑了土壤水分、盐分等土壤因素的影响，而气象条件和植物本身等因素的影响则隐含在最大根系吸水速率分布$S_{max}(z,t)$之中。

3.3.2 常见的（宏观）根系吸水模型

由于根系吸水速率尚无法实测，其与各影响因子的关系目前还只能建立在各种假设的基础之上，如以上3.2.2节中的各种土壤水分、盐分胁迫修正系数，以及以下将要讨论的基于根系分布的根系吸水模型。

3.3.2.1 垂直一维情形

前提假设不同，则对$S_{max}(z,t)$或$S(z,t)$函数的构造方式不同，从而导致最终形成的根系吸水模型不同。下面着重介绍几种代表性的根系吸水函数。

（1）常数型。假定根区范围内根系均匀分布、根系吸水性能一致，则最大根系吸水速率$S_{max}(z,t)$在整个根区内均为常数：

$$S_{max}(z,t)=\frac{T_p(t)}{L_r(t)} \tag{3.18}$$

（2）线性函数型。假定$S_{max}(z,t)$从地表往下线性递减，则有

$$S_{max}(z,t)=a-bz \tag{3.19a}$$

式中：a为土壤表层的最大根系吸水速率，$cm^3/(cm^3 \cdot d)$，多介于$0.01\sim0.03cm^3/(cm^3 \cdot d)$之间；$b$为最大根系吸水速率随土层深度的衰减系数，$cm^{-1} \cdot d^{-1}$。

为了保证$S_{max}(z,t)$从土壤表层到最大扎根深度处逐渐线性递减至零，结合式（3.17），Prasad（1988）将式（3.19a）改进为

$$S_{max}(z,t)=\frac{2T_p(t)}{L_r(t)}\left[1-\frac{z}{L_r(t)}\right] \tag{3.19b}$$

另外，根系吸水模型还有其他线性函数形式。如考虑到植物根系主要从上部土层中吸收水分，Molz等建议将蒸腾在根系层内按4∶3∶2∶1的比例进行分配（Molz，1981），即自地表起，第一个$1/4L_r$土层根系吸水量占总吸水量的40%，第二个$1/4L_r$吸水占30%，第三个$1/4L_r$吸水20%，第四个$1/4L_r$吸水10%，表达式如下：

$$S_{max}(z,t)=\frac{T_p(t)}{L_r(t)}\left[1.8-1.6\frac{z}{L_r(t)}\right] \tag{3.20}$$

（3）指数函数型。假定根系吸水随深度呈指数衰减，有

$$S_{max}(z,t)=4\exp(-4z_r)\frac{T_p(t)}{L_r(t)} \tag{3.21}$$

式中：z_r 为相对深度，$z_r=z/L_r$。

（4）基于根长密度分布的根系吸水模型。假定全部根系具有相同的吸水功能，最大根系吸水与根长密度呈线性正比，则有

$$S_{max}(z,t)=c_rL_d(z,t) \tag{3.22}$$

式中：L_d 为根长密度，cm/cm^3；c_r 为单位根长潜在根系吸水系数，$cm^3/(cm\cdot d)$，表示最优土壤水分条件下单位长度的根系在单位时间内吸收水的体积。

由于根区中所有根系的吸水特性被认为一致，所以就同一植物而言，c_r 应为常数，不随根区土层深度发生变化，反映一定气候条件下根系的潜在吸水能力，其影响因素主要包括气象和植物两类。

结合式（3.22）与式（3.17）有

$$c_r=\frac{\int_0^{L_r}S_{max}(z,t)\mathrm{d}z}{\int_0^{L_r}L_d(z,t)\mathrm{d}z}=\frac{T_p(t)}{\int_0^{L_r}L_d(z,t)\mathrm{d}z} \tag{3.23}$$

$$S_{max}(z,t)=\frac{T_pL_d(z,t)}{\int_0^{L_r}L_d(z,t)\mathrm{d}z}=\frac{T_p}{L_r}L_{nrd}(z,t) \tag{3.24}$$

$$L_{nrd}(z,t)=\frac{L_d(z,t)}{\int_0^1L_d(z_r,t)\mathrm{d}z_r} \tag{3.25}$$

其中 L_{nrd} 可称为相对根长密度。

（5）基于有效根长密度分布的根系吸水模型。前已述及，并非全部根系都可吸水，且根系各个部位的吸水功能还存在差异，考虑到根系吸水的有效性（Molz，1981），根系吸水模型可改进为

$$S(z,t)=\frac{T_a(t)L_{de}(z,t)D(\theta)}{\int_0^{L_r}L_{de}(z,t)D(\theta)\mathrm{d}z} \tag{3.26}$$

式中：L_{de} 为有效根长密度，cm/cm^3，表示单位土体中毛根的长度；D 为土壤水分扩散率，cm^2/d。

3.3.2.2 多维情形

假定最大根系吸水与根长密度呈线性正比，借鉴式（3.22）～式（3.24）的推导过程或建模思路，很容易将以上基于根长密度分布根系吸水模型的建模方法推广至二维、三维条件。如对于剖面二维情形，有

$$S_{max}(x,z,t)=\frac{T_p(t)}{L_r(t)}\frac{W_x(t)}{L_x(t)}\frac{L_d(x,z,t)}{\int_0^1\int_0^1L_d(x_r,z_r,t)\mathrm{d}x_r\mathrm{d}z_r}=\frac{T_p}{L_r}R_xb(x,z,t) \tag{3.27}$$

式中：x 为横向坐标，cm；x_r 表示相对宽度，$x_r = x/L_x$，其中 L_x 为根系沿 x 方向分布的最大宽度，cm；W_x 为参与植株蒸腾过程的地表宽度，cm，其与 L_x 的比值 R_x 可表示 x 方向蒸腾宽度占根系分布宽度的比例；$b(x, z, t)$ 为描述剖面二维条件下相对根长密度分布的函数。

同理，对于轴对称二维和笛卡儿三维情形，分别有

$$S_{\max}(r,z,t) = \frac{T_p}{L_r}R_r \frac{L_d(r,z,t)}{\int_0^1\int_0^1 L_d(r_r,z_r,t)\mathrm{d}r_r\mathrm{d}z_r} = \frac{T_p}{L_r}R_r b(r,z,t) \tag{3.28}$$

$$S_{\max}(x,y,z,t) = \frac{T_p}{L_r}R_x R_y \frac{L_d(x,y,z,t)}{\int_0^1\int_0^1\int_0^1 L_d(x_r,y_r,z_r,t)\mathrm{d}x_r\mathrm{d}y_r\mathrm{d}z_r} = \frac{T_p}{L_r}R_x R_y b(x,y,z,t) \tag{3.29}$$

式中：r 为柱坐标系中的径向坐标，cm；r_r 为相对径向宽度；R_r 为 r 方向蒸腾宽度占根系分布宽度的比例；y 为笛卡儿坐标系中的 y 向坐标，cm；y_r 为 y 向相对宽度；R_y 为 y 方向蒸腾宽度占根系分布宽度的比例；其余符号意义同前。

3.3.3 根系吸水模型的建立方法

如前所述，由于根系吸水速率分布无法实际测定，其与各影响因子之间的定量关系（即根系吸水模型）目前都只能建立在各种假设的基础之上，合理与否尚无法直接检验，往往只能通过经验判断，或通过其他可以量测或估算的指标（如蒸腾强度、含水量分布等）予以间接检验验证。对于模型中的诸多参数，如水、盐胁迫修正系数中的指数和部分临界值、根系吸水系数或部分难以测定的根系参数等，多采用试差法、最大似然估计法或遗传算法等方法进行优化估计，从而建立根系吸水模型模拟土壤水分动态，使模拟获得的土壤含水量分布与实测分布间的误差达极小。

迄今为止，按以上思路或方法已建立了大量的根系吸水模型，并且在特定的条件下都能得到较好的模拟结果，但其科学性、可靠性和普适性等方面仍存在一定的缺陷，主要包括以下问题。

（1）模型建立的基础——假设条件与实际情况存在差异。根系吸水模型基本都建立在根系分布之上，多包括根区内所有根系都参与吸水、最优水分条件下根系的吸水特性一致等假定，但实际情况却存在较大差异。在植物根区范围内，并不是所有的根或根的所有部位都具有吸水功能，随着植物生长，根系逐渐老化，其吸水能力不断减弱甚至完全丧失，吸水性能最强的部位基本处于从根尖到离根尖 5cm 的范围之内。已有研究表明，式（3.22）中的单位根长潜在根系吸水系数 c_r 并非常数，对于小麦而言，其差距可达 0.001～0.002$\mathrm{cm^3/(cm \cdot d)}$（Zuo 等，2006）。植物根系吸收功能在根区各土层之间以及在全生育期内的非均一性，使得根系吸水能力在根区各土层深度内的差异以及在全生育期的变化无法通过根长密度来进行真实地刻画，相反，采用根长密度还可能掩盖根系之间以及根系各部位之间吸水特性的差异，也可能掩盖根系吸水能力随植物生长而发生的变化。但根系吸水无疑与根系分布密切相关，既然现有的关于根系吸水与根长密度分布的假设关系存在问题，两者间的定量关系究竟该如何表征？是否还可以采用其他根系分布参数来描述根系吸水？这些均有待进一步研究。

(2) 现有的参数优化方法和模型检验方法尚不大可靠。根系吸水模型参数组合中通常包含多个未知参数，尽管应用各类优化方法可以估算这些组合参数，但当同时优化多个参数时，解的结果时常可能面临不唯一或不稳定等问题（Hupet 等，2003），即不同的参数组合都可能满足目标函数（常设定为含水量实测值与模拟值的误差平方和）小于设定控制标准的要求，究竟哪套参数组合更为准确、合理，往往难以确定。

此外，含水量实测值与模拟值的误差平方和也常常被用来检验所建立的根系吸水模型（即已优化获取参数后的根系吸水函数）。已有研究结果表明，土壤一植物系统中土壤含水量分布的模拟对根系分布或根系吸水模型并不敏感，采用不同的根系分布函数或根系吸水模型可以模拟获得十分相近的土壤含水量剖面（Zuo 等，2013）。所以，通过含水量分布来间接检验根系吸水模型的方法可能不大可靠，换言之，这种检验方法只能作为必要条件，不可作为充分条件。

导致优化方法和检验方法不大可靠的根本原因在于：根系吸水速率分布尚无法实际测定。从这个角度来看，退而求其次，寻求能较为准确估计根系吸水速率分布的方法也显得十分重要。

(3) 根系资料的准确获取还较为困难。尽管相关假设与实际情况可能存在一定的出入，但不可否认，对于根系吸水来说，根系分布是一个至关重要、不可或缺的参数。由于受到植物种类与生长阶段、大气条件（蒸发、降水、温度、辐射等）以及土壤环境（土壤质地、水分、养分、盐分等）等众多因素的影响，根系生长分布并没有统一的形式，以目前各类根系吸收模型常用的根长密度分布为例，其获取方法不外乎实测和模拟两类。

根长密度的测量方法包括根钻法和根系摄像法。根钻法费时费事且必须以破坏土体结构为代价；根系摄像法虽然能连续监测根系的生长状况，但其监测精度与稳定性受到诸多因素（如摄像管的插入角度、标定曲线的可靠性等）的影响，仍然处于探索之中，而且费用较为昂贵。

可模拟根长密度分布的模型包括根构型模型、植物生长模型（如 AFRCWHEAT2，CERES - Wheat)、根冠关系模型等，这些模型较为综合、复杂，但由于部分机理认识尚不清楚，通常都包含一系列基于不同假设条件的生长规则和参数，如根系可吸水量、同化和/或光合同化产物的分配、根系质量与长度转换因子等，相关假设的评价和参数的获取仍然十分困难。

总体而言，无论实测还是模拟，根系资料的准确获取还较为困难，尤其是在田间，更遑论还需顾及目前还难以区分的有效根长密度。

3.4 根系吸水速率的估算

如 3.3.3 节所述，获取准确、可靠的根系吸水速率分布，对于探索根系吸水与各影响因子之间的定量关系或检验各类假设、优化获取根系吸水模型中的参数或建立根系吸水模型以及检验所建立的根系吸水模型等，均具有极为重要的意义。在目前尚无法实测根系吸水速率分布的前提下，可替代的有效途径便是通过其他可以实测的资料或信息来估算。事实上，含水量分布的变化即包含了根系吸水的信息，且容易测定，理论上，若已知不同时间的含水量分布，可以通过求解包含根系吸水速率（源汇项）的土壤水分运动方程（Richards 方程）的反问题，来估算获取根系吸水速率分布。但由于土壤水分运动方程具有强非线性，其反问题的求解存在相当的难度，且可能出现解的结果不唯一或不稳定等问题，因此须十分慎重并反复检验验证。

本节主要从工程实用角度来探讨估算根系吸水速率分布的反求方法，对于所提出方法的合理性和可靠性，我们还无法给出严格的数学证明，只能通过设置不同的数值实验或情景模拟等手段来进行检验验证，显然，这些数值实验或情景模拟不可能穷尽所有情况组合，只能针对一些主要情形来设计。

3.4.1　估算方法

植物生长条件下，垂直一维土壤水分运动的定解问题可描述为（取地表为原点，z 向下为正）：

$$C(h)\frac{\partial h}{\partial t}=\frac{\partial}{\partial z}\left[K(h)\left(\frac{\partial h}{\partial z}-1\right)\right]-S(z,t) \tag{3.30a}$$

$$h(z,0)=h_0(z),0\leqslant z\leqslant L \tag{3.30b}$$

$$\left[-K(h)\left(\frac{\partial h}{\partial z}-1\right)\right]_{z=0}=-E(t),t>0 \tag{3.30c}$$

$$h(L,t)=h_L(t),t>0 \tag{3.30d}$$

式中：$C(h)$ 为容水度，cm^{-1}；h 为土壤水基质势，cm；$K(h)$ 为水力传导度，cm/d；$S(z,\ t)$为根系吸水速率，$cm^3/(cm^3\cdot d)$；z、t 分别为空间（垂直）（cm）、时间（d）坐标；$h_0(z)$ 为初始时刻基质势在剖面上的分布，cm；$E(t)$ 为土面蒸发强度，cm/d；L 为模拟区域垂向总深度，cm，$L\geqslant L_r$（最大扎根深度）；$h_L(t)$ 为不同时间下边界实测基质势值，cm。

所谓根系吸水速率的反求方法，即通过不同时刻基质势（或含水量）在剖面上的实测值来推求 $S(z,\ t)$ 的方法。其中最简单、最直接的莫过于差分法，即以差分代替微分，通过式（3.30a）反求 $S(z,\ t)$，若采用隐式差分格式、等步长剖分计算区域，则式（3.30a）可写为

$$S_i^{k+1/2}=K_{i+1/2}^{k+1}\left(\frac{h_{i+1}^{k+1}-h_i^{k+1}}{\Delta z^2}-\frac{1}{\Delta z}\right)-K_{i-1/2}^{k+1}\left(\frac{h_i^{k+1}-h_{i-1}^{k+1}}{\Delta z^2}-\frac{1}{\Delta z}\right)-C_i^{k+1}\frac{h_i^{k+1}-h_i^k}{\Delta t} \tag{3.31}$$

式中：i、k 分别为空间 z 和时间 t 的节点编号；Δz 为空间步长，cm；Δt 为时间步长，d。

根据式（3.31）即可得到不同深度处两实测时刻间 $S(z,\ t)$ 的平均值。显然，这种方法的准确性依赖于差分与微分的近似程度，理论上，空间步长 Δz 与时间步长 Δt 应足够小才能保证模拟值与真实值的充分近似，而实际观测中，我们很难将 Δz、Δt 取到与差分方法要求相一致的程度。由于 Δz、Δt 选取不当，常导致 $S(z,\ t)$ 的估算值失真、甚至出现负值（左强等，2001）。究竟实测时间间隔取多大合适，仍是一个值得探讨的问题。无论情况如何，实际过程中 Δz 和 Δt 都不可能小到数值计算所要求的程度，因此，差分法难以可靠估算 $S(z,\ t)$。

平均根系吸水速率分布的另一反求方法由 Zuo 和 Zhang（2002）提出，其主要思路如下：

若0、T时刻实测含水量剖面分别为$\theta(z, 0)$和$\theta(z, T)$，假定期间由于根系吸水各深度含水量的减少量为$\Delta\theta_r(z, 0\to T)$（该项与作物、土壤、大气等因素密切相关，这里$T$表示连续两次实测值的时间间隔），则$0\to T$时段内的平均根系吸水速率$\overline{S}(z, T)$可表示为

$$\overline{S}(z,T)=\frac{1}{T}\int_0^T S(z,t)\mathrm{d}t=\frac{\Delta\theta_r(z,0\to T)}{T} \tag{3.32}$$

但实际上，$S(z, t)$、$\Delta\theta_r(z, 0\to T)$尚属未知，采用迭代方法反求Richards方程从而估算$\Delta\theta_r(z, 0\to T)$、$\overline{S}(z, T)$，迭代反求步骤如下。

（1）首先假定$S(z, t)=0$，则方程式（3.30）描述的是不考虑根系吸水的土壤水分运动问题，采用数值方法求解可得$h^{\#}(z, T)$及相应的$\theta^{\#}(z, T)$，于是，将$0\to T$时段内根系吸水所导致含水量的减少初步近似为

$$\Delta\theta^{(1)}(z,T)=\theta^{\#}(z,T)-\theta(z,T) \tag{3.33}$$

式中：上标数字（1）代表迭代次数。

（2）相应地，$0\to \mathrm{T}$时段内的平均根系吸水速率可初步近似估计为

$$\overline{S}^{(1)}(z,T)=\frac{\Delta\theta^{(1)}(z,T)}{T} \tag{3.34}$$

（3）代$\overline{S}^{(1)}(z, T)$入方程式（3.30a），采用相同的初始条件和边界条件，即结合方程式（3.30b）、式（3.30c）、式（3.30d），再次求解可得T时刻的含水量分布$\theta^{(1)}(z,T)$。

（4）由于$\overline{S}^{(1)}(z, T)$为近似值，模拟获得的$\theta^{(1)}(z,T)$与实测分布存在一定的误差，记为

$$\Delta\theta^{(2)}(z,T)=\theta^{(1)}(z,T)-\theta(z,T) \tag{3.35}$$

（5）于是得平均根系吸水速率分布的第2次迭代值：

$$\overline{S}^{(2)}(z,T)=\overline{S}^{(1)}(z,T)+\frac{\Delta\theta^{(2)}(z,T)}{T} \tag{3.36}$$

（6）再次代$\overline{S}^{(2)}(z, T)$入方程式（3.30a），求解得$\theta^{(2)}(z,T)$。

（7）重复以上过程，分别得第k次迭代值：

$$\Delta\theta^{(k)}(z,T)=\theta^{(k-1)}(z,T)-\theta(z,T) \tag{3.37}$$

$$\overline{S}^{(k)}(z,T)=\overline{S}^{(k-1)}(z,T)+\frac{\Delta\theta^{(k)}(z,T)}{T} \tag{3.38}$$

上述迭代过程持续进行至$\Delta\theta^{(k)}(z,T)$小于某一给定的迭代控制标准ε为止。假定T时刻剖面含水量共有N个实测值$\theta(z_1,T),\theta(z_2,T),\cdots,\theta(z_N,T)$，则上述迭代停止条件可表示为

$$\frac{1}{N}\sum_{i=1}^{N}\left[\frac{\Delta\theta^{(k)}(z_i,T)}{\theta(z_i,T)}\right]^2=\frac{1}{N}\sum_{i=1}^{N}\left[\frac{\theta^{(k-1)}(z_i,T)-\theta(z_i,T)}{\theta(z_i,T)}\right]^2\leqslant\varepsilon \tag{3.39}$$

此时的$\overline{S}^{(k)}(z, T)$可近似$0\to \mathrm{T}$时段内的平均根系吸水速率$\overline{S}(z, T)$。

含水量的实测只能取有限的点（如以上N个实测值），且存在测量误差，而上述迭代过程则要求含水量的分布尽可能地准确、连续和平滑，尤其是$\theta(z, T)$，在剖面含水量实测点有限并存在测量误差的条件下，为了获得连续、光滑、可导的实测含水量分布$\theta(z, T)$，采用式（3.40）将N个实测值$\theta(z_1, T)$，$\theta(z_2, T)$，…，$\theta(z_N, T)$拟合成多

项式：

$$P_m(z)=a_1+a_2(z-\overline{z})+a_2(z-\overline{z})^2+\cdots+a_m(z-\overline{z})^{m-1} \tag{3.40}$$

$$\overline{z}=\frac{1}{N}\sum_{i=1}^{N}z_i$$

式中：$P_m(z)$ 为 T 时刻实测含水量分布（z，T）的 $m-1$ 次拟合多项式；a_1，a_2，…，a_m 为拟合参数。

拟合过程中，方程式（3.40）中多项式的次数 m 可从 3 开始逐次增加至拟合值与实测值间的最大绝对误差不超过量测误差 ε_p 为止，即

$$\underset{i=1,2,\cdots,N}{\text{Max}}|P_m(z_i)-MV_i|\leqslant\varepsilon_p \tag{3.41}$$

式中：MV_i 为实测值。

量测误差 ε_p 可设定为测量仪器（如 TDR、中子仪或负压计等）的测量精度。

3.4.2 估算方法检验

影响平均根系吸水速率数值迭代反求方法准确性、稳定性、收敛性的因素众多，但实测时间间隔 T、实测空间步长 SI 和水力学参数的变异性无疑是其中极为重要的影响因子，以下主要探讨这几个因素对反求方法的影响（Zuo 和 Zhang，2002；Zuo 等，2004）。

3.4.2.1 数值实验步骤

鉴于根系吸水速率分布无法实测，对上述反求方法的检验将通过数值实验进行，数值实验的主要步骤如下。

（1）设定方程式（3.30）中的初始条件、边界条件和各类参数（包括水力学参数、理论根系吸水函数、模拟深度、最大扎根深度等）。

（2）采用隐式差分方法求解方程式（3.30）得不同时间土壤水基质势与含水量的理论分布 $h(z,t)$ 和 $\theta(z,t)$。

（3）结合实际情况设定实测时间间隔 T（如 1d、2d、5d、10d 等）和实测空间步长 SI（如 5cm、10cm、20cm 或 30cm 等），按设定的 T 和 SI，从理论分布 $\theta(z,T)$ 中选择“实测值” $\theta(z_i,T)$。为了考虑实际过程中必定会存在的测量误差，使检验过程更能真实地反映客观实际情况，对“实测值” $\theta(z_i,T)$ 做如下随机扰动处理：

$$\theta^*(z_i,T)=\theta(z_i,T)+\text{rand}[\varepsilon_p]\quad(i=1,2,\cdots,N) \tag{3.42}$$

式中：ε_p 为量测精度；‘rand’ 为随机数发生器，$-\varepsilon_p\leqslant\text{rand}[\varepsilon_p]\leqslant\varepsilon_p$。

（4）根据“实测”含水量 $\theta^*(z_i,t)(t=0,T)$，应用式（3.40）和式（3.41）拟合获得连续、光滑的含水量分布。

（5）根据式（3.32）计算平均根系吸水速率的理论分布 $\overline{S}(z,T)$。

（6）应用以上步骤（4）生成的“实测”含水量分布和数值迭代反求方法估算平均根系吸水速率分布 $\overline{S}^{(k)}(z,T)$。

（7）比较、评估平均根系吸水速率理论分布 $\overline{S}(z,T)$ 与估算分布 $\overline{S}^{(k)}(z,T)$ 之间的差异。由式（3.16）可知：

$$T_a(T)=\int_0^{L_r}\overline{S}(z,T)\mathrm{d}z=\frac{1}{T}\int_0^{L_r}\int_0^{T}S(z,t)\mathrm{d}t\mathrm{d}z\ ;\quad T_a^*(T)=\int_0^{L_r}\overline{S}^{(k)}(z,T)\mathrm{d}z \tag{3.43}$$

式中：$T_a(T)$、$T_a^*(T)$ 分别代表实际蒸腾强度和估算蒸腾强度，cm/d，反映根系吸水的整体状况。

因此，根系吸水速率理论分布与估算分布的总体相对误差（ORE）可表示为

$$ORE(T)=\left|\frac{T_a^*(T)-T_a(T)}{T_a(T)}\right|100\%=\left|1-\frac{T_a^*(T)}{T_a(T)}\right|100\% \tag{3.44}$$

此外，根系吸水速率理论值与估算值之间的误差还可用最大绝对误差（MAE）表示为

$$MAE=\underset{i=1,2,\cdots,N}{\mathrm{Max}}\left|\overline{S}^{(k)}(z_i,T)-\overline{S}(z_i,T)\right| \tag{3.45}$$

3.4.2.2 数值实验参数

数值实验中的土壤为粉壤土，自相关文献中选取水分运移参数如下：$\theta_s=0.45\mathrm{cm^3/cm^3}$，$\theta_r=0.067\mathrm{cm^3/cm^3}$，分别为饱和、残余含水量；$K_s=10.8\mathrm{cm/d}$，为饱和导水率；$\alpha=0.020\mathrm{cm^{-1}}$，$n=1.41$，$m=1-1/n$，均为水分特征曲线拟合参数。

根系吸水模型源于式（3.15）、式（3.24）和式（3.25），形式如下：

$$S(z,t)=\alpha(h)S_{\max}(z,t)=\alpha(h)\frac{T_p}{L_r}L_{nrd}(z) \tag{3.46}$$

$$\alpha(h)=\begin{cases}0 & ,\ h(z,t)\leqslant h_1\\ 1-\left[\dfrac{h(z,t)-h_2}{h_1-h_2}\right]^{\rho} & ,h_1<h(z,t)<h_2\\ 1 & ,\ h(z,t)\geqslant h_2\end{cases} \tag{3.47}$$

$$L_d(z)=\begin{cases}L_d(0)\exp\left[-\dfrac{z^2}{\beta}\right] & ,z<L_r\\ 0 & ,z\geqslant L_r\end{cases} \tag{3.48}$$

其中的参数取值分别为：$T_p=0.6\mathrm{cm/d}$，$h_1=-1500\mathrm{cm}$，$h_2=-64\mathrm{cm}$，$\rho=0.34$，$\beta=4600\mathrm{cm^2}$，$L_r=150\mathrm{cm}$；考虑到式（3.25），地表处的根长密度 $L_d(0)$ 无需给定。

数值实验中的其他参数设定为：初始条件如图3.2所示；上边界条件 $E(t)=0.03\mathrm{cm/d}$；平均根系吸水速率反求方法的迭代控制标准取为 $\varepsilon=10^{-4}$［式（3.39）］；参照TDR的测量误差，取量测精度 $\varepsilon_p=0.005\mathrm{cm^3/cm^3}$［式（3.41）、式（3.42）］；含水量剖面“实测值”的选取：首先设定模拟深度 $L=180\mathrm{cm}$，下边界条件取为 $h(L,t)=-34.123\mathrm{cm}$，按上一小节步骤（2）～（4）分别选取含水量“实测值”，并形成连续、光滑的“实测”含水量分布；在估算平均根系吸水速率时，模拟区域深度 L（下边界）被重新设定为160cm，0、T 时刻下边界的含水量按所产生的“实测值”给定，0→T 之间的下边界含水量通过线性插值方法获得。采用隐式差分法求解，取等空间步长 $\Delta z=1\mathrm{cm}$，时间步长按 $\Delta t_{j+1}=1.25\Delta t_j$ 递增。

3.4.2.3 数值实验结果

不同时刻含水量剖面“实测值”及按步骤（4）所得的拟合含水量剖面如图3.2所示。

（1）算例1——实测时间间隔 T 对反求方法的影响。

按田间实际情况常采用的含水量实测策略，共设定5个实测时间间隔：$T=1\mathrm{d}$、2d、5d、10d和15d。由于含水量量测误差 ε_p 可达 $0.005\mathrm{cm^3/cm^3}$，当时间间隔 T 取为1d、5d时，平均根系吸水速率估算值和理论值间的最大误差可分别高达 $0.005\mathrm{d^{-1}}$ 和 $0.001\mathrm{d^{-1}}$［式（3.38）］；另一方面，若 T 太大（如 $T>15\mathrm{d}$），则平均过程无法捕捉根系吸水速率的

变化过程。因此，本算例仅讨论 T=5d、10d 和 15d 时的情形。

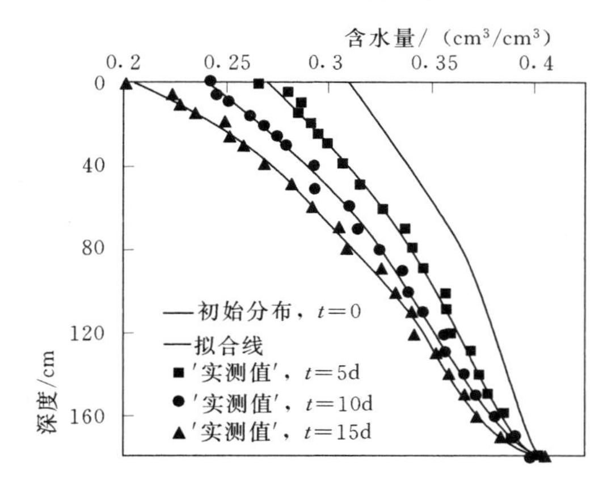

图 3.2 数值实验不同时间“实测”与拟合土壤含水量分布（Zuo 和 Zhang，2002）

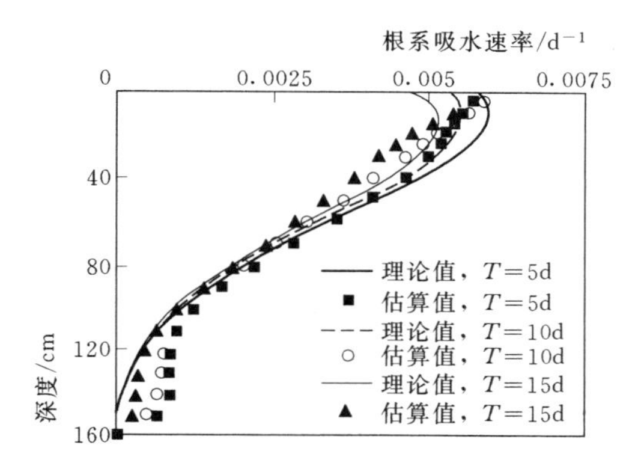

图 3.3 算例 1——不同时间间隔（T=5d、10d 和 15d）时平均根系吸水速率估算值与理论分布的比较（空间步长 SI=5～10cm、模拟深度 L=160cm）（Zuo 和 Zhang，2002）

考虑到近地表土壤水分动态变化剧烈，算例 1 中的“实测”空间步长 SI 分别设定为 5cm 和 10cm（记为 SI=5～10cm）：即当 $0\leqslant z\leqslant 30$cm 时，取 SI=5cm；当 $z>30$cm 时，取 SI=10cm。模拟区域深度 L 取为 160cm。不同时间间隔 T 平均根系吸水速率估算值与理论分布的比较结果如图 3.3 所示，当 T=5d、10d 和 15d 时，估算值与理论分布的变化趋势基本一致，两者间的最大绝对误差 MAE 分别为 0.00077d^{-1}、0.00054d^{-1}、0.00076d^{-1}，总体相对误差 ORE 分别为 5.7%、4.8%和 0.7%（表 3.1）。

表 3.1 数值实验不同处理组合（不同的空间步长、时间间隔与模拟深度）及其相应的最大绝对误差（*MAE*）、整体相对误差（*ORE*）和迭代次数（Zuo 和 Zhang，2002）

算例		空间步长 /cm	时间间隔 /d	模拟深度 /cm	MAE /d^{-1}	ORE /%	迭代次数
1		5，10	5	160	0.00077	5.7	2
			10		0.00054	4.8	3
			15		0.00076	0.7	3
2		5，10	10	160	0.00054	4.8	3
		5，20	10		0.00103	10.9	3
		5，30	10		0.00093	18.3	3
3	K_S(−10*)	5，10	10	160	0.00063	8.1	3
	K_S(+10)				0.00057	1.5	3
	K_S(−20)				0.00066	10.2	2
	K_S(+20)				0.00067	5.1	2
	K_S(−50)				0.00124	22.6	2
	K_S(+50)				0.00092	13.7	2

* 括号中的数字表示饱和水力传导度 K_S 从原始值 10.8cm/d 开始扰动振荡的百分数，如：−10 表示扰动振荡 −10%，相应地 K_S=9.7cm/d。

（2）算例2——实测空间步长 SI 对反求方法的影响。无疑，实测空间步长越小，则包含的剖面信息越全面，从而使得模拟估算的结果可能越准确。但实际过程中，由于量测仪器尺寸或测量范围的限制，含水量实测空间步长几乎不可能在5cm以下。鉴于近地表土壤水分变化剧烈，其实测空间步长通常设定为较小值。

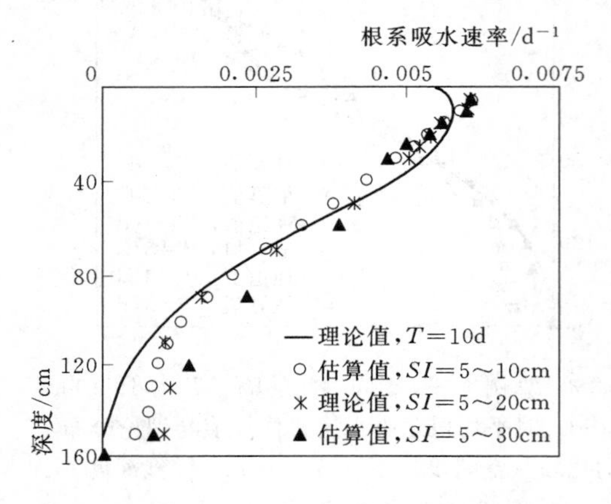

图3.4 算例2——不同空间步长 SI=5～10cm、5～20cm和5～30cm时平均根系吸水速率估算值与理论分布的比较（时间间隔 T=10d、模拟深度 L=160cm）（Zuo和Zhang，2002）

算例2中，模拟深度依然取为 L=160cm，实测时间间隔设为 T=10d，共设置3个空间步长处理，分别记为 SI=5～10、5～20和5～30cm，其含义如下：当 $0\leqslant z\leqslant 30$cm时（近地表处），各处理 SI 均取为5cm；当 $z>30$cm时，SI 分别取10cm、20cm或30cm。根据不同处理的“实测点”、拟合分布（图3.2）及以上迭代程序，得不同空间步长条件下的平均根系吸水速率估算分布如图3.4所示。总体而言，随 SI 值的增加，估算值与理论分布间的误差逐渐增大，当 SI 限制在20cm以内时（即处理 SI=5～10cm和5～20cm），MAE 和 ORE 分别小于0.001d^{-1}和15%（表3.1）。为了保证估算精度并尽可能减少测量费用，建议在近地表区域取 SI 为5～10cm，对于下部土层，SI 可增大至20cm。

（3）算例3——水力传导度的变异对反求方法的影响。在根系吸水速率平均分布反求估算方法中，土壤水力学参数不可或缺。由于土壤空间变异性的普遍存在，实测土壤水力学参数往往具有很大的不确定性。算例3主要用于检验饱和水力传导度的变异对反求方法估算精度的影响。

本算例取 T=10d、SI=5～10cm，除饱和水力传导度 K_S 外，其余条件、参数均与算例1、算例2一致，对于 K_S 的处理如下：将算例1、算例2中的原始 K_S=10.8cm/d作为对照，分别扰动±10%（即 K_S 分别取9.7和11.9cm/d）、±20%（K_S 分别取8.6和13.0cm/d）和±50%（K_S 分别取5.4和16.2cm/d）。估算结果表明（图3.5）：K_S 的变异性似乎对下部土层估算结果的影响较大；与对照相比，±10%的扰动对估算结果的影响并不显著；随着扰动增强，估算结果的误差逐

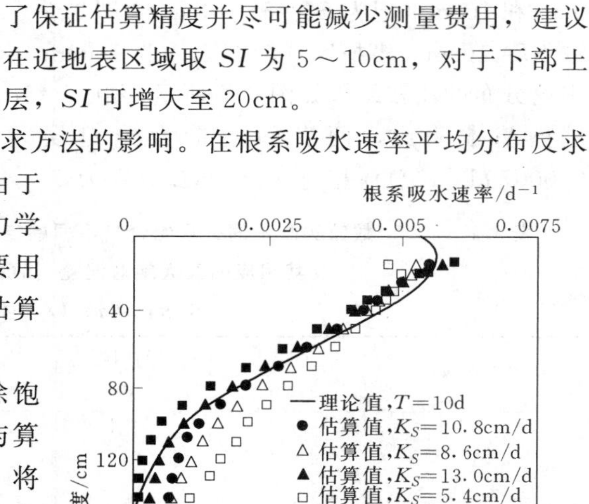

图3.5 算例3——饱和水力传导度 K_S=10.8cm/d被扰动±20%（K_S 分别取8.6cm/d和13.0cm/d）和±50%（K_S 分别取5.4cm/d和16.2cm/d）时（空间步长 SI=5～10cm、时间间隔 T=10d、模拟深度 L=160cm）平均根系吸水速率估算值与理论分布的比较（Zuo和Zhang，2002）

渐增加；正扰动时（即 K_S 增加），平均根系吸水速率被低估；反之，负扰动时（即 K_S 减小），平均根系吸水速率被高估。当 K_S 的变异在±20%以内时，估算值的总体相对误差（*ORE*）小于10%；当变异达50%和-50%时，*ORE* 分别为14%和23%（表3.1）。

Zuo 和 Zhang（2002）、Zuo 等（2004）还探讨了其他因素（如模拟深度、下边界条件、土壤质地、饱和含水量及水分特征曲线的变异性等）对反求估算结果的影响，这里不再赘述。总体而言，平均根系吸水速率分布反求估算方法的准确性和稳定性依赖于剖面土壤含水量的实测时间间隔 T、空间步长 SI 和水力学参数的变异性等因素，当 $5d \leqslant T \leqslant 15d$、$SI \leqslant 20cm$、饱和水力传导度 K_S 与饱和含水量 θ_S 的变异在±20%以内、水分特征曲线参数 n 和 α 的变异在±10%以内时，平均根系吸水速率的最大绝对误差和总体相对误差分别在 $0.0015d^{-1}$ 和15%以下。为了尽可能减少误差并顾及到土壤水分动态变化的跟踪，实际应用该反求方法时，建议取平均时段 $T=5\sim10d$，实测空间步长 $SI=5\sim10cm$，若植物扎根深度较大，在根系吸水变化不太强烈的深度附近，可设置 $SI=20cm$。

3.4.3 估算方法应用

平均根系吸水速率反求估算方法的提出，为植物根系生长和吸水规律研究、植物生长条件下土壤水分运动的定量模拟等提供了一种较为可靠的研究手段。该方法的成功应用包括以下示例。

（1）分析根系吸水规律。显然，平均根系吸水速率反求估算方法可直接用于估算不同条件下植物各生长阶段的根系吸水规律。如根据不同时间的实测含水量剖面及相关的土壤水力学参数，孟雷和左强（2003）估算获得二级处理污水与淡水灌溉条件下冬小麦的根系吸水速率分布如图3.6所示。显然，污水中大量存在的盐分离子将引起土壤水溶质势和总土水势的降低，从而使得污水处理各深度处的平均根系吸水速率大大低于淡水处理，表明污水灌溉条件下，根系的吸水功能会大大减弱，为了吸取更多的水分以保证作物的正常生长，作物根系将通过其自我调节功能，加速根系的生长或下扎。

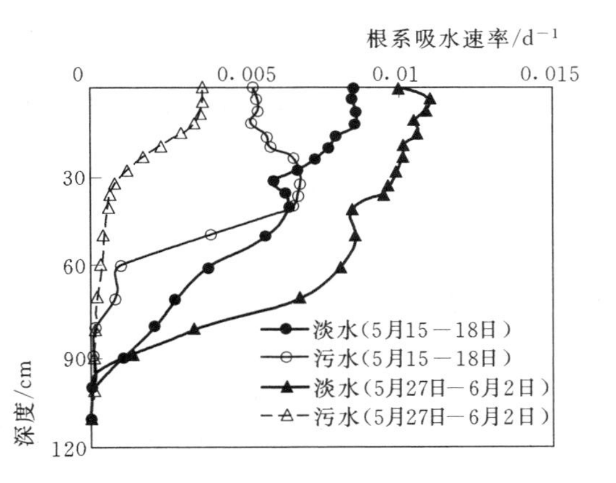

图3.6 2002年5月15日—6月2日淡水与污水灌溉条件下冬小麦平均根系吸水速率的模拟分布（孟雷和左强，2003）

（2）建立根系吸水模型从而模拟土壤水分动态。如前所述，根系吸水模型通常由水分胁迫系数、盐分胁迫系数和与植物根系分布相关的函数等几部分组成，其中包含部分需要进一步确定的参数［如式（3.13）、式（3.14）中的 p_1、p_2 等］。当已知根系吸水速率分布时，采用最小二乘法即可十分方便地优化这些参数。

（3）探讨根系吸水与相关影响因子之间的作用机理。3.3.3节已提及，由于根系吸水速率无法实际测定，根系吸水与各影响因子之间的关系多建立在各种假设的基础之上，是否合理均有待更进一步地检验，所提出的平均根系吸水速率反求估算方法无疑可成为这类检验的有效武器。如在充分供水条件下，Shi 和 Zuo（2009）针对苗期冬小麦室内水培和土柱实验的研究结果表明（图 3.7）：关于最大根系吸水速率 S_{max} 线性正比于根长密度 *RLD* 的假设并不成立，但 S_{max} 却似与根氮质量密度 N_d 呈线性正比，相关研究过程及结果将在 3.5 节进一步介绍。

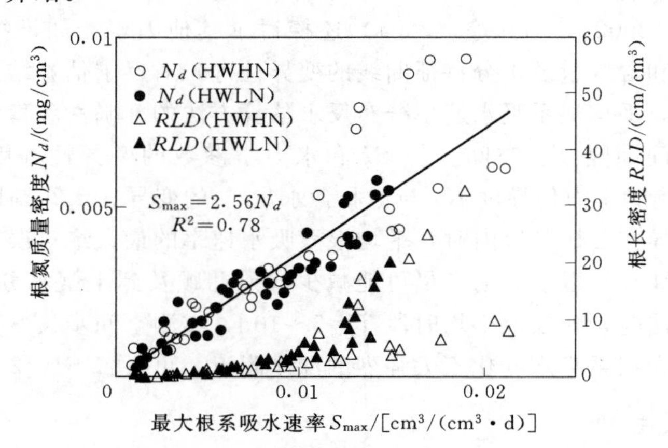

图 3.7 充分供水条件下冬小麦最大根系吸水速率 S_{max} 与根长密度 *RLD* 及根氮质量密度 N_d 之间的关系（其中 HWHN、HWLN 分别表示充分供水条件下的高氮、低氮处理）（Shi 和 Zuo，2009）

3.5 小麦根系吸水与根系特征参数之间的关系

毫无疑问，根系吸水与根系分布密切相关。下面以小麦为例，分析根系吸水与相关特征参数之间的关系。

3.5.1 小麦根系分布特点

根系分布多用根长密度（*RLD*）来描述。小麦的根多集中在地表附近，往下逐渐减少，因此，通常情况下，*RLD* 在地表处最大，随深度增加逐步下降，至最大扎根处为 0。随着植物生长，*RLD* 逐渐增加，至近收获的某一阶段会出现一定的衰减趋势。小麦根系的生长与下扎主要取决于土壤水分、养分、质地、容重、通气性、温度等因素，最优水分条件下，其最大下扎速率介于 0.5～1.8cm/d 之间（Barraclough，1986）。

田间条件下，小麦根系常生长至 1m 以下，甚至可接近 2m，其近地表处的 *RLD* 值通常在 10.0cm/cm³ 以下。实验室条件下，小麦根系的生长情况与田间基本一致，但由于水分、养分等的控制条件更加优越，其最大 *RLD* 值可以大大高于田间实测值。

根系具有良好的“向水性”和“向肥性”，即喜欢在水分、养分充足或更易于吸收水分、养分的地方生长，当上部土层供应状况不佳时，发育良好的根系系统有能力自我调节、伸长，到深部土层去寻找、吸收水分和养分。由于自然界中土壤环境十分复杂，根系的这种主观能动性使得其表现出的分布或变化规律不尽一致，即便面临相同的胁迫条件，所观测获得的 *RLD* 分布也可能出现差异。如水分胁迫可能降低小麦的 *RLD* 值，但雨养条件下，也可能使得干旱年 *RLD* 的观测值高于湿润年份。

由式（3.25）可知，当采用相对深度 z_r 替换深度 z 时，可得相对根长密度分布 L_{nrd}

(z_r, t)。

Wu 等（1999）的研究结果表明，小麦的相对根长密度分布 L_{nrd} 可概化为一个三次多项式，与生育阶段无关，即 $L_{nrd}(z_r, t)$ 与时间 t 无关，可简化为 $L_{nrd}(z_r)$，但其统计样本量太小（仅 39 套数据），代表性有限。

事实上，关于小麦的 *RLD* 分布，已积累、发表了大量的实测资料，为此，我们开展了如下文献检索工作（Zuo 等，2013）：检索数据库包括 CABI（Center for Agriculture and Biology International）、AGRICOLA、AGRIS、Water Resources Abs、中国期刊全文数据库（CJFD - CNKI）、中国科技情报网（Chinainfo）、万方数据及中国高等教育文献保障系统（CALIS）等；检索关键词设定为"根长密度＋小麦"；检索期限从 1995 年 1 月至 2002 年 4 月（该工作于 2002 年进行）；语言包括英文和中文；仅收录实测资料且包含完整的剖面 *RLD* 信息。最终检索获得 10 篇文献、89 套分布、610 组 *RLD* 值（指不同深度所对应的 *RLD* 值），这些实测资料分别来源于不同的地方和气象条件（包括澳大利亚、德国、以色列、中国等）、不同品种［*Triticum aestivum* L.（cv. *Factor*，*Molineux* 等）、*Triticum turgidum* L. conv. *Durum* 等］、不同的生育阶段及耕作方式（包括田间与室内）、不同的水分、养分（氮、磷、钾及其他微量元素）供应、不同的土壤质地（砂土、细沙土、壤砂土、壤土、砂壤质黏土、黏土等）。所有试验均采用地面灌溉方式。

根据相应的最大扎根深度和式（3.25），采用数值积分方法，检索获得的 610 组 *RLD* 值可以方便地转换为相对根长密度分布值 L_{nrd}（图 3.8）。此外，通过冬小麦栽培室内实验，我们还获得另外 569 组 *RLD* 值及相应的 L_{nrd} 值，同样点绘于图 3.8 之中。全部 1179 个点显现出较为明显的统计规律：各深度处的 L_{nrd} 值较为集中，L_{nrd} 值在地表处（$z_r=0$）最大，往下逐渐减小，至最大扎根深度处（$z_r=1$）为 0。顾及 L_{nrd} 的以上变化规律并借鉴 Wu 等（1999）的研究思路，采用下式：

$$L_{nrd}(z_r)=a(1-z_r)^b \tag{3.49}$$

对 L_{nrd} 分布进行拟合，其中 a 表示 L_{nrd} 在地表处的最大值，b 表示 L_{nrd} 沿剖面往下的衰减速率。由于 $\int_0^1 L_{nrd}(z_r)\mathrm{d}z_r \equiv 1$，拟合参数 a 和 b 必须满足 $b=a-1$，因此，以上全部 1179 组 L_{nrd} 实测值经拟合得：$a=3.850$，$b=2.850$（$R^2=0.80$，图 3.8），95%以上的点与拟合线之间的误差在 0.16 之内。尽管仅包含一个拟合参数 a，绝大多数情况下，式（3.49）仍可以较好地描述小麦的相对根长密度分布和根长密度分布（当最大扎根深度已知时）。

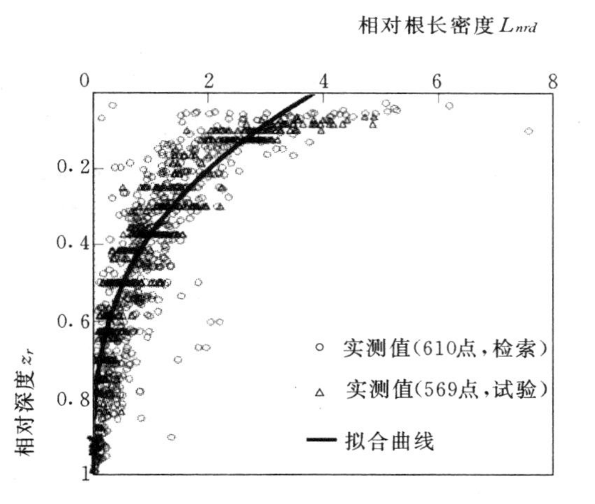

图 3.8 小麦相对根长密度分布实测值（包括 610 组文献检索值与 569 组实验观测值）及拟合曲线（Zuo 等，2013）

相对根长密度分布 $L_{nrd}(z_r)$ 反映了根系长度在不同相对深度处的分配比例，利用式

(3.49) 可以方便地计算某一相对深度 z_r 处的 L_{nrd} 值及从地表至 z_r 土层范围内根长所占的百分比 P，比如：

当 $z_r=1/3$ 时，$L_{nrd}(z_r)=1.21$，$P(z_r)=\int_0^{\frac{1}{3}}3.85(1-z_r)^{2.85}\mathrm{d}z_r=79.0\%$

当 $z_r=1/2$ 时，$L_{nrd}(z_r)=0.53$，$P(z_r)=\int_0^{\frac{1}{2}}3.85(1-z_r)^{2.85}\mathrm{d}z_r=93.1\%$

表明小麦约 80%的根长均集中分布在近地表的 1/3 根系层内，下半部分根系层所包含的根长比例不足 10%。

关于式 (3.49) 的进一步检验和应用，详见 Zuo 等 (2013)，这里不再赘述。

3.5.2 小麦根系吸水与根长密度分布

按照 Feddes 等 (Feddes 等，1976；Prasad，1988) 的假设 (全部根系具有相同的吸水功能、最大根系吸水速率与根长密度呈线性正比)，式 (3.22) 中的单位根长潜在吸水系数 c_r 应为常数，有

$$c_r=\frac{S_{\max}(z,t)}{L_d(z,t)} \tag{3.50}$$

式 (3.50) 针对的是不同深度 (土层)，若考虑整个根系系统，则有

$$c_r=\frac{V_{TP}(t)}{L_R(t)} \tag{3.51}$$

式中：$V_{TP}(t)$ 为最优水分条件下单株冬小麦的日蒸腾量 (即日潜在蒸腾量)，$\mathrm{cm^3/d}$；$L_R(t)$为单株冬小麦根系总根长，cm。

Shi 和 Zuo (2009) 曾通过冬小麦栽培室内水培实验 (Exp.1) 和土柱实验 (Exp.2) 来分别验证式 (3.51) 和式 (3.50)。其中水培实验获得的单位根长潜在吸水系数 c_r 如图 3.9 (a)、(b) 所示：当营养液氮素浓度 C_N 小于 $0.105\mathrm{mg/cm^3}$ 时，c_r 受氮素浓度的影响较大，随氮素浓度的增大而逐渐增大；当 C_N 大于 $0.105\mathrm{mg/cm^3}$ 时，c_r 受氮素浓度的影响较小，逐渐趋于平稳；另外，在冬小麦室内生长环境稳定的情况下，即使在同一营养液氮素浓度条件下，随着冬小麦的生长，c_r 呈逐渐降低的趋势，表明根龄的增大将导致根系吸水功能的下降，与已有研究结果吻合。土柱实验中最大根系吸水速率 $S_{\max}$ 与根长密度 *RLD* 之间的关系如图 3.7 及图 3.9 (b) 所示：无论是分层土壤、还是整个根系系统，$S_{\max}$ 与 *RLD* 两者完全无法满足线性正比的假设关系，亦即 c_r 在根系层内并非常数，会随氮素浓度和时间而变化。

总体而言，即便在最优水分条件下，单位长度根系的吸水性能并不能保持稳定，会因溶液中的氮素浓度而改变，也会随着冬小麦的生长、根系的老化而逐渐降低。在农田土壤条件下，土壤氮素浓度与根龄在根区范围内不可能均匀一致，会随着根区内的具体位置以及作物生长而发生变化，因此，有关根系吸水与根长密度呈线性正比，亦即单位根长潜在吸水系数 c_r 在根区范围内保持一致的假设与实际情况存在较大差异。

3.5.3 小麦根系吸水与根氮质量密度分布

从整体效应上来看，水培与土柱实验的结果 [图 3.9 (b)] 均表明冬小麦各生长阶段的日潜在蒸腾量 V_{TP} 与根氮质量 RNM 之间呈显著线性正比关系 ($R^2=0.99$)，既不受所

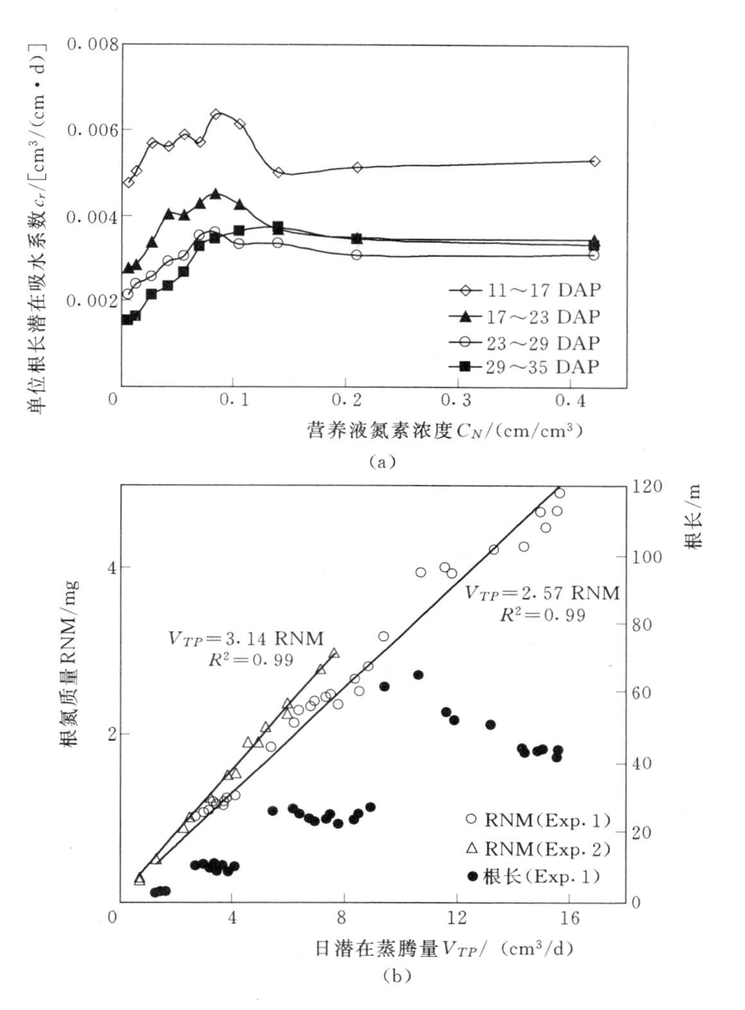

图 3.9 冬小麦根系吸水与环境氮素浓度、根氮质量及根长的关系

(a) 水培实验（Exp.1）冬小麦各生长阶段单位根长潜在吸水系数 c_r 与营养液氮素浓度 C_N 之间的关系；
(b) 水培实验（Exp.1）与土柱实验（Exp.2）充分供水条件下冬小麦日潜在蒸腾量 V_{TP} 与总根长之间的关系
（DAP：播种后的天数；RNM：根氮质量）
（Shi 和 Zuo，2009）

供营养液氮素浓度的影响，也不随冬小麦生长及根龄发生改变，两者之间的比值即单位质量根氮潜在吸水系数为稳定常数，展示了单位质量根氮所固有的吸水特性（Shi 和 Zuo，2009）。至于水培与土柱实验的单位质量根氮潜在吸水系数不一致，主要与两者间的生长环境（气象条件）差异有关。

从分层土壤来看，类似于式（3.50）和式（3.51），当考虑单位土体的 V_{TP} 和 RNM（即最大根系吸水速率 S_{max} 与根氮质量密度 N_d），土柱实验的结果（图 3.7）仍然表明 S_{max} 与 N_d 呈线性正比（$R^2=0.78$），两者间的比值（可称为单位质量根氮潜在吸水系数）也为常数（2.56），且与整体获得的值（2.57，图 3.9（b）保持了较好的一致性。因此，关于小麦根系吸水速率线性正比于根氮质量密度的研究结果应是较为可靠的。

上述研究结果可用于分析小麦根系吸收功能与根系特征参数之间的关系、建立根系吸水模型、模拟小麦生长条件下的土壤水分运移规律。与根长密度相比，尽管根氮质量密度可更好地描述冬小麦的根系吸水规律，但其测定却更为困难，数值模拟可能是较好的解决途径之一（Shi 和 Zuo，2009）。

复习思考题

1. 根系吸水基本特征。
2. 理解水分和盐分胁迫表达公式基本物理意义。
3. 对比分析作物蒸散发确定方法。
4. 分析不同类型根系吸水模型。
5. 分析根系吸水模型中参数的确定方法。

参考文献

[1] 雷志栋，杨诗秀，谢森传．土壤水动力学［M］．北京：清华大学出版社，1988.

[2] 孟雷，左强．污水灌溉对冬小麦根长密度和根系吸水速率分布的影响［J］．灌溉排水学报，2003，22（4）：25-29.

[3] 邵明安，黄明斌．土-根系统水动力学［M］．西安：陕西科学技术出版社，2000.

[4] 张蔚榛．地下水与土壤水动力学［M］．北京：中国水利水电出版社，1996.

[5] 左强，王数，陈研．反求根系吸水速率方法的探讨［J］．农业工程学报，2001，17（4）：17-21.

[6] Barraclough P B. The growth and activity of winter wheat roots in the field：Nutrient uptakes of high-yielding crops［J］. The Journal of Agricultural Science，1986，106（1）：45-52.

[7] Dirksen C，Kool J B，Koorevaar P，van Genuchten M Th. HYSWASOR-Simulation model of hysteretic water and solute transport in the root zone［M］// Russo D，Dagan G. Water flow and solute transport in soils. Springer Verlag，Berlin，Germany，1993：99-122.

[8] Feddes R A，Kowalik P J，Malinka K K，Zaradny H. Simulation of field water uptake by plants using a soil water dependant root extraction function［J］. Journal of Hydrology，1976，31（1）：13-26.

[9] Hupet F，Lambot S，Feddes R A，van Dam J C，Vanclooster M. Estimation of root water uptake parameters by inverse modeling with soil water content data［J］. Water resources research，2003，39（11）：1312.

[10] Maas E V，Hoffman G J. Crop salt tolerance-current assessment［J］. Journal of the Irrigation and Drainage Division，1977，103（2）：115-134.

[11] Molz F J. Models of water transport in the soil-plant system：A review［J］. Water Resources Research，1981，17（5）：1245-1260.

[12] Prasad R. A linear root water uptake model［J］. Journal of Hydrology，1988，99（3）：297-306.

[13] Ritchie J T. A model for predicting evaporation from a row crop with incomplete cover［J］. Water resources research，1972，8（5）：1204-1213.

[14] Shi J，Zuo Q. Root-water-uptake and root nitrogen mass of winter wheat and their simulations［J］. Soil Science Society of America Journal，2009，73（6）：1764-1774.

[15] van Genuchten M Th. A numerical model for water and solute movement in and below the root zone

[M]. United States Department of Agriculture Agricultural Research Service US Salinity Laboratory, 1987.

[16] Wu J, Zhang R, Gui S. Modeling soil water movement with water uptake by roots [J]. Plant and Soil, 1999, 215 (1): 7-17

[17] Zuo Q, Zhang R. Estimating root-water-uptake using an inverse method [J]. Soil science, 2002, 167 (9): 561-571.

[18] Zuo Q, Meng L, Zhang R. Simulating soil water flow with root-water-uptake applying an inverse method [J]. Soil science, 2004, 169 (1): 13-24.

[19] Zuo Q, Shi J, Li Y, Zhang R. Root length density and water uptake distributions of winter wheat under sub-irrigation [J]. Plant and soil, 2006, 285 (1-2): 45-55.

[20] Zuo Q, Zhang R, Shi J. Characterization of the root length density distribution of wheat using a generalized function [M]// Timlin D, Ahuja L R. Enhancing Understanding and Quantification of Soil-Root Growth Interactions. American Society of Agronomy, Crop Science Society of America, Soil Science Society of America, USA, 2013: 93-117.

第4章 土壤空气传输

土壤是由固液气三相组成的多孔介质，土壤空气存在于土壤孔隙中，并与水分共同占有土壤孔隙。一般而言，水分占有较小孔隙，而气体占有较大孔隙。由于大部分作物所需氧气来源于土壤，同时作物呼吸生成的二氧化碳首先存在土壤空隙中。由于土壤空气数量和质量直接影响种子萌发、出苗及后期生长与成熟，以及土壤中物理、化学和生物过程方向和强度。种子萌发需要一定数量的氧气，缺氧环境抑制种子的呼吸作用，影响种子内部物质的转化与代谢过程。在潮湿而厌氧的环境下，土壤有机质在微生物厌氧作用下产生有害物质影响种子萌发，降低发芽率甚至引起烂种。作物根系生长也需要适量的氧气，氧气不足将阻碍根系生长，甚至烂根。土壤通气不良，根系呼吸受到抑制，根系吸收水分和养分的能力也将降低，直接影响根系的生长。土壤通气状况不仅影响种子萌发、根系发育，而且影响养分转化。土壤通气良好时，好气性微生物的活动和繁殖增强，土壤有机质分解迅速，有机物矿质化明显加快，土壤有效氧气能得到充分供应，有利于作物对养分的吸收利用。土壤通气不良时，土壤各种有利菌类活动受到抑制，不利于作物对养分的吸收，甚至产生有毒气体，危及作物生长，影响作物产量。由于植物在呼吸过程中吸收氧气并排出二氧化碳，因此土壤中氧气和二氧化碳含量与大气中氧气和二氧化碳含量存在较大差异。由于土壤内及与大气间气体浓度差和压力差引起土壤空气不断在土壤孔隙中运动，并与大气间进行气体交换，使土壤中二氧化碳排放到大气，大气中氧气进入土壤，土壤气体得到更新。

4.1 土壤空气的组成

土壤空气主要来源于大气，存在于土壤的各类孔隙中。虽然土壤中的空气来源于大气，但由于土壤中经常发生各种化学反应和生物作用，导致土壤气体组成发生变化。土壤气体与大气组成上存在一定差异，这种差异主要由于取决于微生物及植物根系的呼吸速率、二氧化碳（CO_2）和氧气（O_2）在水中的溶解度以及土壤与大气层之间的气体交换速率。对于透气性较好的土壤，土壤空气组成与近地大气组成相近。通常，土壤空气中的氧含量低于大气，主要由于根呼吸、耗氧微生物繁殖等消耗了土壤中的氧气。由于二氧化碳是植物根系呼吸及微生物对土壤中含碳有机化合物的分解作用的副产物，土壤空气中二氧化碳的浓度总大于大气中二氧化碳的浓度。土壤中二氧化碳浓度增加程度不仅取决于这些化学和生物过程的强度，也与土壤与大气间气体交换的强度密切相关。由于土壤呼吸作用和微生物活动受温度等因素的影响，随着作物生长发育阶段和气温变化对微生物和植物活动影响的差别，土壤二氧化碳含量也不断发生变化。当微生物和植物的活动最为强烈时，土壤中二氧化碳的产生量达到最大。气体在土壤内部传输和与大气间交换强度与土壤通气性密切相关。随着土壤含水量的增加，透气孔隙所占比例减少，土壤空气与大气间气体交换会减弱，相应二氧化碳浓度将会增加。在根系呼吸和微生物活动强烈且通气不良的土壤中，二氧化碳的浓度通常高出大气中二氧化碳浓度几百倍。此外，当透气性比较差时，土壤中还会产生硫化氢（H_2S）和甲烷（CH_4）等还原性气体。

4.2 土壤气体运动

土壤中气体与水分共同存在于土壤孔隙中，相互竞争土壤孔隙的空间。一般土壤水分存在于较小孔隙中，而空气存在于较大孔隙中。因此大孔隙是土壤气体传输的主要通道，土壤大孔隙的数量与比例是决定土壤通气能力的内在因素。气体在土壤中传输主要包括两个物理过程：一是在压力梯度作用下发生的气体传输；二是在浓度梯度作用下发生的气体扩散，这两个过程有时独立发生，有时同时发生。

4.2.1 气体对流

由于土壤空气与近地大气压力差，以及土壤内部气压差而引起空气进入和逸出土体及其在土壤内部传输过程称为对流。土壤气体对流过程是由气体压力梯度引起的，气体对流通量可以表示为

$$J_c = -K_a \mathrm{d}p/\mathrm{d}z \tag{4.1}$$

式中：J_c 为空气通量；p 为空气压力；K_a 为导气率；z 为坐标。

由式（4.1）可以看出，气体通量与压力梯度和导气率成正比。式（4.1）描述了以质量为单位的对流通量方程，而体积通量方程可表示为

$$J_c = -\rho K_a \mathrm{d}p/\mathrm{d}z \tag{4.2}$$

式中：ρ 为土壤空气密度。

对于理想气体而言，空气密度与温度、气压有关，可以表示为

$$\rho = \frac{mp}{RT} \tag{4.3}$$

式中：R 为热力学常数；T 为温度；m 为空气分子量。

如考虑温度变化对气体对流作用的影响，土壤空气对流通量可表示为

$$J_c = -(mp/RT) K_a \mathrm{d}p/\mathrm{d}z \tag{4.4}$$

由式（4.4）可以看出，土壤空气对流通量与气压、气压差和导气率成正比与温度成反比。在近地面，土壤气体与大气交换过程中，受到表面气体运动所产生压力的影响，改变气体交换。同时由于气温、灌溉、排水和农业耕作措施改变大气和土壤温度及土壤内部气体压力分布，进而也会引起气体对流作用的改变。土壤导气率体现了土壤本身的导气能力，与充气孔隙数量、联通性有密切关系。因此，影响土壤充气孔隙特征的因素都影响土壤气体运动。

4.2.2 土壤气体扩散

气体扩散通量常用 Fick 定律描述，具体表示为

$$J_d = -D_a \frac{\partial C_g}{\partial z} \tag{4.5}$$

式中：D_a 为空气扩散率；J_d 为空气扩散通量。

由于土壤通气孔隙的弯曲性和联通性，增加了空气扩散路径，因此土壤空气的扩散系数比大气小。通常利用土壤孔隙弯曲系数 ξ_g 校正大气扩散系数，获得土壤空气扩散通量方程：

$$J_g=-\xi_g D_a \frac{\partial C_g}{\partial z}=-D_s \frac{\partial C_g}{\partial z} \tag{4.6}$$

式中：D_s 为土壤气体扩散率，$D_s=\xi_g D_a$。

由于大气和水中其他扩散率易于测定，许多学者对此进行了大量研究，并获得相应数值。表 4.1 显示了在标准温度和气压下不同气体在空气和水中的扩散系数。

表 4.1　在标准温度和气压下不同气体在空气和水中的扩散系数

气体类型及存在介质	扩散系数/(m^2/s)	气体类型及存在介质	扩散系数/(m^2/s)
在空气中二氧化碳扩散系数	1.64×10^{-5}	在水中二氧化碳扩散系数	1.6×10^{-5}
在空气中氧气扩散系数	1.98×10^{-5}	在水中氧气扩散系数	1.9×10^{-5}
在空气中水蒸气扩散系数	2.56×10^{-5}	在水中氮气扩散系数	2.3×10^{-5}

注　引自 Hillel，1998。

由上面分析可以看出，只要获得影响气体扩散特征的孔隙弯曲系数，就可以直接计算土壤气体扩散系数。孔隙弯曲系数是一个概化值，综合体现了孔隙弯曲程度、连通性等方面对气体传输的影响。人们对孔隙弯曲系数进行了大量研究，提出了不同形式计算公式，建立了弯曲系数与土壤空气含量 a 间关系。Buckinghan（1904）提出的公式为

$$\xi_g=\varepsilon a$$

式中：ε 为常数。

Penman（1940）建议取 0.66 作为 ε 的平均值。因此 Penman 弯曲模型如下：

$$\xi_g=0.66a \tag{4.7}$$

Flegg（1953）研究了 $0.35<a<0.73$ 范围内的透气特性，得到的 ε 值在 0.35 到 0.89 之间。Bavel（1952）用孔隙度为 0.355 的土壤获得 ε 的值为 0.61。Marshall（1959）得到风干土的非线性关系

$$\xi_g=\varepsilon^{3/2}$$

而 Wesseling（1962）建议结果为

$$\varepsilon=0.9a-0.1$$

Currie（1965）研究了结构土壤弯曲系数，建议采用下列公式：

$$\varepsilon=\frac{a}{1+(k-1)(1-a)} \tag{4.8}$$

式中：k 为常数。

Moldrup 等（2000）也提出了一个描述原状土弯曲系数的公式：

$$\xi_g=(2a_{100}^3+0.44a_{100})\left(\frac{a}{a_{100}}\right)^{2+\frac{3}{b}} \tag{4.9}$$

式中：a_{100} 为深度为 100cm 处的空气含量；b 为 PSD（Campbell，1974）指数时的空气含量，b 定义为 $h(\theta)$ 函数的负数：

$$b=-\frac{\mathrm{dln}[-h(\theta)]}{\mathrm{dln}\theta} \tag{4.10}$$

式（4.10）可以用于描述原状土水含量范围内的气体弯曲因素（Moldrup等，2002）。由上面分析可以看出，由于不同质地和不同土壤物理化学特征，导致土壤孔隙对气体运动的影响也不尽相同，通过实验所得的土壤弯曲系数也不尽相同。前面在分析水分运动时，特别非饱和导水率公式也包含了孔隙弯曲性或孔隙连通性参数，对比可以看出描述水分和气体运动的孔隙连通性的数值并不相同，即使描述同一种物质运动时，所使用的弯曲系数或连通系数公式或数值也不完全相同。这就说明，人们还未对空隙弯曲性或连通性有一个明确或具体测定结果，都是利用公式反推或得的，因此利用不同描述气体或水分运动公式会产生不同孔隙弯曲性或连通性，在选用弯曲系数计算公式或数值时，一定要加以判定。

4.2.3 气体运动方程

气体在土壤中运动如同其他物质运动一样，同样服从质量守恒和能量守恒，并从能量高地方向能量低的地方运动。气体运动的基本方程同样由质量守恒定理与气体通量方程联合获得。如果仅考虑气体的对流作用，可压缩气体的连续方程表示为

$$\frac{\partial\rho}{\partial t}=\frac{-\partial J_c}{\partial z} \tag{4.11}$$

具体表示为

$$\frac{m}{RT}\frac{\partial p}{\partial t}=\frac{\partial}{\partial z}\left(\frac{\rho K_a\partial P}{\partial z}\right) \tag{4.12}$$

如果 ρK_a 近似为常数，则式（4.12）简化为

$$\frac{m}{RT}\frac{\partial p}{\partial t}=\rho K_a\frac{\partial}{\partial z}\left(\frac{\partial P}{\partial z}\right) \tag{4.13}$$

对于土壤气体的扩散过程，其连续方程可以表示为

$$\frac{\partial ac_g}{\partial t}=-\frac{\partial J_g}{\partial z} \tag{4.14}$$

将气体扩散通量方程代入，得到考虑扩散作用的连续方程：

$$\frac{\partial ac_g}{\partial t}=\frac{\partial}{\partial z}\left(\frac{D_s\partial c_g}{\partial z}\right) \tag{4.15}$$

当气体含量和扩散系数为常数时，式（4.15）简化为

$$a\frac{\partial c_g}{\partial t}=D_s\frac{\partial^2 c_g}{\partial z^2} \tag{4.16}$$

如果考虑气体在土壤中消耗和生成过程，土壤气体运动方程表示为

$$\frac{m}{RT}\frac{\partial p}{\partial t}=\frac{\partial}{\partial z}\left(\frac{\rho K_a\partial P}{\partial z}\right)\pm j_a \tag{4.17}$$

$$\frac{\partial ac_g}{\partial t}=\frac{\partial}{\partial z}\left(\frac{D_s\partial c_g}{\partial z}\right)\pm j_a \tag{4.18}$$

式中：j_a 为气体消耗和生成速率。

上述方程描述了普遍意义上土壤气体运动特征，对于特定条件，上述方程也可以简化。如果土壤中气体压力分布不随时间变化，处于稳定状态，方程式（4.17）可以简化为

$$\frac{\partial}{\partial z}\left(\frac{\rho K_a \partial P}{\partial z}\right)=\pm j_a \tag{4.19}$$

对式（4.19）进行积分，就可以得到土壤内气体压力分布。同样如果气体浓度和含量不随时间变化，方程式（4.18）简化为

$$\frac{\partial}{\partial z}\left(\frac{D_s \partial c_g}{\partial z}\right)=\pm j_a \tag{4.20}$$

对式（4.20）进行积分，就可以得到土壤内气体浓度分布。当然，由于各种因素作用，土壤气体压力和浓度分布难以维持稳定状态，但也可以把气体运动的非稳定状态，看成由一系列连续的稳定状态组成，便于分析一定情况下气体浓度和压力分布。

4.3 土壤导气率变化特征

描述压力梯度作用下的土壤气体运动过程，导气率是标征土壤本身传输气体能力的核心参数。由于气体传输如同水分运动都是依赖于土壤孔隙，因此，影响水分运动的因素都会对导气率产生影响。但由于气体和水所存在孔隙大小不同，以及气体和水与土壤固体颗粒作用不同，因此影响因素作用特征也存在较大差异。

4.3.1 导气率影响因素

导气率类似于土壤导水率受到多种因素的影响，如土壤质地、容重、土壤结构、土壤含水率、土壤温度、土壤结皮、碎石含量、土壤改良剂、植被类型、植被根系等。

（1）土壤质地。土壤质地直接影响土壤孔隙含量和大小孔隙比例及其联通性，从而影响土壤导气率。一般而言，沙土大孔隙含量高，小孔隙含量低，其导气率高于壤土和黏土。一些研究结果表明，通常砂土的粒径越大，导气系数越大。导气系数要高于水分渗透系数2～3个数量级。

（2）土壤容重。由于土壤容重增加，降低土壤总孔隙度，并且大孔隙降低数量和幅度较大，必然降低了土壤导气率。因此，随着土壤容重变化，土壤导气率也发生变化。

（3）土壤结构。土壤结构不仅影响土壤孔隙的数量，而且影响孔隙分布、方向和联通性，从而影响土壤导气率。因此不同结构土壤的导气率差异较大，特别对于一些具有明显结构特征的土壤，不同方向提取的土样导气率存在较大差异。通常人们利用原装土和扰动土导气率进行比较，分析土壤结构对导气率的影响。由于扰动土破坏了土壤结构，使大孔隙数量减少和改变了土壤孔隙之间的连通状况，原状土的导气率明显大于扰动土。

（4）土壤含水量。土壤空气和水分共同存在于土壤空隙中，水分的增加必然导致空气的减少，用于气体传导的孔隙被水分占据并堵塞从而影响土壤的通气状况，土壤的导气率总体表现为随着土壤含水率的增加而减少。

（5）土壤温度。由于温度变化会改变气体含量和黏滞系数，必然影响导气率。一般随着温度增加，导气率呈现增加趋势。将玉米地与果树地的表层土壤导气率日变化特征加以对比，均显示导气率变化过程与气温的变化过程比较一致。因此，可认为表层土壤导气率与气温密切相关，而其与地温存在一定的关系，但两者变化的一致性相对较差。

（6）碎石。王卫华等试验结果显示，对于偏黏性的土壤，碎石的存在可以改善土壤结

构性，提高土壤的导气能力。偏砂性的土壤，碎石的存在降低混合介质的导气能力。因此，碎石存在通过改变土壤孔隙分布、含量和联通性来影响土壤的导气率。

(7) 土壤结构改良剂。根据施加改良剂目的的不同，目前开发了不同类型土壤结构改良剂。改良剂性质的不同，对土壤理化性质影响不同，从而对土壤孔隙状况改变程度也不同。王卫华等研究了在新疆盐碱地棉田地施加石膏、PAM 和旱地龙对土壤导气率的影响。结果表明，施加改良剂的土壤导气率总体大于未施加改良机土壤。施加石膏的土样导气率与未施加导气率差异最大，PAM 次之，旱地龙差距不大。

(8) 土壤结皮。土壤结皮形成改变土壤孔隙分布，降低土壤大孔隙数量，导致土壤导气率降低。王卫华等研究表明生物结皮不仅降低土壤导气率，而且这种改变与含水量变化过程有关。同时，随着结皮生长年份的增加，结皮层厚度增加，土壤容重降低，土壤储水能力增大，导气率降低。

(9) 植被类型。王卫华等研究了柠条、苜蓿、长芒草地土壤导气率，结果显示柠条地导气率大于苜蓿地土样，长芒草地土样最小。同时也研究了根系含量对导气率的影响，根系密度大的土样导气率总体高于根系密度低的土样。

4.3.2 导气率与含气量和导水率间关系

Moldrup 等（1998）建议利用幂函数来描述导气率与含气量之间的关系，即

$$k_a/k_a^* = (\varepsilon/\varepsilon^*)^\eta \tag{4.21}$$

式中：ε 为土壤空气体积含量；k_a^* 和 ε^* 为给定土壤含水率时的导气率和土壤含气量，η 为孔隙连通性系数，并建议取 2。

对于 k_a^* 和 ε^* 需要选择参考点，Moldrup 等（2001）建议参考点可以采用固定的土壤含水率。最近关于导气率模型的研究中，将参考点选择为与土壤吸力为－100cm 相对应的含气量，该吸力下的含水率接近田间持水量。故式（4.21）修订为

$$k_a/k_{a,100} = (\varepsilon/\varepsilon_{100})^\eta \tag{4.22}$$

Moldrup 等建议 $\eta=1+0.25b$，其中 b 是孔隙大小分布的指标。η 可看作是孔隙大小分布指数 b 的函数。b 的值是 $\log(\theta)-\log(-\psi)$ 坐标系中的 SWC 曲线的斜率。

由于水分与气体都是在土壤孔隙中运动，因此一些学者试图寻求两者间关系，Loll 等（1999）研究发现导气率与饱和导水率间存在一定关系，即

$$\log(K_s) = \alpha\log(k_a) + \beta \tag{4.23}$$

式中：α，β 为系数；k_a 为导气率，cm/s；K_s 为饱和导水率，cm/s。

王卫华等也研究了土壤导气率与导水率间关系，结果也显示导气率与导水率间存在较好线性关系。

4.4 温室气体排放特征

由于土壤中存在各种生物过程，产生了不同类型的温室气体（包括 CO_2、N_2O、CH_4 等），导致土壤气体组成与大气间存在差异，土壤气体通过扩散或对流与大气间进行交换，使土壤气体得以更新，同时土壤排出的气体又对大气产生影响。

4.4.1 CO_2 排放特征

土壤是大气 CO_2 的主要来源之一，也是土壤碳库的主要输出途径，对大气 CO_2 浓度增加起着重要作用。一般认为土壤 CO_2 排放主要来自于土壤微生物对有机质（土壤有机质、枯枝落叶、死根等）的分解（即异氧呼吸，Heterotrophic respiration，RH）和植物根系呼吸（自养呼吸，Autotrophic respiration；RA）两大部分。针对温室气体 CO_2 排放方面的研究主要集中在土壤呼吸的研究上，土壤呼吸是陆地生态系统碳循环中的重要环节，是土壤与大气之间碳交换的主要输出途径。土壤呼吸测定方法通常有静态气室法（静态碱液吸收法、红外 CO_2 分析法、气象色谱法）、动态气室法和微气象法。影响土壤呼吸的直接因素是土壤环境，包括土壤质地、酸度、有机碳和水热条件等。气候条件决定了植被类型的分布与生长，并影响土壤的水热条件，植被的生长为土壤呼吸提供碳源（根系及其分泌物、凋落物等）；人为活动影响了植物的生长和土壤环境，进而影响土壤呼吸。

对于土壤剖面 CO_2 产生以及分布规律、转化机制方面的研究多集中于旱地土壤，主要为草原生态系统和森林生态系统。早期对土壤 CO_2 的研究始于土壤呼吸，Jong 和 Schappert 对加拿大草原土壤剖面不同层次土壤呼吸进行了研究，结果表明 CO_2 主要产生于表层土壤，冬季土壤呼吸较弱，土壤 CO_2 浓度处于较低水平，且表层土壤的高于下层土壤，春季随着植物的生长发育，CO_2 浓度开始呈上升趋势，且随着土层的增加而增加。国内对草原生态系统土壤剖面 CO_2 的研究多集中在内蒙古和西北高原地带不同土壤层次 CO_2 浓度的变化特征以及排放通量和影响因素方面。国外学者较为集中对森林生态系统碳循环的研究。Risk 等对加拿大东部 NOVA Scotia 实验地中的混合阔叶林以及杉木林的研究结果显示，0～100cm 土壤 CO_2 浓度变化为 800～4000μL/L，土壤 CO_2 浓度具有一定的季节变化，Hashimoto 等对日本温带森林土壤的研究发现，土壤 CO_2 浓度随深度增加，并且夏季浓度较高，冬季浓度较低。在对泰国热带森林土壤的研究也有相同发现，他们研究发现不同土壤层次 CO_2 浓度在雨季比旱季高，并随着深度增加而升高。研究者在研究土壤剖面 CO_2 浓度变化的同时也研究了 CO_2 产生速率和扩散对土壤 CO_2 排放通量的贡献。Campbell 和 Frascarelli 使用碱液吸收法测定土壤一定深度的 CO_2 产生速率；Hendry 等估算了土壤的 CO_2 浓度，并用参数拟合法定量分析了各个土层的 CO_2 产生速率。土壤内部不同层次 CO_2 通量对总呼吸的相对贡献率存在一定差异，Davidson 和 Trumbore（1995）对亚马逊森林东部深处土壤 CO_2 产生量的研究发现，森林和草地 100cm 土层的 CO_2 通量对总呼吸的贡献率为 70%～80%；而 Gaudinski 等采用 Fick 第一定律和放射性同位素方法测定了土壤各个层次的通量贡献率，发现温带森林表层土壤 15cm 处的 CO_2 通量占土壤总呼吸的 63%；Davidson 等报道了温带阔叶混交林土壤剖面 0 层土壤 CO_2 通量对年总通量的贡献率至少为 40%。陆地生态系统的研究也有少量报道，如 Kusa 等针对日本灰色低地土和火山灰土两种土壤 0～60cm 不同层次间 CO_2 浓度变化展开研究，发现排放到大气中的 CO_2 有 90%以上产生于 0～30cm 的表层土壤。国内也有一些对不同陆地生态系统土壤剖面 CO_2 浓度分布和通量变化特征的研究。

4.4.2 N_2O 的排放特征

近年来，土壤中的硝化与反硝化作用已引起了研究工作者的广泛关注。20 世纪 80 年代前反硝化作用被认为是 N_2O 形成的主要机制，而 Bremner 等研究表明，硝化过程同样可产生大量 N_2O，这两个过程在形成 N_2O 方面的相对重要性取决于环境条件。Papen 等提出了硝化作用分两步进行，首先由铵氧化成 NO_2^-，然后 NO_2^- 再氧化成 NO_3^-，期间生成 N_2O。土壤的温度、湿度、pH 值与 NH_4^+ 控制着硝化的进程。反硝化作用是在反硝化细菌或化学还原剂的作用下，NO_3^- 还原成 NO、N_2O、N_2 的生物过程或化学过程的吸能反应，其反应式为

$$NO_3^- \rightarrow NO_2^- \rightarrow NO \rightarrow N_2O \rightarrow N_2$$

NO 作为反硝化中间产物曾有所争议，但 N_2O 作为中间产物则不存在争议。大气中 N_2O 的主要产生机制是土壤的硝化作用与反硝化作用。那么影响土壤硝化和反硝化作用的土壤温度、pH 值、土壤水分/含氧量、氮源供应、易分解有机质等就成为了农田土壤 N_2O 产生的影响因素。研究表明，影响农田土壤 N_2O 排放的因素主要有：土壤类型、作物种类、农作措施及气候因素等。

目前对下层土壤 N_2O 的产生、迁移及其周转活动的了解相对缺乏。Goldberg 等对沼泽地和云杉森林土壤剖面 N_2O 的研究结果显示：沼泽地中 N_2O 主要产生于 30～50cm 土层，云杉森林地中 N_2O 主要在表层土壤产生，但在 70cm 土层也出现过高浓度的 N_2O。Rock 等首次在不同农田土壤剖面中运用稳定同位素特征值来研究 N_2O 的产生、迁移及其周转规律等机理过程，其结果表明扩散不是控制土壤剖面 N_2O 浓度的主要过程，N_2O 的消耗主要从底层土壤向上层土壤的迁移。Kusa 等报道了在日本灰色低地土 0～40cm 土层范围内 N_2O 浓度随着土层深度的增加而增加，在火山灰土壤中当地面 N_2O 通量增加时 10cm 土层 N_2O 浓度显著高于 20cm 土层，通过比较这两种不同土壤类型土壤剖面 N_2O 通量对地上排放通量的贡献认为，表层土壤产生的 N_2O 的贡献率最大。Xiong 等对稻田旱作期间表层土壤（0～20cm）N_2O 的剖面分布研究表明，N_2O 集中产生于表层土壤的下部 10～15cm 的土层。国内研究者对中国特有的黄土和嗜斯特地区土壤剖面 N_2O 浓度分布特征研究结果均显示 N_2O 浓度随着土层深度的增加而增加。

4.4.3 CH_4 排放特征

甲烷（CH_4）是一种无色、无味、无臭的可燃性气体，是大气中含量最多的有机气体，是排在 CO_2 之后的第二大温室气体，对温室效应的贡献仅次于 CO_2，占温室气体对全球变暖贡献的 20%。甲烷的排放是甲烷产生、消耗及传输三个过程的综合作用的结果。甲烷的产生是在严格厌氧条件下各种复杂有机物发酵的终产物。这个复杂的过程大致可分为三个阶段，分布由三大代谢类型的细菌参与反应：第一阶段为有机物的发酵生成氨基酸、单糖和脂肪酸等；第二阶段为产氢、产酸阶段，使低级脂肪酸和醇类转化成 CO_2 和 H_2；第三阶段是甲烷菌利用 H_2 还原 CO_2 成甲烷。目前对 CH_4 的研究多以稻田为主。影响稻田排放的因素较多，主要有环境因素和田间管理措施，如土壤质地、pH 值、温度、湿度以及施肥措施、水分管理和水稻品种等。

研究者通过研究对稻田 CH_4 的排放规律有了一定的了解，也深入研究了影响稻田土壤 CH_4 排放通量的各种环境因素如土壤理化特性、水肥管理、植物生理活性和气候因子等，并提出了一些减排措施，如烤田等。林匡飞等观察到 CH_4 排放通量与土壤有机质含

量呈显著正相关，土壤碳含量越高，CH_4 排放量越大。而对无机肥的影响研究还没有定论。

土壤剖面 CH_4 的浓度分布规律多数是为了研究其产生率和氧化率。由于 CH_4 主要产生于土壤的厌氧环境，因此对于旱地土壤的研究相对较少，大多集中于湿地土壤。早期关于湿地土壤剖面 CH_4 浓度的研究多采用田间原状土柱培养法进行测定。Inubushi 等发现施用稻草使稻田土壤中 CH_4 产生率增大，而在 1～2cm 土层中基本没有 CH_4 的产生。上官行健等通过对我国湖南地区及意大利稻田土壤中 CH_4 产生率实地测量研究发现 CH_4 的产生主要发生在稻田的耕作还原层（2～20cm），稻田土壤中 CH_4 产生率在耕作层氧化层以下 3～7cm 就到达最大值；而意大利稻田中 7～17cm 土壤层是 CH_4 产生的重要区域，其中 13cm 处的产生率最大。也有研究指出意大利稻田中 25cm 土层仍有 CH_4 的产生。Kammann 等对旱地草原土壤剖面 CH_4 的研究发现即使在有氧环境土壤中也有产 CH_4 热点的存在，这可能跟大型土壤动物，厌氧土壤微域环境或两者组合的作用有关。刘芳等对喀斯特地区土壤剖面 CH_4 浓度分布特的研究表明随着土壤深度增加，CH_4 浓度先减小而后逐渐增加或趋于稳定，且与相同采样点 CO_2 浓度呈负相关，在部分采样点与 N_2O 趋于互逆关系。

复习思考题

1. 理解气体传输的意义。
2. 理解气体传输主要物理过程。
3. 论述土壤气体扩散率确定方法。
4. 论述土壤导气率影响因素与确定方法。
5. 推求气体运动方法。
6. 对比分析不同气体传输特征。

参考文献

[1] 邵明安，王全九，黄明斌．土壤物理学［M］．北京：高等教育出版社．2006.

[2] 戴万宏，王益权，黄耀，等．土剖面 CO_2 浓度的动态变化及其受环境因素的影响．土壤学报［J］，2004，41：827-831.

[3] 刁一伟，郑循华，王跃思，等．开放式空气 CO_2 增高条件下旱地土壤气体 CO_2 浓度廓线测定［J］．应用生态学报，2002，13：1249-1252.

[4] 王坚．棉花地膜栽培的土壤空气状况［J］．西南农业大学学报（增刊），1989：129-132.

[5] 梁福源，宋林华，王静．土壤 CO_2 浓度昼夜变化及其对土壤 CO_2 排放量的影响［J］．地理科学进展，2003，22：170-176.

[6] 李援农．恒定土壤空气阻力对土壤入渗的影响［J］．西北农业大学学报，1995，23（3）：138-142.

[7] 同延安，王全九，等．土壤-植物-大气连续体系中水运移理论与方法［M］．西安：陕西科学技术出版社，2002.

[8] 王卫华，王全九，王铄．土石混合介质导气率变化特征试验［J］．农业工程学报，2012，（04）：

82－8.

[9] 王卫华，王全九，刘建军．南疆棉花苗期覆膜地温变化分析 [J]. 干旱地区农业研究，2011，29(001)：139－45.

[10] 王卫华，王全九，樊军．原状土与扰动土导气率、导水率与含水率的关系 [J]. 农业工程学报，2008，(08)：25－9.

[11] 王卫华，王全九，李淑芹．长武地区土壤导气率及其与导水率的关系 [J]. 农业工程学报，2009，(11)：120－7.

[12] Amundson R G, Davidson E A. Carbon dioxide and nitrogenous gases in the soil atmosphere [J]. J. Geochem. Explor.，1990，38：13－41.

[13] Bass, D. H.，N. A. Hastings, and R. A. Brown. Performance of air sparing systems：a review of case studies [J]. J. Hazard. Mater.，2002，72：101－119.

[14] Buyanovsky GA, Wagner G G. Annual cycles of carbon dioxide level in soil air [J]. Soil Sci. Soc. Am. J.，1983，47：1139－1145.

[15] Cahill, A. T. and M. B. Parlange. On water vapor transport in field soils [J]. Water Resour. Res.，1998，34：731－739.

[16] Fernandez I J, Son Y, Kraske C R, et al. Soil carbon dioxide characteristics under different forest types and after harvest [J]. Soil Sci. Soc. Am. J.，1993，57：1115－1121.

[17] Hillel, D. Environmental soil physics [M]. Academic Press, Salt City, 1998.

[18] Jacinthe, P. A.，R. Lal, and J. M. Kimble. Carbon budget and seasonal carbon dioxide emission from a cental Ohil Luvisol as influenced by wheat residue amendment [J]. Soil Tillage Res.，2002，67：147－157.

[19] Jury, W. A. and R. Horton. Soil Physics [M]. John Wiley and Sons, Inc.，New York City, 2003.

[20] Lemon, E. R. Soil aeration and plant root relations：I. Theory [J]. Agric. J.，1962，54：167－170.

[21] Moldrup, P.，T. Olesen, p. Schjonning, T. Yamaguchi, and D. E. Rolston. Predicting the gas diffusion coefficient in undisturbed soil from soil water characteristics [J]. Soil Sci. Soc. Am. J.，2000，64：94－100.

[22] Rogers, S. W. and S. K. Ong. Influence of porous media, airflow rate, and air channel spacing on benzene NAPL removal during air sparging. Environ [J]. Sci. Technol.，2000，34：764－770.

[23] Thomaon, N. R. and R. L. Johnson. Air distribution during in situ air sparging：an overview of mathematical modeling [J]. J. Hazard. Mater, 2000，72：265－282.

第 5 章 田间热量平衡与土壤热传递

土壤热量状况直接影响植物生长、土壤中微生物的活性以及养分的循环和转化，与土壤中水分、盐分和空气的运动也密切相关。到达地表的太阳辐射能一部分通过对流、长波辐射和水分蒸发等途径损失到大气中，也有一部分用于加热土壤并向地层深处传输，从而引起土壤温度的变化。地表能量平衡状况、土壤热通量的大小以及温度变化的快慢都与土壤热特性有关。本章首先给出了地表能量平衡的组成和土壤热传递的主要方式，然后介绍土壤热特性的概念、测定和计算方法，最后讨论了土壤温度的变化规律及调节措施。

5.1 地表能量平衡

太阳辐射能是土壤热量的主要来源。由于天空大气的吸收、反射和散射作用，只有50%左右的太阳辐射能抵达地球表面。在这部分能量中，很大一部分被反射到大气中或消耗于水分蒸发，大约有10%被土壤吸收，从而影响植物生长发育以及土壤中的物理、化学和生物过程。到达地表的太阳净辐射能被进一步分解成显热、潜热和土壤热通量三个部分（图 5.1）。因此，地表能量平衡方程表示为

$$R_n = H + LE + G \tag{5.1}$$

式中：R_n、H、LE 和 G 分别为太阳净辐射、地表和大气间的显热通量、地表和大气间的潜热通量和进入土壤的热通量，W/m^2。

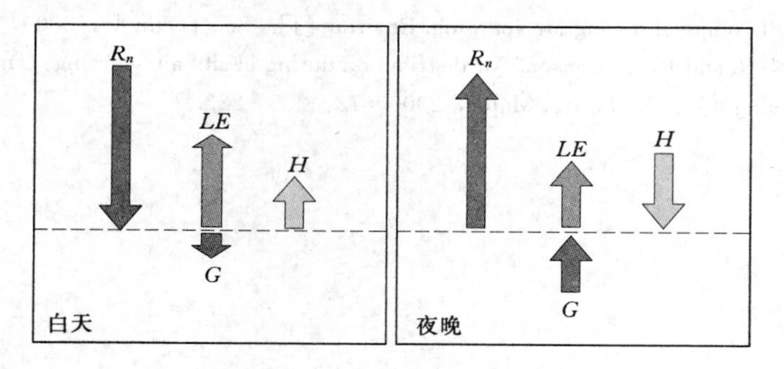

图 5.1 地表能量平衡示意图

（虚线表示土壤表面）

5.1.1 太阳净辐射

太阳净辐射为到达地表的辐射能与地表发射到大气中的辐射能之差，可以用式（5.2）表示：

$$R_n = (1-\alpha)R_g + R_l - \varepsilon\sigma T_s^4 \tag{5.2}$$

式中：R_g 为全球辐射（直接辐射与散射辐射之和），W/m^2；R_l 为达到地表的大气长波辐射，W/m^2；T_s 为地表温度，℃；α、ε 分别为地表的反射率和发射率；σ 为 Stenfen - Boltzman 常数（$5.67\times10^{-8}W/(m^2/K^4$，K 表示绝对温度）。

式（5.2）的最后一项为土壤发射到大气的长波辐射（或红外辐射），能够被水汽、CO_2、N_2O 和甲烷等气体吸收，导致温室效应。

地表反射率 α 是影响太阳净辐射的重要因素。α 值与土壤质地、含水量、颜色和粗燥度等有关。含水量较低、颜色偏暗、表面粗燥的土壤 α 值较小，而干燥、颜色较浅、表面平坦的土壤 α 值较大（表 5.1）。

表 5.1　　几种土壤和植被表面的反射率

表面类型	反射率 α	表面类型	反射率 α
粉壤土（干燥，未耕作）	0.23	大麦田	0.21～0.22
粉壤土（干燥，耕作后）	0.15	玉米田	0.16～017
黏壤土（湿润）	0.11	甜菜田	0.13～0.29
黏壤土（干燥）	0.18	水泥地（涂黑漆）	0.095
草地	0.24～0.26	水泥地（涂白漆）	0.45
苜蓿田	0.25		

地表发射率 ε 表示相对于黑体，土壤发射长波辐射能力，与土壤质地、含水量、有机质含量、地表覆盖量及类型等有关。在植被覆盖密度较大的区域，ε 可以达到 0.96～0.98，而裸地（如沙漠）的 ε 仅有 0.90。

5.1.2 显热通量

土壤与大气间的显热通量与两者间的温度梯度和地表特征有关，可以利用式（5.3）计算（Horton 和 Chung，1991）：

$$H=\frac{C_a(T_a-T_s)}{\gamma_a} \tag{5.3}$$

式中：T_a 为空气温度，℃；C_a 为空气的热容量，$J/(m^3\cdot℃)$；γ_a 为热传导的边界层空气动力学阻力，s/m。

5.1.3 潜热通量

土壤与大气间潜热通量的大小取决于地表水汽密度（ρ_{vs}，kg/m^3）、空气的水汽密度（ρ_{va}，kg/m^3）和地表特征，可以利用式（5.4）计算（Horton 和 Chung，1991）：

$$LE=\frac{L(\rho_{va}-\rho_{vs})}{\gamma_{va}} \tag{5.4}$$

式中：E 为土壤蒸发速率，m/s，γ_{va} 为水汽传导的边界层空气动力学阻力，s/m，L 为水的汽化潜热，J/kg，可以通过温度估算出来：

$$L=2.495\times10^9-2.247\times10^6(T_s-273.15) \tag{5.5}$$

根据 Kelvin 方程，地表水汽密度 ρ_{vs} 可以利用土壤表面温度和水势得到：

$$\rho_{vs}=\rho_{vs}^*\exp\left[\frac{M_w\Psi}{RT_s}\right] \tag{5.6}$$

式中：ρ_{vs}^* 为饱和水汽密度，kg/m³；M_w 为水的分子量，kg/mol；Ψ 为土壤表面水的势能（基质势＋溶质势），J/kg；R 为通用气体常数［8.314J/(mol・℃)］。

5.1.4　地表热通量

地表热通量是指单位时间内从单位面积地面上传输的显热能和潜热能。一般情况下，土壤在白天吸收热量，G 为正值；夜晚则释放热量，G 为负值（图 5.1）。作为地表能量平衡的一部分，G 的大小与地表覆盖、土壤含水量以及太阳辐照度有关。在夏天植被覆盖度很高时，G 只占太阳净辐射能的 1%～10%；在春秋季土壤升温/降温期间，太阳净辐射较小，G/R_n 比值可以高达 50%。旱地土壤中 G 占 R_n 的比例往往较高。

图 5.2 是 1994 年 11 月 7—8 日美国爱荷华州中部免耕玉米田地表的能量平衡状况（Sauer 和 Horton，2005）。在这两天，白天吸收的太阳净辐射大部分在夜晚以长波辐射方式释放到大气中，潜热通量也较小，进入土壤的热通量 G 成为能量平衡日变化中的最小组分。因此，有些研究甚至忽略了组分 G 对地表能量平衡的贡献。然而，无论是白天或夜晚，地表与土壤的热交换都存在短期（例如 1h 内）的高峰，忽略组分 G 可能导致能量平衡出现显著误差。

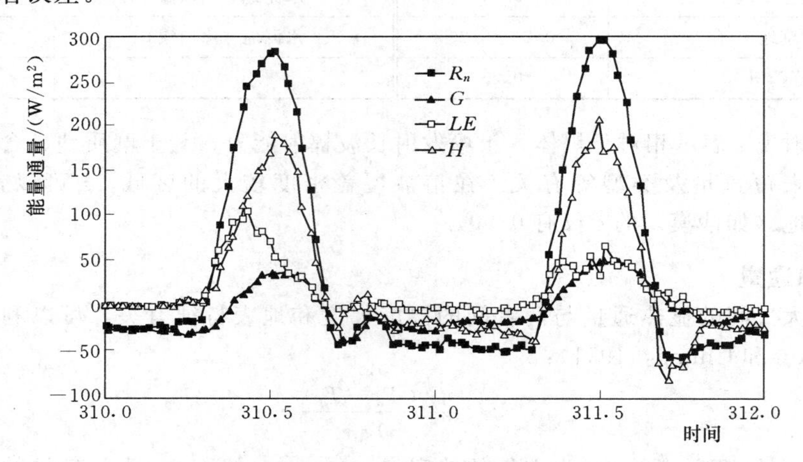

图 5.2　1994 年 11 月 7—8 日美国爱荷华州中部免耕玉米田地表能量平衡（秸秆覆盖层大约为 5cm）

土壤水分状况对地表能量平衡有很大影响。土壤含水量较高时，净辐射的很大部分被用于蒸散（土壤蒸发＋植物蒸腾）；随着土壤变干，更多的热量被用于加热大气和土壤，显热通量和土壤热通量在净辐射中所占比例逐渐增加（表 5.2）。

表 5.2　美国亚利桑那州坦佩市土壤由湿变干过程中地表能量平衡各组分的动态变化（1961 年）

日　期	能　量/(W/m²)				地表水分条件
	R_n	G	H	LE	
4 月 25 日	204	2	35	170	有积水
4 月 28 日	183	3	18	168	很湿

续表

日期	能量/(W/m²)				地表水分条件
	R_n	G	H	LE	
4月29日	195	4	0	200	湿
4月30日	193	5	15	173	中等湿
5月1日	175	12	33	130	中等干
5月2日	159	16	33	109	干

5.2 土壤热传输

土壤热传输是土壤温度变化的驱动力。土壤中的热能一般由高温处向低温处流动。在夏季的白天，气温大于地表温度，热量由土壤表层往下层传输；而在晚上，气温低于土壤地表温度，热量由下层往上层传输，并进入大气中。夏季气温高于地温，热量总体上从上层进入下层，土壤处于蓄热过程；冬季气温一般低于地温，热量总体上从下层往上层传输，土壤处于失热过程。

土壤热传输途径包括传导、对流和辐射。三种机制同时进行，但发生的位置和时机差异很大。传导，即通过分子振动传递使热能从土壤高温向低温处转移的过程，是土壤中最主要的热传递方式。对流热传递与土壤中流体（液体和气体）的运动有关，在降雨、灌溉和蒸发强度较大时比较显著。辐射热传递则主要发生在土壤表面，包括到达土壤的短波辐射（直接辐射+散射辐射）能和长波辐射能，以及从地表进入大气的土壤长波辐射能。因此，在土壤内部热传输研究中，往往重点考虑传导和对流两种方式，土壤热通量（G）表达为传导热通量（G_c）和对流热通量（G_v）之和。

$$G=G_c+G_v \tag{5.7}$$

5.2.1 传导

在温度梯度驱动下，土壤中的热量通过传导方式从高温处流入低温处。传导热流通量的大小用Fourier定律来表示：

$$G_c=-\lambda\frac{\mathrm{d}T}{\mathrm{d}z} \tag{5.8}$$

式中：T为土壤温度，℃；z为土层深度，m；λ为土壤热导率，W/(m·℃)；负号表示热流通量的方向与温度梯度的方向相反。

显然，G_c与λ成正比，而λ的大小决定于土壤质地、含水量和容重等因素。同样条件下，砂质土壤、含水量较高和容重较大的土壤，λ值较大，土壤的G_c也较高。

需要指出的是，上述方程只适用于一维稳态热传输情况，对于水平和垂直方向都存在热传递的案例（如垄作下的垄沟与垄台之间、条带覆盖下覆盖区与非覆盖区之间以及作物行下与行间），需要应用二维或三维Fourier热传输模型来描述热传导过程。另外，这里假定土壤为均质刚性固体，其热导率为常数。在田间条件下，λ随着土壤含水量、容重和深度往往表现出复杂的时空变异性。

5.2.2 对流

土壤中的热量传输与其中水分和气体的流动密切相关。首先，在温度和水势梯度的作用下，土壤中空气（主要是水汽）和液态水运动，引起土壤热能迁移。其次，高温较高时，土壤液态水发生相变产生水蒸气，当水蒸气运动到温度低于露点温度的土壤位置时，发生冷凝作用变成液态水，并释放出相变热。这种由于土壤水分和水汽运动导致的热能迁移即对流热传输。对流热通量的大小可用式（5.9）表示：

$$G_v=\rho_w c_w(q_v+q_l)(T-T_0)+L\rho_w q_v \tag{5.9}$$

式中：ρ_w 为水的密度，kg/m^3；c_w 为水的比热，J/(kg·℃)；T_0 为参考温度,℃；q_v 为水汽通量，m/s；q_l 为液态水通量，m/s。

土壤中的液态水运动的驱动力包括含水量梯度、温度梯度和水力学梯度。因此，土壤液态水通量 q_l 由三部分组成（Philipp 和 de Vries，1957）：

$$q_l=-D_{\theta l}\frac{\mathrm{d}\theta}{\mathrm{d}z}-D_{Tl}\frac{\mathrm{d}T}{\mathrm{d}z}-K \tag{5.10}$$

式中：θ 为土壤体积含水量，m^3/m^3；$D_{\theta l}$ 是恒温水分扩散系数，m^2/s；D_{Tl} 为温度梯度下水分扩散率，m^2/(s·℃)；K 为非饱和导水率。

$D_{\theta l}$ 的计算公式为

$$D_{\theta l}=K\frac{\partial\Psi}{\partial\theta} \tag{5.11}$$

式中：Ψ 为土壤土壤水基质势，m。

利用 van Genuchten（1980）和 Brook－Corey（1964）方程可以建立 Ψ 和 K 与 θ 的函数关系。

D_{Tl} 反映的是在温度影响下因表面张力变化导致的水分运动，计算公式为

$$D_{Tl}=\gamma\Psi K \tag{5.12}$$

式中：γ 为温度作用下表面张力的相对变化，随温度而波动。

Philipp 和 de Vries（1957）给出的 γ 值为 -2.09×10^{-3}/℃。

类似地，由于土壤中的水汽在含水量梯度和温度梯度驱动下运动，水汽通量 q_v 由两部分组成：

$$q_v=-D_{\theta v}\frac{\mathrm{d}\theta}{\mathrm{d}z}-D_{Tv}\frac{\mathrm{d}T}{\mathrm{d}z} \tag{5.13}$$

式中：$D_{\theta v}$ 为恒温水汽扩散系数，m^2/s；D_{Tv} 为温度梯度下水汽扩散率，m^2/(s·℃)。

Philipp 和 de Vries（1957）给出了 $D_{\theta v}$ 和 D_{Tv} 的计算公式：

$$D_{\theta v}=\frac{\beta D_a\theta_a v g\rho_v}{\rho_w RT}\frac{\partial\Psi}{\partial\theta} \tag{5.14}$$

$$D_{Tv}=\beta\eta D_a\theta_a v\frac{\mathrm{d}\rho_{vs}}{\mathrm{d}T} \tag{5.15}$$

式中：β 为土壤孔隙的弯曲因子；D_a 为水汽在静止空气中的扩散系数，m^2/s；θ_a 为土壤的空气含量，m^3/m^3；v 为质流因子（常温下近似于 1）；g 为重力加速度；η 为水汽运动促进因子，用来描述“液岛”等机理导致的水汽传输（Lu 等，2011）；ρ_v 与 ρ_{vs} 为给定温度下的水气压和饱和水气压，kg/m^3。

ρ_v 与 ρ_{vs}、T 和 Ψ 存在以下关系：

$$\rho_v=\rho_{vs}\exp\left(\frac{\Psi g}{RT}\right) \tag{5.16}$$

5.2.3 土壤热传导方程

对于给定土壤层次 Δz，如果其中没有源汇项，而且水平方向上的热传导可以忽略，根据热力学第二定律，该土壤所含热量随时间的变化与热流通量的关系为

$$\frac{\partial H}{\partial t}=-\frac{\partial G}{\partial z} \tag{5.17}$$

式中：H 为单位体积土壤所含热量，MJ/m^3，等于土壤热容量 ρc[$MJ/(m^3\cdot ℃)$] 与温度的之积。如果假设该层次内土壤具有各向同性，土壤热特性不随深度变化，方程式（5.17）可以进一步简化为固体内部热传导的形式：

$$\rho c\frac{\partial T}{\partial t}=-\lambda^*\frac{\partial^2 T}{\partial z^2} \tag{5.18}$$

或者写成：

$$\frac{\partial T}{\partial t}=-\kappa^*\frac{\partial^2 T}{\partial z^2} \tag{5.19}$$

式中：λ^*、κ^* 分别为土壤的表观热导率（apparent thermal conductivity）和表观热扩散率（apparent thermal diffusivity），包含了热传导和热对流共同影响下土壤的热特性。方程式（5.19）是利用数值计算方法求解土壤中温度时空动态变化的基础。

5.3 土壤热特性

土壤热特性包括土壤热导率、热容量和热扩散率，是反映土壤保持和传输热量能力的基本物理参数。有关土壤热特性的信息，不仅是描述土壤中温度变化、能量传输的前提，也是研究其他土壤物理过程，如水热耦合传输、气体扩散和溶质运移的基础。土壤热特性也影响着土壤中的各种化学过程、微生物活动以及作物的生长发育。

5.3.1 土壤热特性的概念及影响因素

1. 土壤热导率

土壤热导率是衡量土壤传导热量能力大小的变量，定义为单位温度梯度下，单位时间内通过土壤截面的热量 [λ，$W/(m\cdot ℃)$]。土壤含水量、质地和容重是决定土壤热导率的主要因素。随着含水量增加，土壤热导率逐渐增大，但在不同含水量区间的增加幅度存在差异（图 5.3）。对于质地较细的土壤，$\lambda-\theta$ 曲线基本可以划分为相对稳定阶段、快速增加和缓慢增加三个阶段。这是因为，在土壤三相中，固体颗粒的热导率最高，固体颗粒之间的接触在很大程度上决定着土体的热导率。在相对稳定阶段，土壤水分以吸附水为主，热导率变化不大；随着含水量增加，固体颗粒间的连接点和接触面积快速增大，使得土体热导率快速上升；进入高含水量阶段后，大部分固体颗粒已经通过水分连接到一起，增加的水分存在于较大的毛管孔隙和大孔隙中，热导率增加主要决定于水分取代大孔隙中的空气而引起的热导率变化，导致热导率增加速率趋于平缓。对于砂质土壤，稍有水分即

可导致固体颗粒间链接，所以稳定阶段很不明显。同样含水量和容重下，质地粗的土壤热导率较大（如图5.3中，壤土的热导率大于粉质黏壤土）。对于给定土壤，容重越高，固体所占比例越大，热导率就越大。Ju等（2011）的研究表明，土壤热导率还与团聚体形成和水分过程有关。邸佳颖等（2012）发现，土壤结构形成提高了中等含水量区域土壤的热导率。相同气候条件下，土壤热导率越高，传热速度越快，温度变化（如昼夜温差）越小。

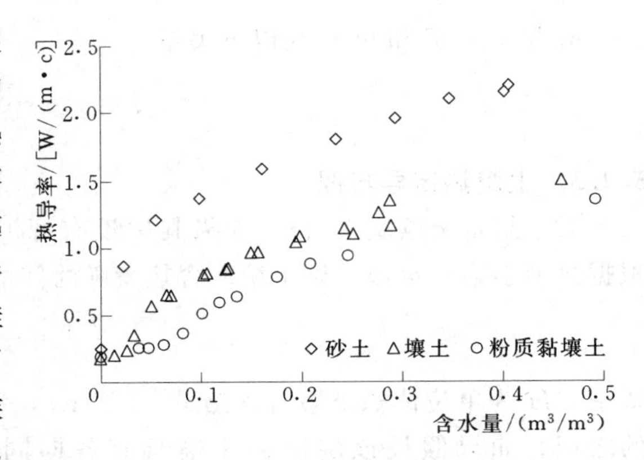

图5.3　三种质地土壤热导率随含水量的变化特征（砂土的容重为1.6Mg/m³，壤土和粉质黏壤土的容重为1.3Mg/m³）

2. 土壤热容量

土壤热容量指单位体积的土壤温度升高1℃所需要的能量，代表土壤储藏热量的能力，单位为MJ/(m³·℃)。土壤热容量为土壤固相、液相和气相容积热容量之和，可以通过各部分的热容量相加而得到（de Vries，1963）：

$$\rho c = x_m \rho_m c_m + x_o \rho_o c_o + x_w \rho_w c_w + x_a \rho_a c_a \tag{5.20}$$

式中：下标m、o、w和a为土壤矿物质、有机质、水和空气；x为各组分的体积比例；ρ为土壤各部分的密度，kg/m³；c为土壤各部分的比热，kJ/(kg·℃)（表5.3）。

表5.3　土壤各组分的密度、比热和热导率

物　质	ρ/(Mg/m³)	c/[kJ/(kg·℃)]	λ/[W/(m·℃)]
黏土矿物	2.65	0.87	2.5
花岗岩	2.64	0.82	3.0
石英	2.66	0.80	8.8
玻璃	2.71	0.84	0.8
有机质	1.30	1.92	0.25
水	1.00	4.18	$0.56+0.0018T$
冰	0.92	$2.1+0.0073T$	$2.22-0.011T$
空气	$(1.29-0.0041T)\times10^{-3}$	1.01	$0.024+7\times10^{-5}T$

与固相和液相相比，土壤空气的热容量可以忽略不计，而土壤有机质和矿物质的比热相近。因此，土壤热容量可以近似地表示为（Campbell，1985）：

$$\rho c = \rho_b c_s + \rho_w c_w \theta \tag{5.21}$$

式中：ρ_b为土壤容重，kg/m³；c_s为土壤固体的比热，kJ/(kg·℃)；θ为土壤体积含水量，m³/m³。

式（5.21）指出，对于矿质土壤，常温下土壤热容量随含水量呈线性变化（图5.4）。在农业生产中，往往通过田间水分管理来调节土壤热容量，给作物生长创造理想的温度条件。同样水分条件下，砂质土壤比黏质土壤含水量低，热容量小，所以春季升温较快。另外，容重越大，土壤中固体的比例越高，空气所占比例则越小，土壤热容量越大。

3. 土壤热扩散率

土壤热扩散率（κ，m^2/s）定义为单位温度梯度下，单位时间内流入单位土壤截面的热量，使单位体积土壤产生的温度变化。数值上，土壤热扩散率为热导率和热容量的比值：

$$\kappa=\frac{\lambda}{\rho c} \tag{5.22}$$

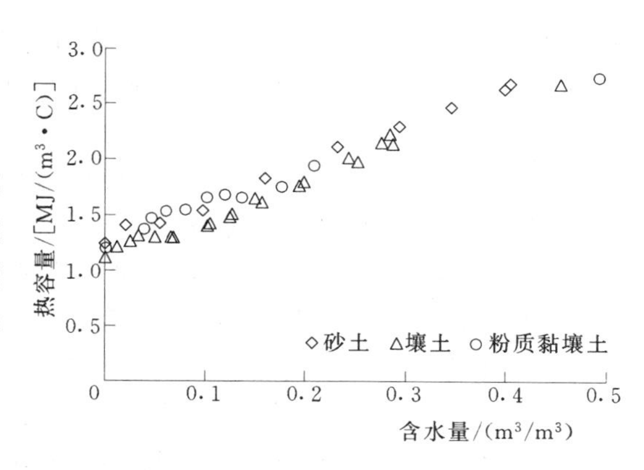

图 5.4 三种质地土壤热容量随含水量的变化特征（砂土的容重为 1.6Mg/m³，壤土和粉质黏壤土的容重为 1.3Mg/m³）

土壤热扩散率也受土壤含水量、质地、容重和结构等因素的影响。当土壤很干（只有吸附水）时，热扩散率随含水量变化不大；此后热扩散率随含水量快速增加，但当含水量超过某临界点时，热扩散率呈现下降趋势（图 5.5）。这是因为，热扩散率为热导率和热容量的比值。在临界点以下，随着含水量增加，热导率增加的速率大于热容量的增加速率；而超过临界点后，热导率增加速率显著降低，热容量则仍在线性增加，导致热扩散率降低。一般地，土壤质地越细、容重越低，土壤热扩散率越小（图 5.5）。

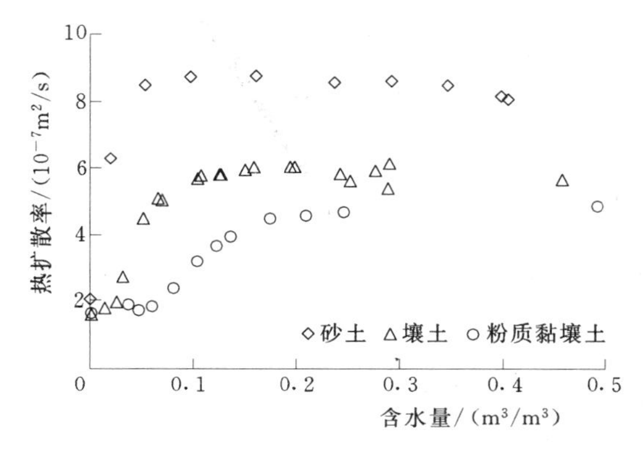

图 5.5 三种质地土壤热扩散率随含水量的变化特征（砂土的容重为 1.6Mg/m³，壤土和粉质黏壤土的容重为 1.3Mg/m³）

土壤热扩散率直接决定土壤温度变化的快慢和传播速率，是模拟土壤热量和水分传输过程的重要参数。反过来，也可以依据土壤温度的田间变化特征来反求土壤的表观热扩散率（Horton，1984）。

5.3.2 土壤热特性的测定

土壤热特性的测定方法大体分为稳态法和瞬态法两大类。测定土壤热导率的平板热导率测定技术（Guarded Hot Plate Method）和测量热容量的热量杯技术属于稳态法。稳态平板热导率测定技术即将土壤样品置于恒定温度梯度的容器中，然后引入板状热源，利用样品的温度变化来反求土壤热导率。热量杯法则是在绝热条件下，测量土壤样品和已知热容量液体（或水）混合过程中吸热或放热的变化，并进一步求得土壤热容量。这些方法的原理相对简单，仪器也不太复杂。但所需时间较长，测试过程中设备与环境的温度、样品与容器的热交换不易控制，测定结果往往存在误差。对于不饱和土壤，温度梯度引起的水汽对流对测定结果有较大影响。稳态法也难以测定原状土壤的热特性。

相对而言，瞬态法在测定土壤热特性中的应用比较广泛。这种技术的原理是在土壤中引入一个热源（球状、柱状或板状），根据加热过程中热源的温度变化，间接得到土壤热特性。20 世纪 90 年代前，瞬态法经常采用的传感器是一根同时包含有加热电阻丝和热电偶的探针（以线性热源为例），只能获得土壤热导率。土壤热容量和热扩散率需要结合其他测定方法或模型才能得到。近 10 年来，随着热脉冲技术的出现和发展，瞬态热流法取得了飞速发展。Campbell 等（1991）根据多孔介质中的热传输原理，得到了土壤温度对线性瞬时热源的解析解，并据此测定了土壤热容量。在此基础上，Bristow 等（1993，1994）给出了同时测定热导率、热容量和热扩散率的双针热脉冲方法。

1. 单针线性热源法测定土壤热导率

单针线性热源传感器包括一个不锈钢管以及固定在其中的一个加热电阻丝和一个温度传感器（如热电偶）。将探针插入土壤中，记录加热或冷却过程中探针的温度变化（图 5.6）。理论分析表明，在探针加热时期，其温度随时间的变化可近似为

$$\Delta T \cong q'/(4\pi\lambda)\ln(t)+b \tag{5.23}$$

式中：ΔT 为温度变化，℃；q' 为线性热源强度，W/m；b 为不依赖于时间 t 的系数。

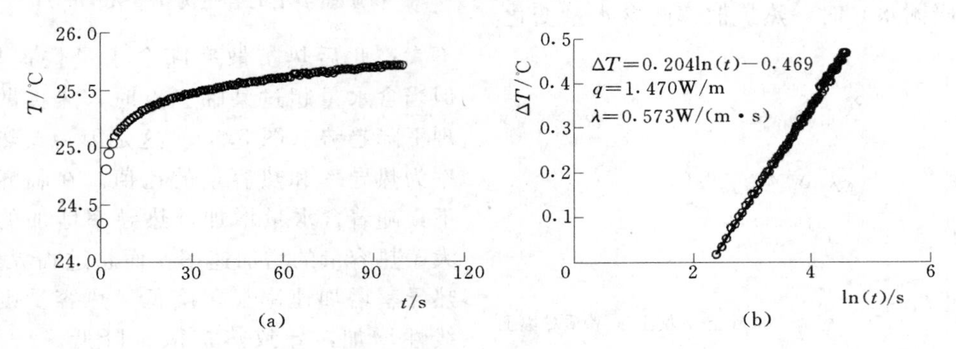

图 5.6　单针线性热源法测定土壤热导率

（a）加热阶段探针温度随时间的变化；（b）热导率的计算

显然，只要将 ΔT 与时间的对数 $\ln(t)$ 做直线回归，利用直线的斜率即可计算 λ。考虑到在初始加热时，温度受探针自身材料热特性的影响较大，加上探针和土壤的接触阻力问题，计算过程中往往忽略加热最初 5～10s 的数据（Shiozawa 和 Campbell，1990）。

2. 热脉冲技术测定土壤热特性

根据热传导定律，在一个无限大的均匀等温介质中，线性热源发出的热脉冲信号呈放射状向周围传导。对于土壤中的某一点，其温度随时间的变化可以表达为（de Vries，1952；Kluitenberg 等，1993）

$$\Delta T(r,t)=\frac{Q}{4\pi\kappa}\left\{Ei\left[\frac{-r^2}{4\kappa(t-t_0)}\right]-Ei\left[\frac{-r^2}{4\kappa t}\right]\right\},t>t_0 \tag{5.24}$$

式中：ΔT 为温度变化值，℃；κ 为土壤热扩散率，m^2/s；t 为时间，s；t_0 为热脉冲的时长，s；r 为热电偶距线性热源的垂直距离，m；$-Ei(-x)$ 为指数积分。

热源强度 Q 定义为

$$Q=q/\rho c$$

式中：q 为单位长度加热丝在单位时间内释放的热量，W/m；ρc 为土壤热容量，MJ/(m^3·℃)。

对方程式（5.24）求 t 的偏微分并使结果等于零，便得到最大温度升高所对应的时间 t_m，并由此求得关于 κ 的表达式：

$$\kappa=\frac{r^2}{4}\left\{\frac{[1/(t_m-t_0)]-1/t_m}{\ln[t_m/(t_m-t_0)]}\right\} \tag{5.25}$$

显然，κ 是 r，t_0，和 t_m 的函数。将式（5.25）代入式（5.24），便得到关于 ρc 的表达式：

$$\rho c=\frac{q'}{4\pi\kappa\Delta T_m}\left\{Ei\left[\frac{-r^2}{4\kappa(t_m-t_0)}\right]-Ei\left(\frac{-r^2}{4\kappa t_m}\right)\right\} \tag{5.26}$$

式中：ΔT_m 为与 t_m 对应的距热源 r 处的最大温度升高值（图 5.7）。

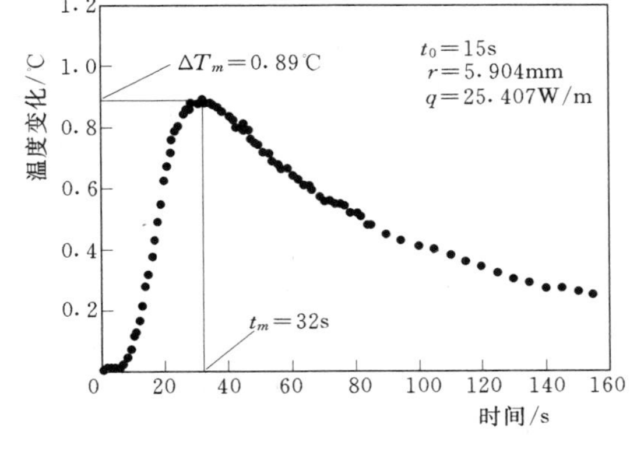

图 5.7 热脉冲技术测得的温度变化与时间的关系

该方程包含指数积分，计算比较复杂。Knight 和 Kluitenberg（2004）给出了一个简化的计算热容量的方法：

$$\rho c=\frac{q' t_0}{e\pi r^2\Delta T_m}\left\{1-\frac{u^2}{8}\left[\frac{1}{3}+u\left(\frac{1}{3}+\frac{u}{8}\left(\frac{5}{2}+\frac{7u}{3}\right)\right)\right]\right\} \tag{5.27}$$

这里，$u=t_0/t_m$。

根据定义，土壤导热率 λ[W/(m·℃)]为 κ 与 ρc 的乘积：

$$\lambda=\kappa\rho c \tag{5.28}$$

因此，通过温度变化-时间曲线计算出的最大温度变化值 ΔT_m 和相应的时刻 t_m，即可求得土壤热特性。

这种算法叫做单点法（Single point method）。也可以利用非线性回归技术拟合温度变化随时间的曲线（图 5.7），估计土壤热特性（Welch 等，1996）。

5.3.3 土壤热导率的估算

在田间条件下，土壤热特性受土壤质地、含水量、容重、结构和温度等因子的影响，具有很大的时空变异性。因此，往往利用模型来描述土壤热特性随土壤特性的变异特征。由于土壤热容量能够通过土壤三相的组成比例得到［式（5.20）］，热扩散率可以利用热导率和热容量的比值确定［式（5.22）］，这里重点介绍两个热导率模型：de Vries（1963）半理论模型和 Johansen（1975）提出的、经 Lu 等（2007）改进的经验模型。

1. de Vries（1963）土壤热导率模型

de Vries（1963）提出了一个计算土壤热导率半理论模型。该模型认为，土壤热导率是土壤各组分（液态水、孔隙或湿润空气、石英、其他矿物和有机质）的热导率的加权平均值：

$$\lambda=\frac{\sum_{i=0}^{n}k_i\lambda_i x_i}{\sum_{i=0}^{n}k_i x_i} \tag{5.29}$$

式中：λ 为土壤各组分的热导率；k 为土壤各组分的权重因子，其大小决定于各组分的颗粒形状、排列方向和导热率有关；下标 0 为包被土壤固体颗粒的连续液体（干土为空气，饱和土壤为水），$k_0=1$。

对于其他组分，k_i 可利用下式计算：

$$k_i=\frac{1}{3}\sum_{j=1}^{3}\left[1+\left(\frac{\lambda_i}{\lambda_0}-1\right)g_j\right]^{-1} \tag{5.30}$$

式中：g_j 为各组分的形状因子，$g_1+g_2+g_3=1$，一般可以假设 $g_1=g_2$，因此每个组分只考虑一个形状因子即可。

土壤孔隙（或湿润空气）的热导率包含 λ_a 和 λ_v 两部分。其中，λ_a 代表干空气的热导率［20℃时为 0.025W/(m·℃)］，λ_v 反映通过水汽在孔隙中运动导致的传热能力。λ_v 的大小与土壤孔隙中的水汽饱和度有关：干空气的 λ_v 为零，饱和空气的 λ_v 为 0.074W/(m·℃)，在干空气和饱和空气之间，λ_v 随水汽饱和度线性增加。当土壤含水量达到关键含水量 θ_c（一般取田间持水量，即基质势为－33kPa 时的体积含水量）时，土壤孔隙中的水汽处于饱和状态。

土壤砂粒、粉粒、黏粒和有机质颗粒的形状因子分别为 0.144、0.144、0.125 和 0.500。当 $\theta>\theta_c$ 时，土壤孔隙的形状因子（g_a）可利用土壤充气孔隙度 n_a 和固体所占体积比 v_s 求得

$$g_a=0.333-\frac{n_a}{1-\nu_s}(0.333-0.035) \tag{5.31}$$

当 $\theta<\theta_c$ 时，g_a 可利用 θ_c 和与 θ_c 对应的土壤孔隙形状因子 g_{ac} 计算出来：

$$g_a=0.013+\frac{\theta}{\theta_c}(g_{ac}-0.013) \tag{5.32}$$

de Vries（1963）模型在土壤学中应用较多，但其模型参数（特别是关键含水量 g_a 和形状因子 g_a）的确定比较复杂，存在一定的主观性。

2. Lu 等（2007）土壤热导率模型

Lu 等（2007）以 Johansen（1975）经验模型为基础，发展了一个新的预测常温下热导率的方法。该模型所需要参数为干土热导率 λ_{dry}、饱和土壤热导率 λ_{sat} 和土壤饱和度 S_r，而这些参数都可以通过土壤的基本性质计算得到。

为了比较不同质地土壤热导率 λ 与含水量 θ 关系，Johansen（1975）提出归一化土壤热导率 K_e（Kersten number）的概念，并给出了利用 K_e 计算非饱和土壤热导率的模型：

$$\lambda=(\lambda_{sat}-\lambda_{dry})K_e+\lambda_{dry} \tag{5.33}$$

饱和土壤的热导率 λ_{sat} 与土壤固相热导率（λ_s）以及土壤孔隙度（n）有关，可以利用几何平均方法计算出来（Johansen，1975）：

$$\lambda_{sat}=\lambda_s^{(1-n)}\lambda_w^n \tag{5.34}$$

其中，λ_w 为水的热导率［20℃时为 0.594W/(m·℃)，Bristow，2002］。λ_s 则可以基于土壤固相的组分，采用几何平均方法求得

$$\lambda_s=\lambda_q^q\lambda_o^{1-q} \tag{5.35}$$

式中：q 为石英含量；λ_q 为石英的热导率［7.7W/(m·℃)］；λ_o 为非石英矿物的热导率

[q<20%时取3.0W/(m·℃)，q>20%时取2.0W/(m·℃)]。如果缺乏石英含量信息，可以近似用土壤砂粒含量来代替q。

干土热导率λ_{dry}主要依赖于土壤孔隙度n，矿物组成的影响并不很大。这是因为，干燥条件下空气是限制土壤热传输的主要因素，矿物组成不同但孔隙度相同的土壤热导率相差很小。Lu等（2007）用一个简单的线性方程来描述λ_{dry}：

$$\lambda_{dry}=-0.56n+0.51,0.2<n<0.6 \tag{5.36}$$

对于参数K_e，Lu等（2007）建立了一个K_e与土壤饱和度S_r的函数：

$$K_e=\exp\{\alpha[1-S_r^{(\alpha-1.33)}]\} \tag{5.37}$$

其中，α是一个与土壤质地有关的常数，粗质地土壤（砂粒含量大于0.4）和细质地土壤（砂粒含量小于0.4）的α值分别为0.96和0.27（图5.8）。

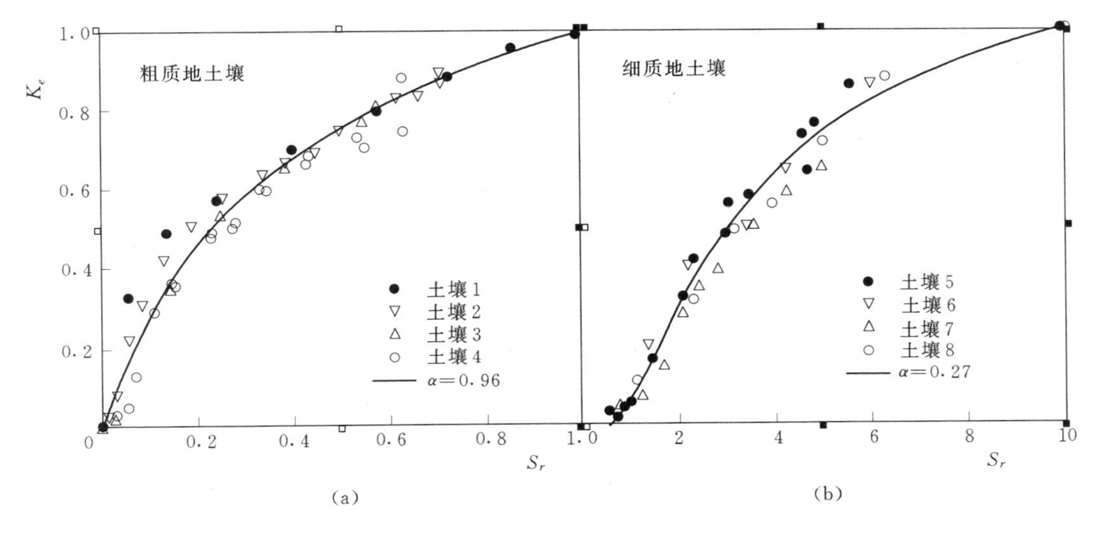

图5.8 土壤归一化热导率（K_e）与饱和度（S_r）的关系

(a) 粗质地组（砂粒含量大于0.40）；(b) 细质地组（砂粒含量小于0.40）

因此，只要拥有土壤质地和孔隙度的信息，就可以很容易地利用Lu等（2007）模型获得土壤热导率λ随含水量的变化特征。研究表明，该模型能够较好地预测整个含水量范围内的土壤热导率，解决了Johansen（1975）模型在细质地土壤低含水量阶段表现较差以及在高含水量阶段预测值偏低的问题。

5.4 土 壤 温 度

土壤温度是反映土壤热能状态的变量，对作物生长发育以及土壤中的各种物理、化学和生物性状和过程有重要影响。植物种子的萌发、根系对水分和养分的吸收利用以及支柱对病虫害的抵抗能力均需要适宜的土壤温度，温度过高或过低均会对植物生理和生长发育造成不利影响。由于土壤中微生物的活性、有机物的分解和转化、通气状况以及水分和养分的形态、运动和有效性都与温度状况有关，土壤温度被认为是土壤肥力的重要因素。土壤温度也影响土壤中病虫草的越冬、发生和发展，是预测和防治病虫草害的关键指标。近年来，土壤温度波动与全球气候变化的关系也受到了广泛关注。

受太阳辐射周期变化的影响，土壤温度呈现与气温相似的季节变化和年变化规律。由于地理位置（海拔、地形和方位等）、地表状况（植被、覆盖物和粗糙度等）、土壤特性（层次、热特性和冻结情况等）以及地下水埋深等方面的变异，土壤温度在时间和空间上与气温变化存在较大差异。

5.4.1　土壤温度的周期性变化规律

土壤热量主要来源于太阳辐射。由于到达土壤表面的太阳辐射具有周期性变化，土壤温度也具有周期性波动，呈现出明显的日变化和年变化特征。

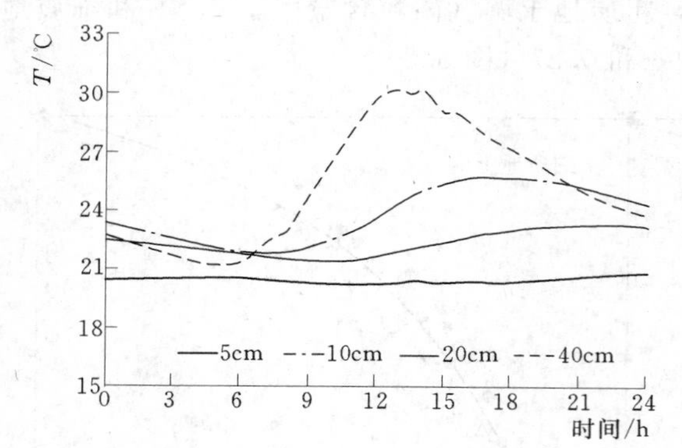

图 5.9　2012 年 7 月 7 日吉林梨树玉米田（N43°16.924′，E124°26.738′）土壤温度日变化

一般地，土壤表层温度在日出时最低，随着太阳升高而逐渐增加，中午前后达到最高，随后又逐渐下降。土壤各层次温度的变化趋势相似，但随着土壤深度增加，最高（或最低）温度出现的时间延迟，温度最大变幅（最高温度与最低温度之差）逐渐减小。在某一土壤深度，温度日变化不再明显，变幅接近于零。图 5.9 是吉林省梨树县某玉米田 2012 年 7 月 7 日的温度日变化。土壤 5cm 处温度在凌晨 5 点左右最低（21.24℃），下午 1 点最高（30.27℃），升高了 9.03℃；20cm 处温度在上午 10 点左右最低（21.50℃），晚上 8 点最高（23.47℃），只升高了 1.97℃。在 40cm 处，土壤温度的日变化不明显，表明太阳辐射的影响在该层次已经很小了。

在一年内，土壤表层温度一般在 1 月下旬到 2 月上旬时最低，随着春季到达地面的太阳净辐射增加而逐渐上升，7 月中上旬达到最高，随后开始下降。与温度日变化曲线相似，随着深度增加，温度年变化曲线也呈现时间滞后和变幅减小的特征，但其影响可以达到深层土壤。图 5.10 指出，对于吉林梨树县玉米田，土壤 5cm 处温度在 2 月 1 日达到最低（−19.06℃），7 月 7 日最高（25.36℃），最大变幅高达 44.41℃；土壤 160cm 处的温度变化也非常显著，但最低温度（−0.44℃）和最高温度（15.18℃）则分别出现在 3 月 9 日和 9 月 7 日，比 5cm 处分别晚了 37d 和 62d，最大变幅仅 15.62℃。

从图 5.9 和图 5.10 可以看出，土壤温度的日变化和年变化具有正弦或余弦波的特征，因此，常常用正弦函数或余弦函数来表述土壤温度的日变化和年变化规律。Carslaw and Jaeger（1959）给出了土壤温度随时间和深度变化的正弦函数方程：

$$T(z,t)=T_A+A\exp\left(\frac{z}{d}\right)\sin\left(\omega t+\phi+\frac{z}{d}\right) \tag{5.38}$$

式中：z 为土壤深度，m；t 为时间；T_A 为土壤平均温度，℃；A 为地表温度的振幅（最大温度或最小温度与平均温度之差，℃），ω 是角频率（$2\pi/\tau$，τ 为周期长度，日或年）；ϕ 是相位偏移（调节正弦波的起始时间）；d 为阻尼深度，m，表示温度振幅衰减到地表温

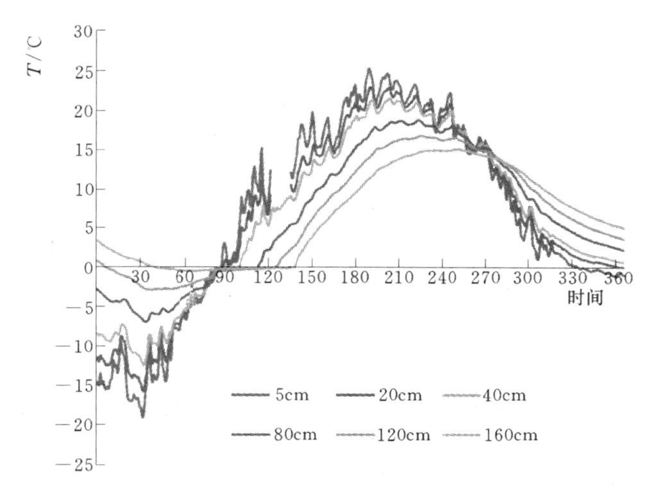

图 5.10 2012 年吉林梨树玉米田（N43°16.924′，E124°26.738′）土壤温度年变化

度的 0.37 倍时所在的深度，反映了土壤热能向下的传播距离，可以通过土壤热扩散率 κ 和角频率 ω 得到：

$$d=\sqrt{\frac{2\kappa}{\omega}}=\sqrt{\frac{\kappa\tau}{\pi}} \tag{5.39}$$

公式（5.38）指出，在所有土壤深度，温度周期变化的平均温度为 T_A，周期是 $2\pi/\omega$；对于某一深度 z，其温度正弦波的振幅降低为 $A\exp(z/d)$，与地表温度相比，正弦波滞后了 $z/(\omega d)$。另外，根据方程（5.39），土壤温度年变化的阻尼深度是日变化阻尼深度的 19（$\sqrt{365}$）倍。吉林梨树玉米田温度日变化在 40cm 处已经不明显（图 5.9），而 160cm 处年变化的最大变幅仍达到 15.62℃（图 5.10），就是这个道理。

受天气条件、地表情况和土壤热特性等因素的影响，土壤温度的日变化存在很大变异，有时难以采用正弦函数来描述。即使是年变化，近地表土壤温度也有复杂的波动现象（图 5.10 中 5cm 处），在应用公式（5.39）时应当注意。

5.4.2 土壤温度的调节及机理

热量是土壤肥力的主要要素，调节土壤温度的目的是给作物生长创造良好的土壤和近地表热量条件，防止或减轻寒潮、霜冻、高温和干热风等灾害性天气的影响。前面的分析表明，太阳辐射是土壤温度变化的主导因素，地表情况和土壤热特性对土壤温度也有很大影响。太阳辐射的大小主要取决于地理位置和天气条件，技术上难以进行大规模调控，对土壤温度的调节重点应放在改变地表特征和土壤热特性。在农业生产中，往往通过地表覆盖、土壤耕作、灌溉、风障和防护林等措施来改变地表反射率、乱流交换、土壤蒸发潜热和土壤热特性，调节地表热通量和土壤传热过程，从而调控土壤温度。

1. 地表覆盖

地表覆盖包括地膜覆盖、秸秆覆盖和砂石覆盖等。这些覆盖物不仅改变地表接收的太阳辐射量，而且影响土壤水分过程，从而调控土壤温度。在热量不足的地区，采用地膜覆盖可以显著降低地面长波辐射的损失，减小乱流和潜热散热，从而提高土壤温度。在热量充足地区，采用秸秆覆盖（如保护性耕作技术），白天可以减少太阳入射辐射能，夜晚则

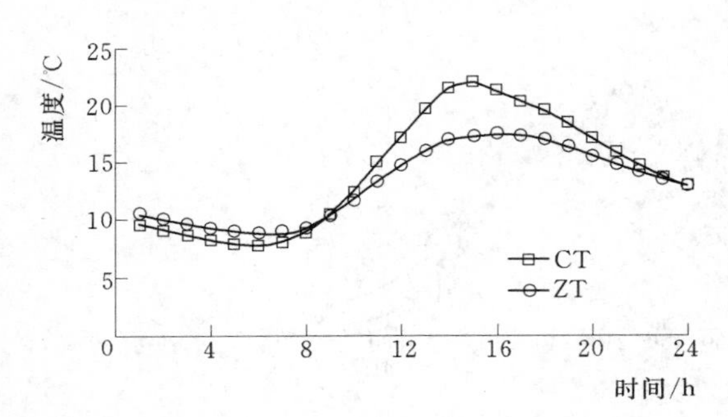

图 5.11　1994 年 6 月 8 日加拿大 Lethbridge 冬小麦田两种耕作措施下 2.5cm 处土壤温度日变化

降低了地面长波辐射损失和乱流潜热散热，导致土壤温度热较差降低。图 5.11 是在加拿大 Lethbridge 两种耕作技术下冬小麦田的土壤温度日变化。与翻耕（CT）相比，免耕（ZT）由于有大量秸秆覆盖，土壤温度白天较低，夜间则较高，温度变幅减小。

2. 灌溉排水

灌溉排水措施通过调节土壤含水量，改变地表能量平衡和土壤热传输，并影响土壤温度变化。灌水对地表能量平衡的影响表现在以下方面。

(1) 灌水导致土壤颜色变深，地表反射率降低，接收的短波辐射增加。

(2) 地表附近水汽增加，大气逆辐射比例提高。

(3) 地表温度降低，地表长波辐射减小。

(4) 潜热在地表净辐射中所占比例增加。与此同时，随着土壤含水量增加，土壤热容量和热导率也在增大。因此，灌水后土壤温度的变化比较复杂，是多种水热过程共同作用的结果。一般地，由于水的热容量很大，灌水后土壤温度变化平缓，日较差明显变小，既可以减轻高温和干热风的影响，也能够预防或减轻霜冻危害。

与灌溉相比，排水则降低了土壤含水量，有利于提高土壤温度。在一些黏重低湿的土壤上，春季排水是农田管理的重要措施。

3. 土壤耕作

传统意义上，土壤耕作是翻地、深松、垄作、镇压和中耕等对土壤进行机械扰动的措施。随着保护性耕作技术（免耕、少耕和带状耕作等）的发展，地表覆盖也被纳入土壤耕作的范畴。耕作措施主要通过改变土壤地形、地表粗糙度、土壤容重（或孔隙度）和含水量来调节土壤温度。一般地，如果耕作措施导致地表粗糙度增加、容重和含水量降低，则会提高白天的土壤温度，增大温度日较差；如果耕作措施导致地表平坦、容重变大、含水量增加，则会提高夜间土壤温度，降低温度日较差。

在我国黑龙江省和吉林省，由于太阳辐射能总体较低，而土壤含水量较高，往往采用垄作技术来提高土壤温度，协调土壤水热关系。与平作相比，垄面在白天吸收的太阳辐射能较多，加上垄台土壤的热容量较低（含水量较小），导致垄上温度明显升高。在夜晚，由于垄台散热面积较大，土壤温度下降迅速。因此，垄台上土壤的昼夜温差要大于平作土壤。Benjimen 等（1999）对垄作条件下土壤特性和水热迁移过程的数值模拟分析表明，可以通过改变垄高来调控土壤升温和蒸发速率。

复习思考题

1. 理解地面热量平衡方程。

2. 理解土壤三个热特性的含义及相互关系。

3. 比较测定土壤热特性的单针线性热源技术与热脉冲技术。
4. 掌握利用土壤特性计算热容量和热导率的模型。
5. 理解土壤热传递方式及其数学模型。
6. 理解土壤温度的日变化和季节变化特征，分析各种温度调控措施的作用机理。
7. 分析如何利用热量平衡来估算土壤水分蒸发。

参　考　文　献

[1] Benjamin J. G.，A. D. Blaylock，H. J. Brown and R. M. Cruse. Ridge tillage effects on simulated water and heat transport [J]. Soil & Till. Res. 1990，18：167 - 180.

[2] Bristow，K. L. Thermal conductivity [A]. p. 1209 - 1226. In Methods of Soil Analysis：Part. 4. Physical Methods [C]. SSSA，Madison，WI. 2002.

[3] Bristow，K. L.，Campbell，G. S. and Calissendorff，C. Test of a heat pulse probe for measuring changes in soil water content [J]. Soil Sci. Soc. Am. J. 1993，57：930 - 934.

[4] Bristow，K. L.，G. J. Kluitenberg，and R. Horton. Measurement of soil thermal properties with a dual - probe heat - pulse technique [J]. Soil Sci. Soc. Am. J. 1994，58：1288 - 1294.

[5] Brooks，R. H.，and A. T. Corey. Hydraulic properties of porous media [D]. Hydrology Papers No. 3，Colorado State University，Fort Collins，Colorado. 1964.

[6] Campbell，G. S. Soil Physics with BASIC：Transport models for soil - plant systems [M]. Elsevier Science Publishing Company. New York. 1985.

[7] Shiozawa S.，Campbell G. S. Soil thermal conductivity [J]. Remote Sensing Rev. 1990，5：301 - 310.

[8] Campbell，G. S.，Callissendrorff，C. and Williams，J. H. Probe for measuring soil specific heat using a heat pulse method [J]. Soil Sci. Soc. Am. J. 1991，55：291 - 293.

[9] Carslaw，H. S.，and J. C. Jaeger. Conduction of heat in solids [M]. 2nd edn. Oxford University Press，Oxford，U. K. 1959.

[10] de Vries，D. A. 1952. A nonstationary method for determining thermal conductivity of soil in situ [J]. Soil Sci. 73：83 - 89.

[11] de Vries，D. A. Thermal properties of soils [A]. In Physics of Plant Environment [C]（W. R. Van Wijk，Ed.）. North - Holland Publishing Company. Amsterdam. 1963.

[12] Hanks R. J. and G. L. Ashcroft. Applied Soil Physics [M]. Springer - Verlag，New York. 1980.

[13] Horton，R.，and S. Chung. Soil heat flow [A]. In J. Hanks，and J. T. Ritchie（eds.）Modeling plant and soil systems [C]. ASA，CSSA，and SSSA，Madison，WI. 1991，p. 397 - 438.

[14] Johansen，O. 1975. Thermal conductivity of soils [D]. Ph. D. Thesis. Trondheim，Norway（CRREL draft translation 637，1977）.

[15] Ju，Z.，T. Ren，and C. Hu. Soil thermal conductivity as influenced by aggregation at intermediate water contents [J]. Soil Sci. Soc. Am. J. 2010，75：26 - 29.

[16] Kluitenberg，G. J.，J. M. Ham，and K. L. Bristow. Error analysis of the heat pulse method for measuring soil volumetric heat capacity [J]. Soil Sci. Soc. Am. J. 1993，57：1444 - 1451.

[17] Lu S.，T. Ren，Z. Yu，and R. Horton. A method to estimate the water vapour enhancement factor in soil [J]. Eur. J. Soil Sci. 2011，62：498 - 504.

[18] Lu，S.，T. S. Ren，Y. S. Gong，and R. Horton. An improved model for predicting soil thermal conductivity from water content [J]. Soil Sci. Soc. Am. J. 2007，71：8 - 14.

[19] Philip，J. R. and de Vries，D. A. Moisture movement in porous materials under temperature gradients [J]. Trans. Am. Geophys. Union. 1957，38，222 - 232.

[20] Sauer，T. J.，and R. Horton. Soil heat flux [A]. In Hatfield，J. L.，and J. M. Baker (eds). Micrometeorology in Agricultural Systems [C]. Agronomy Monograph no. 47. ASA - CSSA - SSSA，Madison，WI. 2005，p. 131 - 154.

[21] van Genuchten，M. Th. A closed - form equation for predicting hydraulic conductivity of unsaturated soils [J]. Soil Sci. Soc. Am. J. 1980，44：892 - 897.

[22] Welch，S. M.，G. J. Kluitenberg，and K. L. Bristow. Rapid numerical estimation of soil thermal properties for a broad class of heat - pulse emitter geometries [J]. Meas. Sci. Technol. 1996，7：932 - 938.

[23] 邸佳颖，刘晓娜，任图生．原状土与装填土热特性的比较 [J]. 农业工程学报，2012，28 (21)：74 - 79.

第6章 土壤养分运移转化

土壤养分运移转化不仅与养分的性质及所发生的物理、化学和生物过程密切相关，而且与土壤水分、微生物、温度和土壤特征密切相关。养分运移转化特征直接决定着土壤养分有效性，同时涉及土壤和地下水环境污染问题，受到人们的广泛关注。

6.1 土壤养分基本特性

6.1.1 土壤养分及有效性

6.1.1.1 土壤养分概念及分类

土壤养分是指由土壤提供的植物生长所必需的营养元素，能被植物直接或者转化后吸收。目前已被确定的植物生长发育必需的元素有碳、氢、氧、氮、磷、钾、钙、镁、硫、硼、铁、锰、铜、锌、钼、氯，其中碳、氢、氧主要来自大气和水，其余元素则主要由土壤提供。由此可见，土壤是植物养分元素的主要来源，土壤养分的丰缺程度直接关系到农作物的生长状况和产量水平。

土壤养分主要来源于土壤矿物质和土壤有机质，此外大气降水及灌溉、施肥、生物固氮亦能增添土壤养分。土壤矿物质特别是原生矿物能为土壤提供除C、N外的植物所需的各种元素。由于组成岩石的矿物种类、数量和风化程度不同，所以风化产物中释放的养分种类和数量也不同。例如正长石、云母风化后产物含钾较为丰富，是土壤中钾的主要来源；磷灰石、橄榄石等风化会为土壤提供磷、硫、镁、钙的物质来源。石灰岩富含钙，硫主要来源于各种硫化物，如黄铁矿、闪锌矿；此外许多原生矿物中含有多种微量元素，如正长石中含有铷、钡、铜等，角闪石中含有镍、钴、锌，黑云母中含有钡、钴、锌、铜等。

根据在土壤中存在的化学形态，土壤养分的形态分为以下几种：

（1）水溶态养分：土壤溶液中溶解的离子和少量的低分子有机化合物。

（2）代换态养分：是水溶态养分的来源之一。

（3）矿物态养分：大多数是难溶性养分，有少量是弱酸溶性的（对植物有效）。

（4）有机态养分：矿质化过程的难易强度不同。根据植物对营养元素吸收利用的难易程度，土壤养分又分为速效性养分和迟效性养分。一般来说，速效养分仅占很少部分，不足全量的1%，应该注意的是速效养分和迟效养分的划分是相对的，两者总处于动态平衡之中。

6.1.1.2 养分有效性及转化

水溶态和交换态养分是植物能够直接吸收利用的无机态养分，又叫速效或有效养分。有机态、难溶的矿物不能立即被植物吸收利用的养分，叫做迟效态或无效养分。不同形态的养分在土壤中不是一成不变和彼此无关的，而是在一定条件下可以相互转化的。由迟效态转化为速效态称为土壤养分的有效化过程，由速效态转化为迟效态或无效态称为土壤养分的无效化过程。土壤中的无机态和有机态两种主要养分形态经常处于相互转化过程之中的。养分由速效态转化为难溶态的过程称为养分固定。例如土壤中一部分有效性的Fe、Mn、Cu、Zn与磷酸根作用，形成沉淀而把磷固定。土壤水分、温度等条件的剧烈变化可导致被吸附的微量元素进入矿物晶格而被强烈固定。有效养分的表示方法如下。

1. 土壤养分的容量、强度指标及缓冲性

为了表示养分的有效性，提出土壤养分的强度因素（I）和容量因素（Q）概念。强度因素是指土壤溶液中的养分离子的浓度；容重因素是指土壤有效养分的总量，即固相能补给土壤溶液养分的总贮量。两者的概念既有区别，又有联系。土壤养分缓冲容量是指土壤固相维持溶液中养分强度的能力，是强度因素和容量因素的综合指示，通常以Q/I关系图表示，即当溶液中养分强度改变一个单位，所引起的固相吸附态养分的变化量。

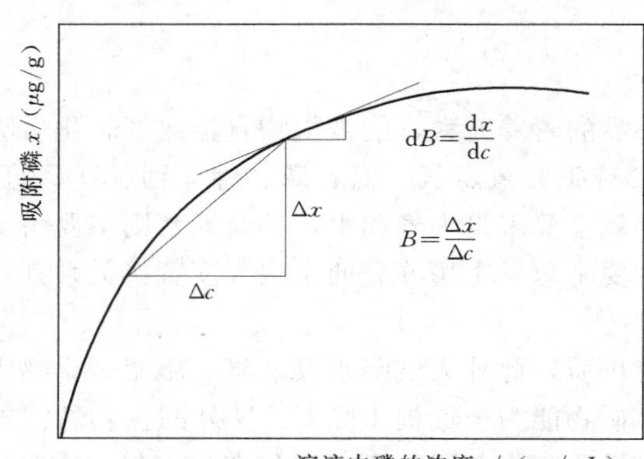

图6.1　磷的吸附等温曲线及其缓冲容量示意图（黄昌勇，2000）

缓冲容量广泛用于土壤磷、钾、钙、镁、铵等离子。磷的缓冲容量一般通过磷吸附等温线计算。吸附等温线由平衡液中养分的强度I和固相上养分储量Q构成，以为$\Delta x/\Delta c$表示，其中x为土壤为溶液中吸附的磷量，c为溶液中磷的浓度（μg/mL）。在磷的等温吸附线上取任一段曲线，求其斜率$\Delta x/\Delta c$，即为这一浓度范围内的土壤缓冲容量。微分之得dx/dc，即为这一浓度范围内的土壤缓冲容量（图6.1）。它代表土壤溶液中磷的浓度上升时土壤固相的吸磷量，或溶液中磷的浓度下降时固相的释放量，当溶液中磷的浓度与吸附的磷相当时，则既没有磷的吸附，也没有磷的释放，此时为平衡磷浓度。如高于这一浓度，则溶液中的磷将被吸附，低于这一浓度，固相吸附的磷将释出。

土壤类型土壤的黏粒含量及类型不同，养分的缓冲特性亦有不同。缓冲容量可以作为土壤养分的供肥特性，缓冲容量不同，即使有效养分相同，养分补给也会有明显差异。缓冲容量大的土壤可以迅速补充溶液中的养分亏缺，能提供较多的有效养分。因此施肥时，缓冲容量大的土壤能吸附大量的养分，需要施入较多的养分才能使溶液中的养分浓度达到一个较高水平。

用Q/I的等温线亦可以很好地表示K^+、Ca^{2+}、Mg^{2+}、NH_4^+等离子的缓冲特性和养分保持与供给的相互关系。

2. 养分位

另外一种表示土壤养分有效性的方法是用能量观念来描述。该方法的基本原理是：首先假定土壤固相（胶体粒子）是一个弱电介质，它可离解出养分离子，离解程度则视养分离子和固相之间的吸力而定。这样就可以用自由能的变化，衡量土壤养分从固相转入溶液的能力。

养分位是把养分的有效性和化学位联系起来，即用化学位来衡量养分的有效度，称为养分位，通过不同数学处理可得出各种养分的养分位，如交换性阳离子的养分位可由离子活度或交换自由能导出。

不同农作物对土壤养分的需要量和所需养分间的比例是不尽相同的，不同土壤养分含量水平差异也很大。农作物栽培时，首先要求土壤养分能满足生长需要，同时要求养分含量全，营养元素比例要协调；其次选择适宜作物生长的土壤养分环境，所以土壤养分状况是农作物科学施肥的重要依据。我国第二次土壤普查制定了耕地土壤养分分级标准，可以作为栽培作物时的参考（表 6.1）。

表 6.1　　全国耕地土壤养分分级标准

级　别	一　级	二　级	三　级	四　级	五　级	六　级
有机质/(g/kg)	＞40	30～40	20～30	10～20	6～10	＜6
全氮/(g/kg)	＞2	1.5～2	1.0～1.5	0.75～1.0	0.5～0.75	＜0.5
碱解氮/(g/kg)	＞150	120～150	90～120	60～90	30～60	＜30
速效磷/(g/kg)	＞40	20～40	10～20	5～10	3～5	＜3
速效钾/(g/kg)	＞200	100～200	100～150	50～100	30～50	＜30

（数据来自全国第二次土壤普查，1977）

作物要高产，土壤养分必须充足，但养分含量高未必就一定能达到高产，作物高产是综合因素所决定的。综合全国耕地土壤养分和施肥状况，一般地说，一、二级土壤养分水平为高产田养分的参考指标，三、四级土壤养分水平为中产田养分的参考指标，五、六级土壤养分为低产田养分的参考指标。不同地区、不同作物有所差别。我国土壤养分因土壤类型的差异而不同，同时农田土壤不同的耕作方式和经营方式都对土壤养分的高低有一定影响。农田土壤养分的管理主要是土壤有机质、土壤氮素、磷素施入与消耗平衡的管理，同时也要注意对土壤钾素和微量元素的平衡管理。

6.1.2　土壤养分循环及养分均衡

1. 土壤养分循环的动态平衡过程

土壤养分循环是土壤圈物质循环的重要组成部分，也是陆地生态系统中维持生物生命周期的必要条件。土壤中的养分元素可以反复地再循环和利用，典型的再循环过程包括：生物从土壤中吸收养分；生物的残体归还土壤；在土壤微生物的作用下，分解生物残体，释放养分；养分再次被生物吸收。可见土壤养分循环是指在生物参与下，营养元素从土壤到生物，再从生物回到土壤的循环过程，是一个复杂的生物地球化学过程。由于不同养分元素的化学、生物化学性质不同，故其循环过程各有特点。

土壤是植物获取营养元素的主要介质。土壤矿物经风化、分解、释放的养分进入土壤溶液，如果与某种矿物有关的某种养分浓度达到过饱和时，就会发生沉淀，直至保持平衡。如果溶液中的养分被植物吸收而不断消耗，则矿物就会逐渐被溶解，直至达到平衡状态。由此可以看出，土壤固相所吸附的养分元素与溶液中的养分元素始终保持着一个动态平衡的过程。这种固液养分平衡，实际上是养分供给的土壤植物系统动态平衡的关系。

植物根系主要从土壤溶液中吸取养分，也可吸取土壤胶体上吸附的代换性养分。但因土壤胶体表面吸附的养分的吸附机理即吸附释放的影响因素很复杂，吸附态养分的有效性差别很大。如由静电引力吸附的交换性离子的有效性较高；由共价键结合的表面络合物（内圈）属于专性吸附，有效性则较低。在作物生产中，植物从土壤溶液吸取矿质营养，养分元素随着农产品收获，不断从土壤中输出，就需对土壤溶液补充“缺乏”的元素，以维持其平衡。养分补给的途径，一是靠固液间相互转化、移动，即靠土壤自身调节；二是靠人为施肥补给，补给多少要依据作物对养分的需要量、需肥规律和土壤有效养分的供应能力来确定。

2. 养分均衡

平衡施肥是指维持植物最大生长速率和产量必需的各养分平衡，各种养分浓度间的最佳比例和收支平衡。作物在整个生育期中需要吸收多种养分，而需要的各种养分的数量有多有少，这种数量上的差异是由作物的生物学特性决定的。作物吸收的养分来自土壤，而土壤中含有的各种有效养分的数量不一定符合作物不同生长阶段的需要，往往需要通过施肥来调节，使土壤中的养分大体上符合作物不同生长阶段的需要。

6.1.3 土壤溶液的特性

土壤溶液中的化学物质按其化学组成可分为有机物和无机物，有机物包括可溶性氨基酸、腐殖质、糖类和有机－金属离子的配合物；无机物包括 Ca^{2+}、Mg^{2+}、Na^{+}、K^{+}、SO_4^{2-}、HCO_3^- 等，以及少量的 Fe、Mn、Cu、Zn 等的盐类化合物。就其与植物生长和生态环境的关系，土壤中的溶质又可分为养分、盐分、农药及重金属离子等。此外，土壤溶液中亦有一些悬浮的有机无机胶体和溶解的气体。

在不同的气候条件、成土母质和地形条件下，不同地域土壤的溶液组成成分差别显著，因此土壤溶液组成亦能反映该土壤在所处的自然条件下的形成过程。

土壤溶液的特性通常采用浓度、活度、离子强度、导电性、酸碱性、氧化还原性等进行表示。

1. 浓度、活度与离子强度

土壤溶液最常用的浓度表示方式为物质的质量浓度和物质的量浓度。土壤溶液的浓度有总浓度和单一溶质的浓度之别，可根据研究需要选用各种溶质的总浓度或某种溶质的浓度进行表示。事实上，土壤溶液浓度并不能确切地反映土壤溶液的实际化学行为。土壤溶液受到离子类型、性质以及与水分子间的相互作用影响，其溶质浓度并不能代表其有效浓度，土壤溶液并非理想溶液，其化学势能与理想溶液有所偏差。因此，为了使非理想溶液的行为也可用有关理想溶液的公式表述，引入活度概念 α。

离子活度可以理解为实际溶液中该离子的有效浓度或热力学浓度。活度与浓度的关系一般表示为

$$a=\gamma_x x \text{ 或 } a=\gamma_c c \tag{6.1}$$

式中：x、c 为浓度的不同表示方法；x 为某物质的量分数；c 为某物质的量浓度；r_x、r_c 为活度系数。

为了确切反映离子间的相互作用，在土壤溶液特性中引用了离子强度的概念。离子间的相互作用随其浓度和离子电荷的平方而增加。离子强度 I 可表示为

$$I=\frac{1}{2}\sum C_iZ_i^2 \tag{6.2}$$

式中：C 为物质的量浓度；Z 为离子价数；i 为离子种类，一种溶液只有一个离子强度。

离子强度与离子活度、活度系数有一定的关系。因此，依据离子强度即可以计算出离子的活度系数。Debye - Hückel 曾提出单个离子活度系数的计算式，Davies（1962）又简化提出如下公式：

$$\lg\gamma_i=-AZ_i^2\ \frac{I^{1/2}}{1+Bd_iI^{1/2}} \tag{6.3}$$

式中：Z 为离子价数；I 为离子强度；γ 为单个离子活度；A、B 为常数，随压力和温度而变化，一个大气压下的 A、B 值列于表 6.2。D_i 为水合离子的有效半径，见表 6.2，Z 为离子价数，I 为离子强度。

表 6.2　不同温度下的 A、B 值

温度		A	$B/(\times10^{-8}\text{cm})$
℃	K		
0	273	0.4883	0.3241
5	278	0.4921	0.3249
10	283	0.4960	0.3258
15	288	0.5000	0.3262
20	293	0.5042	0.3273
25	298	0.5085	0.3281
30	303	0.5130	0.3290
35	308	0.5175	0.3297
40	313	0.5221	0.3305

注　引自 Tan，1982。

2. 导电性

当电流通过土壤溶液时，溶液中的离子会发生定向移动，因而产生电流。因此，土壤溶液电流的导电能力与溶液离子浓度、电荷及离子运移速率有密切关系，可以反映土壤溶液中离子的组成和浓度状况，一般用电导率 EC_w 表示，有时也用 EC_e 表示。目前，测量土壤盐分组成时，通常利用 1∶5 或 1∶1 土水比浸提，其浸出液的电导率可用 $EC_{1:5}$ 和 $EC_{1:1}$ 表示。同时由于电导率可以反映土壤溶液中的含盐量，而盐分含量的高低会直接或间接影响作物的产量，因此也常利用电导率反映盐分对作物生长的影响，通常认为，电导率为 0～2mS/cm，对作物生长影响不大；电导率为 2～4mS/cm，敏感作物的产量可能受限制；电导率为 4～8mS/cm，许多作物产量受限制；电导率为 8～16mS/cm，只有耐盐作物的产量是满意的；电导率大于 16mS/cm，只有极少数耐盐的作物产量是满意的。

3. 酸碱性

土壤溶液的酸性主要由于土壤溶液中含有 H^+、Al^{3+} 引起的。土壤溶液的碱性则由于 HCO_3^-、CO_3^{2-} 的存在。通常将土壤溶液酸性和碱性统称为酸碱性，是土壤溶液的一个重要性质。它不仅直接影响植物生长，而且参与土壤中一系列化学反应，对土壤化学元素的转化、运移、离子的形态、有效性和毒性、毒理等，以及土壤的一系列物理、化学、生物性质产生影响。

土壤溶液的酸碱性可用pH值和石灰位来表示。pH值表示土壤溶液中氢离子活度的负对数。

$$pH=-\lg(H^{+}) \tag{6.4}$$

与水溶液一样，pH值若低于7，土壤溶液为酸性，反之为碱性。

石灰位是土壤酸度的另一指标，能够表达土壤溶液中氢（铝）、钙离子的综合状况，一般用钙离子和氢离子活度比表示。石灰位也间接地反映了土壤的供钙水平。

$$\frac{(Ca^{2+})^{1/2}}{(H^{+})}=\frac{(Ca^{2+})^{1/2}(OH^{-1})}{(H^{+})(OH^{-1})} \tag{6.5}$$

由于成土原因，不同类型的土壤pH值范围也有不同；此外，人为施加的化肥、有机肥、酸雨、植物残体等均会影响土壤的酸碱度。我国土壤pH值大多在4.5～8.5范围内，由南向北pH值递增，长江（北纬33°）以南的土壤多为酸性和强酸性，如华南、西南地区广泛分布的红壤、黄壤，pH值大多在4.5～5.5之间；华中华东地区的红壤，pH值在5.5～6.5之间；长江以北的土壤多为中性或碱性，如华北、西北的土壤大多含$CaCO_3$，pH值一般在7.5～8.5之间，少数强碱性土壤的pH值高达10.5。

4. 氧化还原性

土壤是一个复杂的氧化还原体系，存在着多种有机、无机的氧化、还原态物质。一般土壤空气中的游离氧、高价金属离子（Mn^{4+}，Fe^{3+}，SO_4^{2-}）多为氧化剂，土壤中的有机质及其厌氧条件下的分解产物（H^2，S^{2-}）和低价金属（Mn^{2+}，Fe^{2+}）等为还原剂。在生物（微生物、植物根系分泌物等）参与下，土壤溶液中的离子进行氧化还原反应，且有些离子的转化是不可逆的。同时，氧化还原反应条件受季节变化和人为措施（如稻田的灌水和落干）的影响亦经常发生变化的，因此一般采用氧化还原反应电位（Eh）衡量土壤氧化还原反应状况。在我国自然条件下，一般认为Eh低于300mV时为还原状态，淹灌水田的Eh值可降至负值。土壤氧化还原电位一般在200～700mV时，养分供应正常。土壤中某些变价的重金属污染物，其价态变化、运移能力和生物毒性等与土壤氧化还原状况有密切的关系。如土壤中的亚砷酸（H_3AsO_3）比砷酸（H_3AsO_4）毒性大数倍。当土壤处于氧化状态时，砷的危害较轻，而土壤处于还原状态时，随着Eh值下降，土壤中砷酸还原为亚砷酸就会加重砷对作物的危害。土壤溶液的氧化还原由于对土壤中的各种化学过程、生物化学过程及其引起的某些元素化合物的溶解度、运移能力和对植物的有效性产生较大影响，因此直接或间接的影响着植物生长。

6.2 土壤养分运移

无论作物养分存在何种形态，都需要通过各种物理、化学和生物过程，转化成无机态，以水为载体，输送到作物根系，并被作物吸收利用。通常将可溶解的化学物质称为溶质。因此，无论何种养分，其溶解态养分运移符合溶质运移基本特征，并可以利用数学模型进行描述。下面主要就土壤溶质运移特征及数学模型做简单介绍。

6.2.1 土壤溶质穿透曲线

1. 土壤溶质穿透曲线定义

将一长为 L，直径为 D 的土柱，按一定容重均匀装入土样柱。利用某种溶液将土样饱和（或维持某一含水量），并使溶液流速 v 维持恒定，然后利用另一种浓度为 C_0 的溶液去置换原始溶液，同时测定出流溶液的浓度 $c(t)$ 和体积或时间。根据测定的资料点绘制相对浓度 $c(t)/c_0$ 与孔隙体积数 N 间的关系曲线，称之为土壤溶质穿透曲线。将土柱长度 L 除以溶液流速 v 所得的时间 t_0 称之为平均穿透时间，将示踪元素刚被检测到的时间称之为最小穿透时间。

如图 6.2 所示，在 $t=0$ 时刻，同时开始利用蠕动泵对饱和土柱（无离子输入）进行浓度为 C_0 的氯离子溶液，同时水流通量 Jw 继续维持不变。从 $t=0$ 时刻开始，在土柱底部 $z=L$ 处监测氯离子浓度。绘出氯离子浓度随时间或出流液相对体积的变化曲线，即为测得的氯离子穿透曲线。

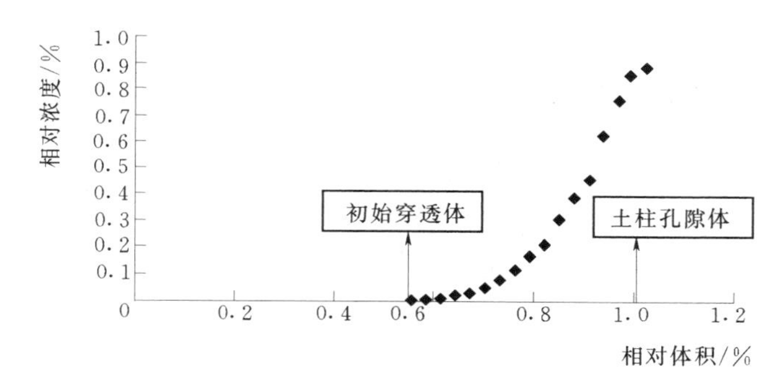

图 6.2 土壤溶质穿透曲线

2. 土壤溶质穿透曲线类型

由于土壤溶质穿透曲线是研究土壤溶质运移机制的重要方法，因此根据研究目的不同将穿透曲线进行了划分。按照示踪元素输入方式分为连续性输入型土壤溶质穿透曲线和脉冲输入型穿透曲线；按照试验土样含水量分为饱和土壤穿透曲线和非饱和土壤穿透曲线；按照试验土壤的结构特性分为扰动土壤穿透曲线和原状土壤溶质穿透曲线。

3. 土壤溶质穿透曲线作用

土壤溶质穿透曲线是研究各种因素对溶质运移影响的重要手段，土壤溶质穿透曲线可用以研究土壤含水量、容重、土壤质地以及溶质化学特性对土壤溶质运移特性的影响；利用原状土与扰动土壤溶质穿透曲线研究土壤结构对土壤溶质运移的影响。特别是土壤大孔流问题的出现，土壤溶质穿透曲线又成为研究大孔流的一个重要工具；根据饱和土壤溶质穿透曲线和非饱和土壤溶质穿透曲线可研究饱和条件和非饱和条件下土壤孔隙导水能力的差异，以及不同级别孔隙对水分和溶质运移所起的作用；对于土壤溶质运移的对流弥散理论而言，可利用土壤溶质穿透曲线推求土壤水动力弥散系数；对于土壤水分和溶质运移的几何理论而言，可利用土壤溶质穿透曲线来研究土壤不动水和相对运动水体间的比例关系，以及研究土壤孔隙分布特性。同时可根据土壤水分运动和溶质运移的几何理论来推求土壤水分运动几何模型与土壤溶质运移几何模型间的关系，并可相互推求有关参数。

6.2.2　土壤溶质运移物理过程

由于土壤溶质运移过程受到溶质自身性质、土壤性质、环境条件、人为管理等因素影响，土壤溶质运移过程极为复杂。因此为定量描述或预测溶质在土壤中的运移，必须从物理、化学的机理上应用数学模型进行描述。

土壤溶质运移现象实际上是一种溶液与另一种溶液混合和置换的过程，即一种与原土壤溶液的溶质组成成分或浓度不同的溶液进入土壤后，与原溶液进行混合和置换的过程。土壤原有溶液被称为被置换溶液，新加入溶液称为置换溶液。这一混合置换过程通常由对流、分子扩散和机械弥散3个物理过程以及溶质运移过程中发生的化学、物理过程或其他过程综合作用的结果。

1. 对流

溶质随流动着的土壤水而整体移动的过程称为对流。对流引起的溶质通量与土壤水通量和溶质浓度有关，可由下式表示：

$$J_c = qC \tag{6.6}$$

式中：J_c 为溶质的对流通量（密度），mol/(m^2 · s)；q 为水通量，m/s；C 为浓度，mol/m^3 或 kg/m^3。

溶质对流通量是指单位时间、单位面积土壤上由于对流作用所通过的溶质的质量或物质的量。

如果用孔隙水流速和含水量表示水分通量有

$$q = v\theta \tag{6.7}$$

式（6.7）可以表达为

$$J_c = v\theta C \tag{6.8}$$

式中：v 为平均水孔隙流速，m/s；θ 为容积含水量，m^3/m^3。

平均孔隙水流速指的是含水孔隙中水的平均流速，是单位时间内通过土壤的长度，不考虑由孔隙形状而带来所经历的曲折途径，亦称为平均表观速度。若针对饱和土壤，水流则为饱和流，式中 θ 即为土壤得有效孔隙度。

土壤溶质的对流过程可以在饱和土壤中发生，也可以在非饱和土壤中产生；既可以在稳态水流下发生，也可以在非稳态水流下发生。

2. 分子扩散

分子扩散是指由于离子或分子的热运动而引起的混合和分散作用。它是溶液（或该组分成分）浓度梯度引起的。只要浓度梯度存在，不存在水分运动时，分子扩散作用也存在。扩散作用常用费克第一定律表示：

$$J_s = -D_s'\frac{\mathrm{d}C}{\mathrm{d}x} \tag{6.9}$$

式中：J_s 为溶质的扩散通量，mol/(m^2 · s) 或 kg/(m^2 · s)；D_s'为溶质的有效扩散系数 m^2/s；x 为坐标。

D_s'一般小于该溶质在纯水中的扩散系数 D_0，因为在土壤中 D_s'还受孔隙弯曲度 $(L/L_e)^2$ 和土壤带电荷颗粒时对水的黏滞度（α）以及阴离子排斥作用对带负电颗粒附近水流的阻滞作用（γ）的影响。Olsen 和 Kemper（1956）等将土壤溶质的扩散系数用式

（6.10）表示：

$$D_s'=\theta\left(\frac{L}{L_e}\right)^2\alpha\gamma D_0 \tag{6.10}$$

式中：L 为扩散的宏观平均途径，而 L_e 为实际的弯曲途径，L/L_e，α，γ 均小于 1，所以 D_s 小于 D_0。

由于式（6.10）的部分参数在实际测定过程中较为困难，因此在实际应用中通常使用如下的经验公式计算。据 Olsen 和 Kemper（1968）报道，a，b 参数一般为 $a=0.005\sim0.001$（砂壤—黏土），$b=10$，适合土壤水分为 0.03～1.5MPa。

20 世纪 80 年代后，土壤溶质扩散这一过程多用式（6.11）表示：

$$J_s=-\theta D_s\frac{\mathrm{d}C}{\mathrm{d}x} \tag{6.11}$$

式中：D_s 为扩散系数，且 $D_s=D_0\tau$，其中 τ 为弯曲因子，无量纲，对大多土壤而言，其变化范围为 0.3～0.7（Wagent，1996）。

在降雨、灌溉入渗或饱和水流动中，溶质扩散作用的比重比较小，往往可以忽略。但在流速较慢的情况下，扩散作用还是很重要的。

3. 机械弥散

溶质的机械弥散作用是由于土壤孔隙中的水流速的微观流速的变化而引起的。而土壤中的孔隙由于大小不一、形状不一，因此使得土壤水溶液在流动过程中流速不同、方向不同，使溶质分散着并扩大运移范围。

由于机械弥散的复杂性，用具有明确物理意义的数字表达式较为困难。Taylor（1953）首先定量分析的毛管中沿水流方向的纵向弥散作用。Aris（1956）将 Taylor 方法应用于不规则形状的毛管，认为局部的速度不能应用于多孔体，因其几何形状极为复杂。De Josselin 和 de Jong（1958）将多孔体视为毛管的随机网络，但应用这种几何模型来描述弥散仍有局限性。随后，Scheidegger（1954），应用统计方法，将多孔体视为一个黑箱，溶质运移的途径是未知的，现象是随机的，发现溶质的概率函数成 Gaussian 正态分布。用统计学方法可以证明，机械弥散虽然在机制上与分子扩散不同，但可以用相似的表达式进行表示：

$$J_h=-D_h\frac{\mathrm{d}C}{\mathrm{d}z} \tag{6.12}$$

式中：J_h 为溶质机械弥散通量，mol/(m^2·s) 或 kg/(m^2·s)；D_h 为溶质机械弥散系数，m^2/s。且

$$D_h=\alpha\cdot|v|^n \tag{6.13}$$

式中：n 一般可近似取 1；α 为弥散率或弥散度，根据已有试验，α 一般为 0.2～0.55，也有报道为 10cm 或更大，田间土壤的 α 比实验室填装土柱的 α 要大 1～3 个数量级。

4. 水动力弥散

机械弥散和分子扩散在土壤中都引起了溶质浓度的混合和分散，且微观流速不易测定，弥散和扩散结果也不易区分，所以在实际研究中常将两者联合起来，称为水动力弥散，表达式如下所示：

$$J_{sh}=-D_{sh}(\theta,v)\frac{\mathrm{d}C}{\mathrm{d}z} \tag{6.14}$$

因此，D_{sh} 即可以表示为

$$D_{sh}(\theta,v)=a|v|^{n}+D_{s}' \tag{6.15}$$

$$D=a|v|^{n}+D_{0}'\tau \tag{6.16}$$

为了进一步研究水动力弥散系数与速度分布、分子扩散之间的关系，众多学者通过实验得到溶质穿透曲线，便可求出水动力弥散系数 D。并提出无量纲数 Pe：

$$Pe=\frac{vd}{D_{s}} \tag{6.17}$$

式中：Pe 称为 Peclet 数；v 为平均孔隙速度；d 为多孔介质的平均粒径或其他介质的特征长度。

Kutilek 和 Nielsen（1994）建议，在实验室和田间土壤溶质运移的条件下，若不考虑湍流和裂隙流等，根据 Pe 的大小，可以把水动力弥散过程分成 4 个区。

第 1 区，$Pe<0.3$	$D=D_{s}$	$D_{h}\ll D_{s}$
第 2 区，$0.3<Pe<5$	$D=D_{s}+D_{h}$	$D_{h}\approx D_{s}$
第 3 区，$5<Pe<20$	$D_{h}<D_{s}<D_{h}+D_{s}$	$D_{h}>D_{s}$
第 4 区，$0.3<Pe<5$	$D=D_{h}$	$D_{h}\gg D_{s}$

6.2.3　土壤溶质运移数学模型

土壤溶质运移是一个复杂物理、化学和生物过程，为了利用数学模型描述土壤溶质运移过程，世界各国学者对其物理过程进行了分析，首先从土壤孔隙分布和流速入手，Taylor（1951）提出了描述土壤溶质运移的单毛管模型，但由于该模型未能体现土壤特征对溶质运移的影响，并提出考虑分子扩散作用的模型，仍不能很好描述土壤溶质运移过程。此后经过不断发展，提出了对流弥散理论。由于对流弥散理论模型中参数推求的复杂性，为了便于应用，Jury 提出了传递函数模型。因此土壤溶质运移理论可以分成三大类型，即几何理论、对流弥散理论和传递函数。三种理论各具特点，几何理论是从土壤溶质运移微观机制出发，通过分析溶质运移微观流速及其分布，建立相应数学模型。对流弥散理论是通过对溶质运移速度分布概化，相对宏观考虑溶质运移总体特征。而传递函数模型通过综合概化溶质运移过程，建立相应数学模型。由于几何理论要求准确描述土壤孔隙流速及其分布，虽然人们建立了适宜特殊情形几何模型，仍未建立起广泛适用的数学模型。目前常用的描述土壤溶质运移理论是对流弥散理论。下面着重介绍几何理论和对流弥散理论。

6.2.3.1　几何理论

几何理论是依据对土壤孔隙分布特征的概化，并将土壤溶质运移过程看成对流与分子扩散过程，推求溶质运移模式。该理论将土壤孔隙和流速分布特点出发，将土壤水分与溶质有机地联系起来，给出较为清晰的溶质运移轨迹，便于更好的理解溶质运移机制。

1. 活塞流

活塞流是一种最为简单而理想的溶质运移模式。在现实中难以存在的溶质运移模式，但它可以用于理解溶质运移特征的一个理论参考状态。如将土壤孔隙概化成为一个直径为

D 的圆形直管，圆管内为水所充满，水与溶质的运移速度同为 v，且水与溶质运移与管半径无关。也就是说，土壤溶质运移仅有对流作用，而不考虑分子扩散与机械弥散。如果进行溶质易混置换试验，示踪元素的出流浓度可表示为

$$c=\begin{cases}0\ ,L>vt\\ c_0,L<vt\end{cases} \tag{6.18}$$

式中：L 为试验土柱长度；c_0 为示踪元素浓度；t 为试验历时。

由公式可以看出，但溶质从土体流出时，溶质浓度与入流溶质浓度相同，意味着溶质和溶液运移速度相同，也就是仅有对流作用。这样在后期理解分子扩散和机械弥散作用时，可以此为对照，分析分子扩散和机械弥散作用大小。

2. 单毛管模型

Taylor（1951）首先利用数学模型描述土壤溶质运移过程。将土壤孔隙概化为相当于直径为 D 的直毛管。根据层流理论，任意断面水流速分布为

$$v=2v_0\left(1-\frac{r^2}{R^2}\right) \tag{6.19}$$

式中：v 为任意半径 r 所对应的流速；v_0 为管流平均流速；R 为管的半径。

对于易混合置换实验而言，如果不考虑分子扩散作用，任意断面溶质质量平衡方程表示为

$$\pi R^2 v_0 c(t)=c_0\int_0^{r_1}2\pi r v\,\mathrm{d}r \tag{6.20}$$

式中：r_1 为任意管的半径，意味着只有半径为 $0\sim r_1$ 有溶质运移，大于 r_1 空间此时不含有溶质。

对上式进行积分得

$$\frac{c(t)}{c_0}=1-\left(\frac{L}{2tv_0}\right)^2 \tag{6.21}$$

上式就是土壤溶质运移的单毛管模型。从上式即可以看出，当等式右边为零时，可得到平均穿透时间 $T_a=L/v_0$，而最小穿透时间 $T_{\min}=T_a/2$，即最小穿透时间是平均穿透时间的一半。同时也说明最小穿透时间与土壤特性无关，这与实际有一定的差距。故此Taylor（1953）提出了考虑分子扩散作用的模式。认为对于圆形水平土柱溶质在运移过程中存在着轴向扩散，这样溶质运移方程变为

$$\frac{\partial c}{\partial t}=D_r\left(\frac{\partial^2 c}{\partial r^2}+\frac{\partial c}{r\partial r}+\frac{\partial^2 c}{\partial x^2}\right)-2v_0\left(1-\frac{r^2}{R^2}\right)\frac{\partial c}{\partial x} \tag{6.22}$$

式中：D_r 为溶质轴向分子扩散系数；x 为水平坐标。这一方程建立也为对流弥散理论的发展奠定了基础。

3. 毛管束模型

为了改进 Taylor（1953）单毛管模型，一些学者也尝试利用几何理论来描述土壤溶质运移过程，但由于难以对孔隙流速分布给出合理的描述，这些模型难以较好描述土壤溶质运移特征，但这些研究为毛管束模型发展提供了有意参考。同时，随着人们对孔隙分布及相应水分运动研究的逐步深入，为利用几何理论描述土壤溶质迁运移奠定了良好基础。王全九等（2002）根据 Brooks－Corey 土壤水分特征曲线模型，建立了描述土壤溶质运移

的毛管束模型。

假设土壤孔隙是由一系列大小不同的毛管所组成，并且这些毛管大小分布服从于土壤水分特征曲线。土壤中存在相对不动水体和可动水体，并且两者之间的质量交换是一个瞬时质量交换过程，土壤溶质运移主要是对流作用引起的，同时分子扩散作用可以忽略。

土壤含水量与土壤吸力间关系可用式（6.23）表示：

$$S=\frac{\theta-\theta_r}{\theta_s-\theta_r}=\left(\frac{h_d}{h}\right)^n \tag{6.23}$$

式中：θ 为土壤含水量，cm^3/cm^3；θ_s 为土壤饱和含水量，cm^3/cm^3；θ_r 为相对不动水体含水量，cm^3/cm^3；h_d 为土壤进气吸力，cm；S 为土壤饱和度；h 为土壤吸力，cm。

土壤水分特征曲线反映了土壤孔隙分布，根据 Hagen - Poiseuille 理论，某一尺寸毛管的导水率可表示为

$$k_h=\frac{Te^2S^{\frac{2}{n}}}{2ugh_d^2} \tag{6.24}$$

式中：k_h 为与饱和度相关的毛管导水率，cm/min；e 为表面张力；u 为水动力黏滞系数；g 为重力加速度；T 为孔隙的连接性，是土壤水饱和度的函数（Burdine，1953；Brooks 和 Corey，1964），即

$$T=aS^m \tag{6.25}$$

式中：a 为一个常数；m 为与土壤孔隙连接性有关的参数。

这样任意毛管导水率表示为

$$k_h=\frac{ae^2}{2ugh_d^2}S^{m+\frac{2}{n}} \tag{6.26}$$

令 $E=ae^2/2ug$，式（6.26）变为

$$k_h=\frac{ES^{m+\frac{2}{n}}}{h_d^2} \tag{6.27}$$

当 $S=1$ 时代表最大毛管，其导水率为

$$k_m=\frac{E}{h_d^2} \tag{6.28}$$

土壤饱和导水率是所有导水孔隙的导水能力之和，可表示为

$$k_s=\int_{\theta_r}^{\theta_s}k_h\mathrm{d}\theta=(\theta_s-\theta_r)\int_0^1 k_h\mathrm{d}S=\frac{n(\theta_s-\theta_r)k_m}{2+(m+1)n} \tag{6.29}$$

因此，任意毛管导水率可表示为

$$k_h=k_mS^{\frac{2}{n}+m}=\frac{[2+(m+1)n]k_sS^{\frac{2}{n}+m}}{n(\theta_s-\theta_r)} \tag{6.30}$$

毛管流速分布表示为

$$\frac{k_h}{k_s/(\theta_s-\theta_r)}=\frac{[2+(m+1)n]S^{\frac{2}{n}+m}}{n} \tag{6.31}$$

式中：$k_s/(\theta_s-\theta_r)$ 为土壤孔隙平均流速；k_h 为毛管流速，因此土壤毛管流速分布应服从下列关系式，即

$$v=\frac{[2+(m+1)n]v_0S^{\frac{2}{n}+m}}{n} \tag{6.32}$$

式中：$v=k_h$，$v_0=k_s/(\theta_s-\theta_r)$。

对于易混置换实验，饱和土柱上任意距离 x，土壤溶质质量平衡方程可表示为

$$\begin{aligned}c(x,t)v_0 &= c_0\int_s^1 k_h \mathrm{d}S \\ &= c_0\int_s^1 \frac{[2+(m+1)n]v_0 S^{\frac{2}{n}+m}}{n}\mathrm{d}S \\ &= c_0 v_0 - c_0 v_0 S^{\frac{2+(m+1)n}{n}}\end{aligned} \tag{6.33}$$

式中：$c(x,t)$ 为任意一点溶质浓度；c_0 为入流溶液浓度。

将式（6.33）变为

$$\frac{c(x,t)}{c_0}=1-S^{\frac{2+(m+1)n}{n}} \tag{6.34}$$

式（6.34）显示了任意毛管流速与饱和度间关系，因此饱和度 S 可表示为

$$S=\left\{\frac{vn}{[2+(m+1)n]v_0}\right\}^{\frac{n}{2+mn}} \tag{6.35}$$

这样相对溶质浓度表示为

$$\frac{c(x,t)}{c_0}=1-\left\{\frac{nv}{[2+(m+1)n]v_0}\right\}^{\frac{2+(m+1)n}{2+mn}} \tag{6.36}$$

由于 $x=tv$，所以 $v=x/t$，因而有

$$\frac{c(x,t)}{c_0}=1-\left\{\frac{nx}{[2+(m+1)n]tv_0}\right\}^{\frac{2+(m+1)n}{2+mn}} \tag{6.37}$$

对于土壤溶质置换实验而言，x 可看成试验土柱长度 L，式（6.37）变为

$$\frac{c(L,t)}{c_0}=1-\left\{\frac{nL}{[2+(m+1)n]tv_0}\right\}^{\frac{2+(m+1)n}{2+mn}} \tag{6.38}$$

式中：tv_0/L 为相对空隙体积数，并令 $B=tv_0/L$，式（6.38）变为

$$\frac{c(t)}{c_0}=1-\left\{\frac{n}{[2+(m+1)n]B}\right\}^{\frac{2+(m+1)n}{2+mn}} \tag{6.39}$$

令 $D_1=n/[2+(m+1)n]$，$D_2=[2+(m+1)n]/(2+mn)$，式（6.39）变为

$$\frac{c(t)}{c_0}=1-\left(\frac{D_1}{B}\right)^{D_2} \tag{6.40}$$

上述公式是针对非吸附性溶质，对于吸附性溶质而言，如等温线性吸附方程可表示为

$$s=Kc \tag{6.41}$$

式中：K 为吸附系数，相应的土壤溶质穿透曲线表示为

$$\frac{c(t)}{c_0}=1-\left\{\frac{n(1+\rho K/\theta)}{[2+(m+1)n]B}\right\}^{\frac{2+(m+1)n}{2+mn}} \tag{6.42}$$

式中：ρ 为土壤容重。

在毛管束模型中包含有两个特征参数，即最小穿透体积数和形状系数，其中 D_1 为最小体积数，D_2 为形状系数。而 D_1 和 D_2 是参数 m 和 n 的函数，其中 n 反映了土壤孔隙分布特征，而 m 是与土壤孔隙连接性有关。对于确定的土壤而言，n 可以通过土壤水分特征曲线来确定，m 一般认为是常数，不同模型赋予不同数值，如在 Brooks－Corey 非饱和导

水率模型中，$m=2$。在 van Genuchten（1980）非饱和导水率公式中，$m=0.5$。因此，m 仅能根据模型来确定，无法获得理论结果。根据 Mualem（1978）研究结果，这里取 $m=-2$，式（6.39）变为

$$\frac{c(t)}{c_0}=1-\left[\frac{n}{(2-n)B}\right]^{\frac{2-n}{2-2n}} \tag{6.43}$$

式（6.46）仅包含一个参数，可通过土壤水分特征曲线进行确定。并有 $D_1=n/(2-n)$，$D_2=(2-n)/(2-2n)$。因此随着 n 值增加，D_1 减小。通常随着土壤质地由粗变细，则 n 由大变小，而最小穿透体积数也随质地由粗变细而逐渐减小，这与不同质地土壤溶质穿透曲线特征相一致。这样将土壤水分运动特征与溶质运移有机结合，便于进一步理解水与溶质运移特征。

6.2.3.2　对流弥散理论

由于几何理论要求准确描述土壤孔隙流速分布，为了便于应用，利用平均流速代替孔隙流速分布，将孔隙流速不均匀性所引起溶质分散作用，利用机械弥散系数进行描述，这样发展了对流弥散理论。随着人们对溶质运移特征认识的逐步深入，对流弥散理论发展成为 3 种形式，即传统对流弥散方程、两区模型和两流区模型。

1. 对流弥散方程

根据土壤质量方程和溶质通量方程，可以获得对流弥散方程（CDE）。考虑溶质吸附作用和汇源项，一维非饱和溶质运移对流弥散方程表示为

$$\frac{\partial}{\partial t}(\rho_b C_a+\theta C)=\frac{\partial}{\partial z}\left(D_{sh}\frac{\partial^2 C}{\partial x^2}\right)-\frac{\partial}{\partial z}(qC)-r_s \tag{6.44}$$

式中：q 为土壤水流通量，cm/h；D_{sh} 为水动力弥散系数，cm^2/h；C_a 为固体颗粒上吸附溶质含量；r_s 为汇源项。

上述方程是适用不同情形下溶质运移，在实际应用中，可根据实际情况，对对流弥散方程进行简化。对于惰性、非吸附溶质在土壤中的运移，它既不与土壤固相发生吸附，而且溶质本身也不发生任何化学反应，这样 C_a 和 r_s 都为 0。如氯离子和溴离子带有负电荷，在碱性土壤中不与土壤固体颗粒和有机质发生吸附作用，而且不发生化学发应，只有与正离子间具有排斥作用，但这种作用一般不予考虑。由于其在土壤中不发生化学反应和吸附作用，故常被用作示踪元素来表征土壤水分运移特性和土壤孔隙分布特性。土壤溶质运移基本方程变为

$$\frac{\partial \theta C}{\partial t}=\frac{\partial}{\partial z}\left(D_{sh}\frac{\partial C}{\partial z}\right)-\frac{\partial}{\partial z}(qC) \tag{6.45}$$

如果土壤水分运动属于稳定流，则为

$$\frac{\partial C}{\partial z}=D\frac{\partial^2 C}{\partial z^2}-v\frac{\partial C}{\partial z} \tag{6.46}$$

式中：D 为表观土壤溶质水动力弥散系数，它仅与水分流速有关，而与含水量无关，$D=D_{sh}/\theta$，$v=q/\theta$。如果土壤处于饱和状态，则 D 为饱和土壤溶质表观水动力弥散系数。如果土壤处于非饱和状态，则 D 为相应于某一含水量的表观土壤溶质水动力弥散系数。

对于某些化学物质，虽然在土壤中不发生化学和生物反应，但与土壤固相间存在着吸

附作用。溶质在土壤中的运移方程可表示为

$$\frac{\partial(\rho C_a+C\theta)}{\partial t}=\frac{\partial}{\partial z}\left(D_{sh}\frac{\partial C}{\partial z}\right)-\frac{\partial(qC)}{\partial z} \tag{6.47}$$

如果土壤均质且土壤水分处于稳定运动状态，土壤溶质运移过程可用下式来描述，即

$$\frac{\rho\partial C_a}{\theta\partial t}+\frac{\partial C}{\partial t}=D\frac{\partial^2 C}{\partial z^2}-v\frac{\partial C}{\partial t} \tag{6.48}$$

由于吸附在土壤颗粒上溶质含量 C_a 与土壤溶液的溶质浓度 C 间存在着一定的函数关系。对于线性等温吸附过程，土壤吸附的溶质含量与液相溶质浓度间的关系可表示为

$$C_a=k_dC \tag{6.49}$$

式中：k_d 为等温吸附系数。

这样有

$$\frac{\partial C_a}{\partial t}=k_d\frac{\partial C}{\partial t} \tag{6.50}$$

式（6.48）变为

$$\left(1+\frac{\rho k_d}{\theta}\right)\frac{\partial c}{\partial t}=D\frac{\partial^2 c}{\partial z^2}-v\frac{\partial c}{\partial t}=R\frac{\partial c}{\partial t} \tag{6.51}$$

式中：R 为滞留因子，$R=1+\rho k_d/\theta$。

将式（6.52）变形为

$$\frac{\partial c}{\partial t}=D_r\frac{\partial^2 c}{\partial z^2}-v_r\frac{\partial c}{\partial z} \tag{6.52}$$

式中：D_r 为滞留动力弥散系数，$D_r=D/R$；v_r 为溶质运移速度，$v_r=v/R$。对于非吸附性溶质其运移速度与水分运动速度相同，而吸附性溶质的运移速度较非吸附性溶质慢。这就是一般吸附性溶质运移较非吸附性溶质运移速度慢的原因所在。

2. 可动-不动水两区模型

由于传统对流弥散方程难以准确描述土壤溶质穿透曲线，即通常称最期穿透和拖尾现象。人们发展了两区模型。将土壤孔隙分成两部分，一部分孔隙中水分处于运动状态，一部分孔隙中水分不发生运动。但两种孔隙间存在溶质交换，并利用质量交换来反映交换强度。

对于稳定条件下不考虑溶质任何化学和生物过程两区模型可表示为

$$\theta_m\frac{\partial C_m}{\partial t}+\theta_{im}\frac{\partial C_{im}}{\partial t}=\theta_mD\frac{\partial^2 C_m}{\partial x^2}-V_m\theta_m\frac{\partial C_m}{\partial x} \tag{6.53}$$

$$\theta_{im}\frac{\partial C_{im}}{\partial t}=\omega(C_m-C_{im}) \tag{6.54}$$

$$\theta=\theta_m+\theta_{im} \tag{6.55}$$

$$\theta C=\theta_mC_m+\theta_{im}C_{im} \tag{6.56}$$

式中：C 为土体溶质浓度；θ 为土壤容积含水量，cm^3/cm^3；θ_m，θ_{im} 分别为可动区和不可动区的容积含水量，cm^3/cm^3；C_m，C_{im} 分别为可动区和不可动区的溶质浓度，$\mu g/ml$；D 为弥散系数，cm^2/h；V_m 为可动区的平均孔隙流速，cm/h；t 为时间，h；x 为空间坐标，cm；ω 为两区之间的质量交换系数，h^{-1}。

由两区模型可以看出，模型中除包含水动力弥散系数外，还包含有不动水体含量和质量交换系数两个参数。这就为实际应用增加了参数确定的难度。国外一些学者也通过对溶质运移特征概化，提出了确定不动水体含量和质量交换系数。目前具有代表性方法是Jaynes等（1995）方法。该方法假定土壤中不含有溶质，水流处于稳定状态，入流溶质浓度为 C_0。在实验测定时，水动力弥散作用很小，可动区溶质浓度等于入流浓度，这样式（6.53）仅有对流作用，只有式（6.54）～式（6.56）发挥作用。通过对式（6.54）积分，可以得到：

$$\ln\left(1-\frac{C}{C_0}\right)=-\frac{\omega}{\theta_m}t+\ln\left(\frac{\theta_{im}}{\theta}\right) \tag{6.57}$$

通过测定溶质浓度随时间变化过程，利用式（6.57）计算两个参数。由于公式推导过程中假定水动力弥散作用很小，这就要求实验时水流速度较慢，且实验时间比较短，否则这一假定将产生较大误差。

3. 两流区模型

当土壤中存在大孔隙时，脉冲输入的土壤溶质穿透曲线往往表现出双峰现象。在这种情况下，传统对流弥散方程和两区模型也不无法描述土壤溶质的双峰现象。为此，Skopp（1981）提出了两流区模型。对于稳定条件下惰性溶质运移方程表示为

$$\frac{\partial C_A}{\partial t}=D_B\frac{\partial^2 C_A}{\partial x^2}-V_A\frac{\partial C_A}{\partial x}-\frac{\alpha}{\theta}(C_A-C_B) \tag{6.58}$$

$$\frac{\partial C_B}{\partial t}=D_A\frac{\partial^2 C_B}{\partial x^2}-V_B\frac{\partial C_B}{\partial x}-\frac{\alpha}{\theta}(C_B-C_A) \tag{6.59}$$

$$\theta=\theta_A+\theta_B \tag{6.60}$$

式中：A为快区；B为慢区，a 为一阶质量交换系数。

其中：

$$f=\frac{\theta_A}{\theta};\quad \gamma=\frac{V_A}{V_B} \tag{6.61}$$

$$V=fV_A+(1-f)V_B \tag{6.62}$$

$$C=\frac{C_A f\gamma+C_B(1-f)}{f\gamma+(1-f)} \tag{6.63}$$

式中：θ 为总孔隙度；V 为平均孔隙水流速，cm/h；C 为平均输入溶液浓度，$\mu g/mL$，D_A 和 D_B 分别与 V_A 和 V_B 呈线性关系。

$$D_A=D_0+\lambda V_A;\quad D_B=D_0+\lambda V_B \tag{6.64}$$

式中：λ 为弥散系数，cm；D_0 为溶质在水中的扩散系数，cm^2/h。

由上述模型可以看出，相对于两区模型，两流区模型又增加参数两区流速比。由于两流区模型复杂性，对于其模型参数变化特征和直接测定方法仍缺乏研究。

6.3 作物生育期养分的迁移转化

6.3.1 氮素在作物生育期的迁移转化

6.3.1.1 氮素在作物体内的含量、形态及分布

作物全氮（N）含量约为干物重的0.3%～5%，其含量与分布因作物种类、器官部位和生长发育期的不同而有明显差异。就作物的种类来讲，如大豆植株含量高达2.0%左右，而禾本科作物的植株含氮量仅0.5%～1.0%。同一品种各器官中叶片的叶绿素和生长后期的种子含氮量均较高，茎秆氮量则较低，同一器官幼嫩期器官比老熟器官含氮量高。其主要由于氮在植物体极易转移，随生育期推移含氮量呈抛物线变化。随着作物植株生长，全株茎叶含氮量急剧上升，至营养生长旺盛期和开花期达到最高，一旦进入生殖生长后期，植物体内的氮逐渐转移到生殖器官及其他器官，且作物中氮的含量和分布受施氮水平和施氮时期影响显著。

6.3.1.2 作物对氮素的吸收及利用

作物主要吸收 NH_4^+ 和 NO_3^-，水田水稻主要吸收 NH_4^+，而旱田作物主要吸收 NO_3^-；此外，作物也能吸收少量的有机态氮，如尿素、氰基酸及酰胺等。

1. 植物对硝态氮的吸收和同化

植物吸收 NO_3^- 是主动吸收，需要消耗能量，吸收过程受温度、酸碱度等影响。当温度介于23～35℃时吸收最快；pH值为4～5时，较利于作物吸收 NO_3^-，随pH值升高其吸收逐渐减少。

NO_3^- 进入植物体后一部分进入液泡贮存起来，大部分在根部或叶部被硝酸还原酶还原成 NH_4^+，反应式如下：

$$NO_3^- + NADPH \xrightarrow[Mo]{\text{硝酸还原酶}} NO_2^- + NADP$$

$$NO_2^- + NADPH \xrightarrow[Fe\quad Ca]{\text{亚硝酸还原酶}} NH_2OH + NADP$$

$$NH_2OH + NADPH \xrightarrow[Mn\quad Mg]{\text{羟胺还原酶}} NH_4^+ + NADP$$

2. 植物对铵态氮的吸收及同化

Epstein（1972）认为作物对 NH_4^+ 的吸收与吸收 K^+ 相似，两种离子均由相同载体带入膜内，故有竞争效应。而Mengel（1982）则认为铵态氮并非以 NH_4^+ 形式而是以 NH_3 的形式被吸收，当 NH_4^+ 与作物原生质膜接触时进行脱质子化，使得H留在膜外细胞溶液中，而 NH_3 扩散到膜内。NH_3 在细胞内再进行质子化，参与氮的代谢活动。

作物对 NH_4^+ 的吸收受到温度及盐碱度的影响。在25℃时吸收最快，在低温下，对 NH_4^+ 吸收较 NO_3^- 快；中性环境对 NH_4^+ 的吸收有利，主要由于此时作物生物膜带负电荷较多。

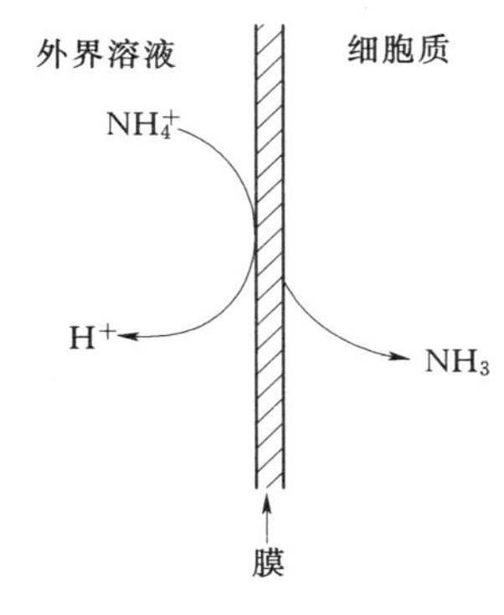

图6.3 在质膜上 NH_4^+ 脱质子化和 NH_3 的渗入
（注：图引自范页宽，2002）

通过根部所吸收的氮与呼吸作用产生的各种酮酸结合形成氨基酸，首先直接合成谷氨酸和天门冬氨酸，再通过转氨基作用，如把谷氨酸的氨基转到另一个酮酸上，合成另一种氨基酸：谷氨酸通过转氨基作用，可形成17种不同的氨基酸，反应式如下：

（1）氨基酸直接合成：在谷氨酰胺合成酶和谷氨酸合成酶的催化下合成氨基酸：

$$NH_3 + \text{谷氨酸} + ATP \xrightarrow{\text{谷氨酰胺合成酶}} \text{谷氨酰胺} + ADP + Pi$$

$$\text{谷氨酰胺} + \alpha - \text{酮戊二酸} + 2e^- + 2H^+ \xrightarrow{\text{谷氨酸合成酶}} 2\ \text{谷氨酸}$$

$$\text{净反应}: NH_3^+ + \alpha - \text{酮戊二酸} + 2e^- + 2H^+ + ATP \rightarrow \text{谷氨酸} + ADP + Picos^{-1}\theta$$

（2）通过转氨基作用合成其他氨基酸，目前已知由谷氨酸作为氨基的供体，可以形成17种不同的氨基酸，如下所示：

$$\text{谷氨酸} + \text{丙酮酸} \rightleftharpoons \alpha - \text{酮戊二酸} + \text{丙氨酸}$$

$$\text{谷氨酸} + \text{草酰乙酸} \rightleftharpoons \alpha - \text{酮戊二酸} + \text{天门冬氨酸}$$

$$\text{谷氨酸} + \text{乙醛酸} \rightleftharpoons \alpha - \text{酮戊二酸} + \text{甘氨酸}$$

（3）酰胺的合成：反应式如下：

$$\text{谷氨酸} + NH_3 + ATP \xrightleftharpoons{\text{谷氨酰胺合成酶}} \text{谷氨酰胺} + ADP + Pi + H_2O$$

$$\text{天门冬氨酸} + NH_3 + ATP \xrightleftharpoons{\text{天门冬氨酸合成酶}} \text{天门冬氨酸} + ADP + Pi + H_2O$$

（4）蛋白质的生物合成，植物体内氨基酸是形成蛋白质的基本物质。20多种氨基酸以肽键相连形成多肽链，肽链（$R_1CO-NHR_2$）是一个氨基酸的羟基与另一个氨基酸的氨基脱水缩合而成，其缩合反应如下：

$$\text{氨基酸} \xrightleftharpoons{-H_2O} \text{二肽} \xrightleftharpoons[+nH_2O]{-nH_2O} \text{多肽或蛋白质}$$

6.3.1.3 氮素在作物生育期内迁移转化

作物对氮吸收利用因生长发育阶段而不同，进而氮素在作物各个生育期的运移亦不同。随着营养生长的推进，作物光合作用的能力和蛋白质的合成量随之增大，水稻根吸收氮的能力在幼稳形成期时达到高峰，其后急速下降。这种氮吸收力的变动，也包含 NH_4^+ 和 NO_3^- 吸收力平衡的变动，随植物种类变化而变化。

已有证据表明，作物体内的氮随作物生长而不断积累和增长，在作物生长后期其体内的氮积累量下降，尤其是在施用氮肥情况下这一现象尤为明显。

随作物进入成熟期，植株体内的氮发生再分配，大部分氮将集中到籽实，而茎、叶、根中仅仅留少量氮，其分配比则随作物种类、品种以及作物生长状况而有一定的差别。收获时氮素在作物体内的分配比决定了农产品中氮可转入不同循环利用通道的资源量。例如籽实将通过喂饲通道经由动物排泄进入农家肥，而秸秆和根茬可直接回田或通过生产沼气、堆腐而转为农家肥。不同循环通道中氮的循环率可以有很大的不同。作物收获时氮在植株不同部位的分配比也决定了每形成单位籽实（或纤维和其他）产量时的作物收获氮量，后者则是根据作物产量估算农田土壤氮移出量的一项重要参数。

6.3.2 作物对磷素的吸收及利用

6.3.2.1 磷素在作物体内的含量、形态及分布

植物体内磷（P_2O_5）含量约占干物质重的0.2%～1.11%，约为氮的1/5～1/2。其

中有机磷约占全磷量的85%，无机磷为15%左右。有机磷主要包括核酸、磷脂、植素等，它们在磷营养中起到重要作用；而无机磷主要以钙、镁、钾的磷酸盐形态存在，其含量多少与介质中磷素供应水平有关。磷分布因作物种类和品种、作物器官、生育期等不同而不同，其中从作物种类对比，油料作物>豆科作物>禾谷类作物；从作物器官对比，种子>叶片>根系>茎秆；同一植株幼嫩器官高于老熟器官；从不同生育期对比，生长前期高于生长后期。

磷在植物体内和细胞内分布特点如下。

(1) 有明显的区域化。细胞的液泡个主要以无机磷为主（占85%～95%），可认为是磷的储藏库，调节其他部位合成需要的磷。而细胞质则以合机磷如磷脂占优势，可认为是磷的代谢库，其含量比较稳定，代谢消耗的磷由液泡中的无机磷不断补充到细胞质中参与代谢。

(2) 有明显的顶端优势。磷比较集中分布在含核蛋白较多的新芽和根尖等生长点或在生长发育旺盛的幼嫩组织中。

(3) 再利用率高。利用率可达80%以上，在作物成熟期，叶片及其他营养器官中的磷转移到繁殖器官贮存。因此，磷肥施用宜早不宜迟，植物后期基本上不再从土壤中吸收磷。

6.3.2.2 作物对磷素的吸收及利用

作物主要吸收正磷酸盐（H_3PO_4），也可以吸收适量偏磷酸盐（HPO_3）和焦磷酸盐（$H_4P_2O_7$），但两种盐在作物体内很快被水解成正磷酸盐。正磷酸盐进而水解，产生三种价位的磷酸根，$H_2PO_4^{2-}$ 最易被作物吸收。

过磷酸钙俗称普钙 [$Ca(H_2PO_4) \cdot H_2O$]，是我国磷肥主要品种之一，一般呈粉末状或颗粒状，其主要成分为水溶性磷酸一钙 $Ca(H_2PO_4) \cdot H_2O$ 和难溶性的石膏 $CaSO_4 \cdot 2H_2O$，此外还有2%～4%的硫酸铁、硫酸铝，3.5%～5%的游离酸，水溶液呈酸性反应。磷肥的游离酸和含水量过高，易使过磷酸钙板结，水溶性磷逐渐下降，品质变差，成为过磷酸钙的退化作用。其反应式如下：

$$\left\{\begin{matrix} Fe_2(SO_4)_3 \\ Al_2(SO_4)_3 \end{matrix}\right. + Ca(H_2PO_4)_2 \cdot H_2O + 5H_2O \rightarrow \left\{\begin{matrix} 2FePO_4 \cdot 2H_2O \\ 2AlPO_4 \cdot 2H_2O \end{matrix}\right. + CaSO_4 \cdot 2H_2O + 2H_2SO_4$$

过磷酸钙施入土壤后，一方面解离为能被植物吸收的 H_2PO_4；另一方面又极易被土壤的铁、铝、钙、镁等固定，且固定速度极快，因此过磷酸钙在当季作物的利用只有10%～25%，甚至更低，研究发现7d内，磷的固定率即可达46.5%。

过磷酸钙属三元酸盐，因此在土壤中分解较为复杂，水解过程产生比较强的酸，反应如下：

$$\left\{\begin{matrix} Fe_2(SO_4)_3 \\ Al_2(SO_4)_3 \end{matrix}\right. + Ca(H_2PO_4)_2 \cdot H_2O + 5H_2O \rightarrow \left\{\begin{matrix} 2FePO_4 \cdot 2H_2O \\ 2AlPO_4 \cdot 2H_2O \end{matrix}\right. + CaSO_4 \cdot 2H_2O + 2H_2SO_4$$

水解后解离的磷酸离子，移动性较弱，据移动距离通常不超过1～3cm，绝大部分集中在0.5cm范围内；同时由于移动弱，扩散系数小。施肥点产生高浓度的磷酸离子，高出原土壤溶液磷酸离子浓度的百倍以上，与周围土壤溶液形成明显的浓度梯度，于是磷酸离子不断向周围扩散；但水解形成的 H_3PO_4 和肥料本身的游离的Fe、Al、Ca、Mg等成分被溶解活化，进而与磷酸离子产生化学固定，使磷酸钙有效性降低。

磷酸离子在酸性土壤中一部分被作物吸收利用，一方面与活性 Fe、Al 反应产生磷酸铁、铝沉淀，反应如下：

$$\begin{cases}2Fe(OH)_3\\2Al(OH)_3\end{cases}+Ca(H_2PO_4)_2\cdot 2H_2O\rightarrow\begin{cases}2FePO_4\\2AlPO_4\end{cases}\downarrow+Ca(OH)_2+5H_2O$$

$$[\text{土壤胶体}]^{Fe}_{Al}+Ca(H_2PO_4)_2\cdot H_2O\rightarrow[\text{土壤胶体}]^{4H}_{Ca}+\begin{cases}FePO_4\\AlPO_4\end{cases}\downarrow+H_2O$$

初步形成胶状的无定形磷酸铁，铝，对作物仍有肥效，当进一步转化结晶而后又水解转化为盐基性的磷酸铁、铝、粉红磷铁矿和磷铝石，其肥效急剧降低。随磷酸盐的老化或土壤的氧化还原交替，形成闭蓄磷酸盐，作物则更难吸收利用。

磷酸根离子在石灰性土壤中扩散极易与土壤溶液中的钙离子、代换性钙及土壤碳酸钙和碳酸氢钙作用，形成含水磷酸二钙和无水磷酸二钙，在强石灰性土壤中，磷酸二钙继续与钙盐作用，逐步转化为磷酸八钙，最后转化为稳定的磷酸十钙，反应式如下：

$$Ca(H_2PO_4)_2\cdot H_2O\rightarrow CaHPO_4\cdot 2H_2O\rightarrow CaHPO_4\rightarrow Ca_8H_2(PO_4)_6\cdot 5H_2O$$
$$\rightarrow Ca_{10}(PO_4)_6\cdot(OH)_2\rightarrow Ca(PO_4)_6$$

所形成的磷酸二钙与磷酸八钙中的磷，对作物仍有一定的有效性，而磷酸很稳定，须在一定条件下或长时间风化后才能被作物吸收利用。

6.3.2.3 磷素在作物生育期内的迁移转化

作物苗期的磷营养对作物生产与产量至关重要，而苗期的磷肥施用方法则同时关系到幼苗磷营养与磷肥利用率两个重要方面。磷素被作物根系所吸收利用，其中大部分磷素以有机磷酸酯的形态存在，但向地上部分输送的则是以正磷酸酯形态进行。运送到地上部的磷素被分配到各个器官，但对生长发育时期代谢活性最高的器官分配最多，如成熟期，种子、果实分配得最多。同时，磷同样亦为典型的向代谢活动性高的部分再移动的元素，代谢活动接近于种植的老叶中的磷，向上位的嫩叶及种子、果实再移动。

6.3.3 作物对钾素的吸收及利用

6.3.3.1 钾素在作物体内的含量、形态及分布

一般而言，植物体内的全钾（K_2O）含量约占干物质的 0.3%～5.0%，其含量同样因植物种类及器官不同而有很大差异。含淀粉、糖等碳水分化合物较多的作物含钾量高的水稻、小麦、玉米等谷类作物含钾量较低。对于植物器官，谷类作物种子中钾含量低，而茎秆中含量高，薯类作物（如甜菜等）块茎、块根钾含量也较高。与氮、磷相比，钾在植物体内极易以离子形态吸附在原生质胶体表面或以可溶性钾盐存在于细胞内，钾不能形成有机化合物。所以植物体内的钾十分活跃跃，极易流动，再分配的速度很快，再利用的能力也很强，不断向代谢作用最旺盛的部位，如幼芽、幼叶、根尖中转移。

6.3.3.2 作物对钾素的吸收及利用

植物吸收钾的形态主要是钾离子（K^+），主要来源于土壤中的速效钾（水溶性钾和代换性钾）和补充到速效钾中的缓效性钾。土壤矿物态钾含量虽然很多，占全钾 90%以上，但对当季作物来说是无效的，所以土壤供钾丰缺标准常以测定速效钾和缓效性钾作为标

准。我国施用的化学钾肥主要是氯化钾，约占化学钾肥 95%。

氯化钾成分中含有少量的氯化钠和硫酸镁杂质，有吸湿性，易溶于水，水溶液呈中性，其成品一般呈乳白色或微红色结晶。氯化钾施入土壤后，很快解离为钾离子和氯离子。一部分钾离子为植物直接吸收，另一部分则进入土壤钾的平衡体系，参与离子交换、固定等过程，直至建立新的动态平衡为止，如下式所述：

水溶性钾⇌交换性钾⇌非交换性钾⇌矿物态钾

（溶液中 K^+）（胶体上 K^+）（层间钾）　（原生矿物）

水溶性钾和交换性钾可直接为作物吸收利用，在有机无机胶体丰富的土壤中、交换性钾数量增多，有利于减少钾的淋失。

（1）阳离子交换。施入土壤中的钾，首先同土壤胶体上吸附的钙、镁、氢、铝等阳离子起交换作用，因此，产生两个不利的影响。

1）在中性土壤中易使土壤脱钙板结，土壤胶体常为 Ca^+、Mg^+ 等离子饱和，K^+ 可与其交换形成 $CaCl_2$ 或 $MgCl_2$。其交换反应如下：

$$[\text{土壤胶体}]Ca+2KCl \rightleftharpoons [\text{土壤胶体}]^{K}_{K}+CaCl_2$$

$CaCl_2$ 溶解度大，在多雨地区或雨季钙极易从土壤中流失，长期施用如不配施钙质肥料，土壤中的钙将逐步减少，使土壤板结。又因氯化钾的生理酸性，能使缓冲性小的中型土壤逐渐变酸。因此在这类土壤中施加氯化钾，须配施石灰和有机肥料，防止土壤酸化和板结。而在石灰性土壤中，由于存在大量的 $CaCO_3$，因施用氯化钾所造成的酸可被中和而不致引起土壤酸化。

2）在酸性土壤易使土壤酸化加重和板结，钾离子可与土壤胶体上的 Al^{3+} 和 H^+ 产生交换反应：

$$[\text{土壤胶体}]^{Al}_{H}+4KCl \rightleftharpoons [\text{土壤胶体}]4K+AlCl_3+HCl$$

$$AlCl_3+3H_2O \rightarrow Al(OH)_3+3HCl$$

一是生理酸性肥料产生的生理酸，二是 K^+ 代换作用产生的代换酸和水解酸，使土壤明显酸化。释放的 Al^{3+} 和 $Al(OH)^{2+}$ 抑制作物根系生长，而且使缺钙的酸性土壤更易脱钙而板结，施肥时，应注意配合施用石灰和有机肥料。施用石灰 Al^{3+} 和 $Al(OH)^{2+}$ 与 $Ca(OH)$反应，形成 $Al(OH)_3$ 沉淀消除毒害。

（2）钾的固定和淋失。被吸附在土壤胶体表面的交换性钾能被其他阳离子代换，另一部分可进入 2∶1 型黏土矿物品片层间边位和层间位。由于晶层间有较大胀缩性，当吸水膨胀后，晶层间距离扩大，K^+ 便随同水分进入晶层，当土壤干燥时，晶层收缩，层间距缩短，钾被嵌入转化成非交换性钾而被固定，从而降低钾的有效性。

存在于土壤溶液中的钾，除被作物吸收外，常会被淋失。其淋失量与土壤性质和气候条件有关。在温带湿润气候条件下，砂质土每公顷淋失量可达 30kg，而黏质土则低于 5kg。因此在多雨地区和代换量低的砂质土上，钾肥一次用量不宜过多，否则会造成钾的淋失。

6.3.3.3 钾素在作物生育期内的迁移转化

大多数一年生作物的吸钾量可在抽穗、开花时达到顶峰，之后随着植物体内钾被淋失或通过根系外排，作物体内钾的累积量便不断减少。Chambers（1953）研究发现，冬小麦在 6 月中旬的开花期体内积累最多的钾，之后在夏季的 6 周中小麦体内积累的钾可失去 1/3。Kemmler（1983，引自 Beaton 等，1985）在墨西哥观测到小麦一生中的钾的积累过程，磷素在作物生育后期迅速降低。陈宝兴（1989）报道了一北方单季稻养分积累过程的研究结果，并未观察到生长后期水稻体内氮、磷有减少的现象：但钾有明显损失，损失量约可占水稻一生中钾最大积累量的 8%～16%，与水稻产量并无明显相关。Munson（1985）主编的《农业中的钾》（科学出版社，1995）中提到其他作物如玉米、棉花、油菜等生长后期其体内积累的钾也有所减少。

由于钾在植物体内呈离子态存在，极易随雨水淋失，因此树林内竟林冠降落的雨水中便含有较多的钾。学者在新西兰一山毛榉林内观察到的结果是：林冠雨中的钾浓度可比林外雨水中的钾的浓度高 8 倍以上（Shorrocks，1965；引自 Cooke，1969）。周晓华等（1993）、张玉华等（1995）也观察到林内降水中的含钾量可明显高于林外降水。这一现象说明，淋失可能是秋季杨树落叶时体内积累的钾较夏季为低的原因之一（沈善敏等 1992）。鉴于上述现象的存在，作物收获时根据作物体内钾的累积量计算作物“需钾量”便必定获得偏低的结果。同时从农田养分收支的角度分析，作物淋失的钾回归土壤之中，因此把作物收获物中的钾看成是农田作物钾移出量或作物中的钾量则并无不妥。

禾本科作物如水稻、小麦、玉米等成熟时，体内钾集中分布在茎叶之中，籽实中只占约 20%～30%或更少的钾；但是大豆籽实中含有较多的钾，约可占收获钾量的 40%。钾在作物收获物中的分布与氮、磷等元素呈完全相反的特点，使得以出售籽实产品为主的农业系统有利于对钾元素的保留。

复习思考题

1. 理解养分类型、种类及其作用。
2. 理解土壤溶质运移基本物理过程。
3. 对比分析三种溶质运移模型特点。
4. 对比分析植物对氮磷钾养分吸收特征。
5. 理解土壤养分转化特征。

参考文献

[1] 黄昌勇．土壤学 [M]. 北京：中国农业出版社，2000.
[2] 雷志栋，杨诗秀，谢森传．土壤水动力学 [M]. 北京：清华大学出版社，1987.
[3] Olsen，S. R. and Kemper. Adv. Agron. 1968.
[4] 李韵珠，李保国．土壤溶质运移 [M]. 北京：科学出版社，1998.
[5] Aris，R. （1956） On the dispersion of a solute in a fluid flowing through a tube，Proc. Roy. Soc. A.，235.
[6] Scheidegger，AE.. Statistical hydrodynamics in porous media [J]. J. Appl. Phys.，1954，25：994.
[7] Kutilek，M. and Nielsen，D. R. Soil hydrology Catena Verlag，Geoscience publisher [J]，Cremlingen－Destedt. German. 1994.

[8] Bear, J.. Dynamics of fluid in porous media [J], American Elsvier, New York. 1972.

[9] Taylor, GI.. The dispersion of soluble matter flowing through a capillary tube [M], Proc. Lon. Math. Soc. Ser. A, 1952, 219: 189 - 203.

[10] Jury, WA.. Simulation of solute transport using a transfor function model [J]. Water Resour. Res., 1982, 18: 363 - 368.

[11] Quanjiu Wang, Robert Horton, Mingan Shao. Horizontal infiltration method for determining Brooks -Corey model parameters [J]. Soil Science Society of America Journal, 2002, 66: 1733 - 1739.

[12] Li Wang Ma, H M Selim. Transport a nonreactive solute in soils: a two2flow domain approach [J]. Soil Science. America, 1995, 159 (4): 224 - 234.

[13] 王全九．土壤中水分运动与溶质迁移 [M]. 北京：水利水电出版社，2007.

[14] 马溶之．中国黄土的生成 [J]. 地质论评，1944，9：3 - 4.

[15] 熊毅，文启孝．如何改良西北的土壤 [J]. 科学通报，1953，10.

[16] 熊毅，李庆逵．中国土壤 [M]. 北京：科学出版社，1987.

第7章 光合作用及其模型

农作物生长依赖于作物进行光合作用的能力，作物生产的目的就是最大限度地提高光合作用效率和数量。因此，作物实际是一个通过光合作用将太阳能生成有机物的系统。因此，作物生物量取决于作物接受的太阳辐射量和这些辐射用于干物质生产的效率。同时，作物经济产量不仅与干物质生产有关，而且也和收获指数有关。

7.1 太阳辐射及作物对其吸收

7.1.1 太阳辐射的作用

太阳辐射是地球上动植物的最初能量来源，对作物来说，太阳辐射的重要性表现在以下几个方面。

（1）热效应。辐射是作物体与外界环境进行能量交换的主要形式。太阳辐射是作物体的主要能量来源，被作物截获后大部分将转化为热能（一部分以辐射能的形式散出），用于蒸腾以及维持作物的体温，来保证各代谢过程以合适的速率进行。

（2）光合作用。作物把吸收的太阳辐射的一部分用于其光合作用，光合作用率的高低取决于作物的种类和外界条件。光合作用是作物将光能转化成化学能进行生产的基础。

（3）光形态建成。太阳辐射的数量（强度）和光谱成分（光质）在对作物的生长和发育的调整上起着重要作用。

（4）诱发性突变。紫外线、X射线等波长很短的高能量辐射对生物有杀伤作用，特别是它们能改变遗传物质的结构引起突变。

因此，太阳辐射在时间上的变化以及作物光合作用和发育对这种变化的反应，在作物生长的研究中是重要的。

在日地平均距离处，地球大气上界垂直于太阳光的平面上所接受到的辐射通量密度又称太阳常数，大约为1395.9W/m^2。实际环境中的辐射的光谱特性和强度取决了辐射穿过大气的传输距离以及环境中物质吸收、反射和透射辐射的特性。在太阳辐射到达地面前被大气层吸收了一部分，使得太阳辐射强度由太阳常数值降低到大约在海平面上的907.3W/m^2。当穿过作物冠层时，由于作物叶的吸收、反射，太阳辐射又大大减弱。

7.1.2 作物对辐射的吸收

大部分波长小于0.7μm(700nm）的光辐射可被叶片吸收，包括可见光和紫外光谱段。波长小于0.4μm(400nm）的高能量紫外线对生物组织有伤害作用。然而植物叶细胞中的水分能充分地吸收这些辐射，它对于光合作用来说并不重要。作物对可见光吸收取决于作物叶中所含有的大量的叶绿素、叶红素和叶黄素。在光透过植物时，这些色素能强烈地削弱可见光。400～700nm 波段为植物叶绿素吸收波段，这一波段内辐射的光量子对植物的光合作用是有活性的。因此，这一波段的辐射称为光合有效辐射（PAR）。植物光合作用的速率取决于作物叶绿素吸收的光量子的数量。因此，光合有效辐射以单位时间单位面积上接收到的光量子数来计量，其单位为 $mol/(m^2 \cdot s)$，称为量子通量。

7.2 作物光合作用基本特征

7.2.1 光合作用与作物分类

作物生产的最基本的过程就是光合作用。光合作用（Photosynthesis）是植物、藻类等生产者和某些细菌，利用光能，将二氧化碳、水或硫化氢转化为碳水化合物。作物的光合作用方程式表示为

$$CO_2 + H_2O \xrightarrow{光} CO_2 + 4H + O_2 \rightarrow (CH_2O) + H_2O + O_2 \tag{7.1}$$

由式（7.1）可以看出，作物将每 1mol CO_2 被还原成糖（CH_2O）需消耗 1mol 水生成 1mol 氧气。作物的光合特征取决于作物固定 CO_2 过程、光强和水分供应，基于作物固定 CO_2 的生物化学途径将作物分成三类；即 C_3 作物、C_4 作物和 CAM 作物。

C_3 作物包括所有的温带谷物，如小麦、大麦等；温带块根作物，如土豆、甜菜等；豆科作物，如大豆、红豆等；部分喜温作物，如水稻、棉花等以及一些蔬菜和果树，如西红柿、洋白莱和葡萄等。C_4 作物在热带和半干旱地区的作物中占大多数，包括玉米、谷子和高粱等。CAM 作物是指光合碳同化具有景天酸代谢途径的作物，包括仙人掌等肉质类植物，经济什物包括菠萝和剑麻。

虽然 C_3、C_4 和 CAM 作物在各种地域内都有可能分布，但在温凉湿润的环境中主要是 C_3 作物；而干热的环境中 C_4 作物居多；CAM 植物则主要分布在干旱与半干旱的沙漠地区以及蒸腾率极高的地方。

一般说来，在强光高温地带，C_4 作物的生产能力比 C_3 作物要高；但在辐射量和温度较低的区域，C_3 作物则会表现出优势。高纬度 C_3 作物占优势，低纬度 C_4 作物占优势。CAM 作物夜间固定 CO_2 时由于储存的有机酸有限，其生产能力是极低的。

7.2.2 光合作用影响因素

光合效率是光合机构运转状况的指示剂和选育与鉴定优良品种的重要指标之一，是标证光合作用内在机理的一个重要宏观指标。影响光合效率的外界环境因素主要包括光合有效辐射、温度、水分、二氧化碳浓度等。

1. 光合有效辐射的影响

光合有效辐射是植物进行光合作用的主要能源，植物的生命活动离不开光合有效辐射。光合有效辐射对光合作用主要有三个方面的作用：提供同化作用所需的能量、活化参与光合作用的酶以及促进气孔开放等。

目前光合有效辐射与光合作用方面研究主要集中在光抑制、光合-光响应曲线模型、光补偿点和饱和点的研究领域。当叶片接受过多的光，不能有效地利用与消散时，植物就会受到强光的胁迫，光合速率就会降低，从而发生光合作用的光抑制现象。随着光强度的

变化，植物生理生态特征同样会发生相应的变化。通过这些反映来可确定植物的饱和点和光补偿点等特征。

2. 水分的影响

对作物来说，光合作用和蒸腾作用可以称为其生产力形成的两大最基本的过程。光合作用和蒸腾作用同时进行（除CAM作物外），光合作用决定作物的干物质积累，而蒸腾作用保证作物水分和养分的吸收，调节作物的能量状况（热状况）。因此，要保证一定的光合速率、光合叶面积和产量的形成，就必须有一定的水分来维持作物的蒸腾。蒸散散失的水分量则决定于以下三要素：蒸腾（散）速率、蒸腾叶面积（叶面积）和蒸腾时间（生育期）。当一地区水分不足时，就会影响作物体的水分状况和蒸腾特征，抑制叶片的生长和造成能量失衡和叶气孔导度的变化，导致光合、蒸腾速率的降低、光合蒸腾时间缩短，进而造成作物生产能力的降低甚至死亡。气孔导度表示的是气孔张开的程度，影响光合作用，呼吸作用及蒸腾作用。

气孔是植物叶片与外界进行气体交换的主要通道。通过气孔扩散的气体有O_2、CO_2和水蒸气。植物在光下进行光合作用，经由气孔吸收CO_2，所以气孔必须张开，但气孔开张又不可避免地发生蒸腾作用，气孔可以根据环境条件的变化来调节自己开度的大小而使植物在损失水分较少的条件下获取最多的CO_2。气孔开度对蒸腾有着直接的影响，现在一般用气孔导度表示，其单位为mmol/(m^2·s)，也有用气孔阻力表示的，它们都是描述气孔开度的量。在许多情况下气孔导度使用与测定更方便，因为它直接与蒸腾作用成正比，与气孔阻力呈反比。作物叶片的气孔状况常以气孔阻抗或气孔传导率（气孔阻抗的倒数）来表示。叶阻抗中变化最大的项就是气孔阻抗（r_s）。因此，叶阻抗（或传导）的变化在很大程度上反映了气孔状况的变化。作物的气孔对叶的水分状态非常敏感，随时水势的降低，植物的气孔即趋于关闭。在一个很宽的叶水势区域内，叶传导率与叶水势近似成直线关系，随叶水势的降低气孔渐渐关闭。然而必须注意的是，有一临界水势值（Ψ）的存在。当叶水势高于此水势值时，植物的气孔不受水分变化的影响，低于此水势值时，随水势的降低气孔则迅速关闭。

由于水分是影响植物光合作用的一项重要因素，水分条件的变化会改变在植物体内各组成部分间光合产物的分配。当发生水分亏欠时，作物的光合速率就会降低。主要由于水分亏欠引起叶片气孔关闭。气孔的开闭对叶片水分非常的敏感，轻度水分亏缺就会引起气孔开度降低。当发生严重水分胁迫时，许多参与光合作用酶的活性就会降低，叶绿体类囊体结构就会遭受破坏；同时，水分亏缺导致光合产生的有机物的输出受阻，使得光合产物在叶片中不断积累，进而对光合作用产生抑制的作用。水分过多亦会影响作物的光合作用，土壤水分过多时，土壤通气性较差，根系呼吸受阻而活力下降，从而影响植物的光合作用。

3. 二氧化碳的影响

由于大气二氧化碳浓度的不断增加，关于二氧化碳浓度影响光合作用的研究日益引起学者们的重视。近些年来，国内外关于研究二氧化碳浓度对光合作用直接影响较多，研究对象包括热带、亚热带、温带和寒带的植物。二氧化碳浓度与光合作用关系的研究主要集中在二氧化碳浓度短期增加引起的光合作用变化、高浓度二氧化碳下光合作用特征等问题。

高浓度二氧化碳对植物光合作用的影响表现分为短期效益与长期效应。短期内供给高浓度二氧化碳会促进了作物的光合作用，而长期供给却使植物光合能力发生下降。施建敏等测定了短期二氧化碳浓度增加条件下，毛竹林光合速率对光照强度的响应，通过对比测定毛竹在大气二氧化碳浓度下的光响应曲线，发现了二氧化碳浓度的升高会促使毛竹饱和点和最大光合速率升高，光补偿点则下降的现象。

4. 温度的影响

温度是影响植物光合作用的另一个重要因素。温度影响植物的光合作用分两种情况：一是当温度大于植物光合的最适温度时光合速率就会降低；二是温度小于植物光合的最适温度时，温度升高与二氧化碳浓度的增加对光合速率的影响表现为促进作用。这是因为光合作用酶活性会随温度的上升而增强。C_3 植物的光合作用的最适温度在 25℃左右；C_4 植物的偏大，在 35℃左右，具体情况会有所区别；温带针叶树种的光合作用最适温度 30℃左右。

7.2.3 光合效率

在光合效率的研究中，常常使用光合速率、光合碳同化的量子效率、光化学效率和光能利用率等不同的指标来评价作物的光合效率。

1. 光合速率

光合速率以单位时间、单位光合机构（干重、面积或叶绿素）固定的 CO_2 或释放的 O_2 或积累的干物质量［例如 μmol $CO_2/(m^2 \cdot s)$］来表示。光合速率是一个重要的光合作用指标，它是光合作用不受光能供应限制，即光饱和条件下标证光合效率高低的重要指标。在其他条件都相同的情况下，高光合速率总是形成高产量、高光能利用率。

人们习惯利用不同单位来表示光合速率，单位之间的数量关系可以通过简单的换算得到：例如

$$1\mu mol\ CO_2/(m^2 \cdot s) = 44\mu g\ CO_2 \times 1/100 dm^{-2} \times 3600 h^{-1} = 1.584 mg\ CO_2/(dm^2 \cdot h)$$

最后一个单位是 20 世纪 70 年代以前常用的光合速率单位。那时，人们习惯于称光合速率为光合强度。

如果叶片的光合产物完全是碳水化合物（$C_nH_{2n}O_n$），那么，

$$1\mu mol\ CO_2/(m^2 \cdot s) = 1.584 mg\ CO_2/(dm^2 \cdot h) = 1.584 \times 30/44 mg\ 干重/(dm^2 \cdot h)$$
$$= 1.08 mg\ 干重/(dm^2 \cdot h)$$

这是通过测量叶片干重确定光合速率时常用的单位。

如果叶片的叶绿素含量以 300mg/m² （多数为 300～500mg/m²）计，那么

$$1\mu mol\ CO_2/(m^2 \cdot s) = 1\mu mol\ CO_2 \times 1/300 (mg\ Chl)^{-1} \times 3600 h^{-1}$$
$$= 12\mu mol\ CO_2/(mg\ Chl \cdot h)$$
$$= 12\mu mol\ O_2/(mg\ Chl \cdot h)$$

这种单位应用前提是每同化 1 分子 CO_2 便释放 1 分子 O_2。这是用液相氧电极测定以 CO_2 为底物的离体细胞、原生质体或完整叶绿体的光合放氧速率时常用的单位。

现在的绝大多数文献报告的光合速率都是以单位叶面积表示的。因此，用单位叶面积

表示光合速率和有关参数，例如叶片的叶绿素、光合产物等含量和酶活性等，不仅便于不同文献资料之间的相互比较，而且也便于综合分析各个参数之间的相互关系，包括它们变化的因果关系和数量关系。以单位叶鲜重表示各种有关参数是最不可取的做法，因为用这种单位表示的各种参数很容易受叶片含水量变化的影响，特别是在涉及不同水分处理情况下，不确定性和不可比性就更大。以单位叶干重表示光合及一些有关的指标也有问题，虽然不受叶片含水量变化的影响了，但是却受不同处理之间或一天中不同时刻之间光合产物积累量不同的影响。

2. 光合量子效率

光合碳同化的量子效率以光合机构每吸收一个光量子所固定的 CO_2 或释放的 O_2 的分子数来表示［例如 $\mu mol\ CO_2/(m^2 \cdot s)$ 光量子］。其倒数为量子需要量，即每同化固定 1 分子 CO_2 或释放 1 分子 O_2 所需要的光量子数。

光是光合机构进行光合作用的能源。当其他条件适宜时，在光强小于光合作用的饱和光强范围内，光强是决定光合速率高低的唯一决定因素。因此，在低光强下，光合速率随着光强的升高而直线地增高。当光合速率和光强都用同类单位［$\mu mol/(m^2 \cdot s)$］表示时，光合-光响应曲线中低光强范围内直线的斜率便是光合作用的量子效率。

如果不考虑叶片的光反射和透射损失（一般为 15%左右），不是按照叶片实际吸收的光量子数，而是按照射到叶片上的光量子数计算量子效率，得到的便是表观量子效率。这个参数虽然不如实际的量子效率准确，但是测定方便，特别是在田间不便测定叶片实际吸收的光量子数的条件下尤其方便，因此在光合生理生态研究中被广泛使用。

3. 光化学效率

光化学效率是指每吸收一个光量子反应中心发生电荷分离的次数或传递电子的个数。人们常常用叶绿素荧光参数来表示。

经过充分暗适应的叶片光化学效率数值最大，常被称为潜在的光化学效率，用可变荧光强度与最大荧光强度的比值 F_v/F_m 来表示。在没有环境胁迫的条件下，多种植物叶片的这一参数都很相近，都在 0.85 左右。

4. 光能利用率

光能利用率常以单位土地面积上作物群体光合同化物所含能量与这块土地上所接受的太阳能定量之比来表示。群体光能利用率的高低，不仅取决于叶片本身的光合功能，而且取决于群体结构和叶面积的大小。在作物的幼苗阶段，由于叶片少，叶面积小，大量的太阳能没有被作物吸收而漏射到地面上，因此这时的光能利用率常常是很低的，甚至还不到 1%。

上述几个概念分别适合于叶绿体、细胞、叶片、植物个体和群体等不同层次水平的光合机构。有的可以反映光合作用全过程的效率，例如光合速率和量子效率；有的只反映光合作用部分过程的效率，例如光化学效率。它们之间既有区别，又相互有密切的联系。在强光下，最值得重视的是光合速率，光合速率高意味着光合效率高；在弱光下，最值得重视的是光合量子效率，量子效率高意味着光合效率高。对于植物群体来说，要实现高的光能利用率，不仅要提高强光下的光合速率和弱光下的量子效率，而且要提高作物对土地的覆盖率，即要有较高或最适宜的叶面积系数。这些光合效率参数的变化和调节控制机理，构成了光合作用研究的一个重要领域。

7.3 光响应曲线

光合作用对光强变化的响应过程大体上可分为三个阶段。首先，在光强小于十分之一全日光强的弱光［光量子通量密度小于200μmol/(m^2·s)下］，叶片的光合速率随着光强升高而线形增加。这时光是唯一的外界环境限制因素，最大光合量子效率就是在这样的条件下测定的。其次，光合速率随着光强的升高而显著增高。这时温度、空气中的CO_2浓度等外界环境因素和叶片自身因素如活化的碳同化关键酶Rubisco数量以及光合电子传递链组分的数量等也会成为限制因素。最后，光合速率不再随着光强的升高而增高，即达到了光合作用的光饱和阶段。这时的光强即光合作用的饱和光强，并将光合速率称为光饱和的光合速率，或光合能力。严格地说，光合能力应当在各种环境因素都适合光合作用进行的条件下测定，包括水分充足、温度最适、CO_2浓度可以使光合作用饱和等。由于从不饱和到饱和是一个渐变的过程，没有一个明显的转折点，因此对饱和光强只能说出一个大致的范围，而很难确定在哪一点，所以也就不宜称为光饱和点。许多室外全日光强光下生长的C_3植物叶片的饱和光强在1000μmol/(m^2·s)(晴天全日光强的一半)左右（图7.1），而C_4植物玉米叶片的光合作用即使在2000μmol/(m^2·s)强光下也不饱和。

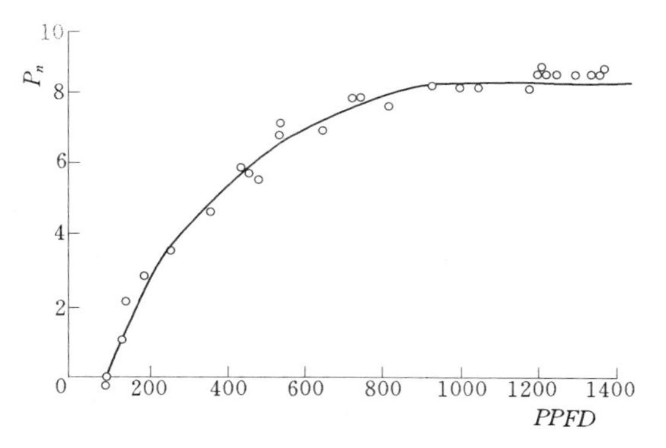

图7.1 大豆叶片光合作用的光响应曲线（许大全等，1990）

7.3.1 光响应模型

光响应曲线是植物生理生态学对植物光合特性和和生理参数研究的基础，描述了光量子通量密度与植物光合速率之间的关系。通过分析光响应曲线可得出反映植物光合特性的相关生理参数，如光补偿点（曲线与横轴的交点）能够反映植物对弱光的适应能力，光饱和点能够反映植物对强光的适应能力，表观量子效率（最初直线段的斜率）能够反映植物对弱光的利用效率，暗呼吸速率（曲线与纵轴的交点）能够反映植物消耗光合产物的速率，以及最大光合速率反映了植物对强光的利用能力。但不同模型所提取的光响应参数和指标存在差异。

(1) Blackman (1905) 提出了第一个光响应模型，即

$$P_n=\begin{cases}\alpha I-R_d & ,I\leqslant P_{\max}/\alpha \\ A_{\max}-R_d & ,I>P_{\max}/\alpha\end{cases} \tag{7.2}$$

式中：α为光合作用速率随光强变化的初始斜率，亦称为初始量子效率；I为光量子通量密度或光强，μmol/(m^2·s)；$P_{n\max}$为最大净光合速率；R_d为暗呼吸速率。

(2) 大多数研究人员主要是利用双曲线模型研究植物的光合特性，常用的模型有：直角双曲线模型和非直角双曲线模型。这两种模型在描述植物光合作用光响应曲线时，均为一条渐近线。其中，直角双曲线模型表示为

$$P_n=\frac{\alpha I P_{max}}{\alpha I+P_{max}}-R_d \tag{7.3}$$

式中：P_n 为净光合速率，$\mu mol/(m^2 \cdot s)$；I 为光量子通量密度，$\mu mol/(m^2 \cdot s)$；α 为表观量子效率，表示植物在光合作用对光的利用效率；P_{max} 为最大光合速率，$\mu mol/(m^2 \cdot s)$；R_d 为暗呼吸速率，$\mu mol/(m^2 \cdot s)$。

(3) 由于直角双曲线模型所得到的光合特性参数的生理意义不能很好符合实际情况，在该模型基础上提出了非直角双曲线模型：

$$P_n=\frac{\alpha I+P_{max}-\sqrt{(\alpha I+P_{max})^2-4\theta\alpha I P_{max}}}{2\theta}-R_d \tag{7.4}$$

式中：θ 为反映光合曲线弯曲程度的凸度。当 $\theta=0$ 时式 (7.3) 退化为直角双曲线方程。

(4) 暗呼吸模型。由 Bassman 和 Zwier (1991) 给出的植物光合作用对光响应的表达式为

$$P_n=P_{max}[1-\exp(-\alpha \cdot I/P_{max})]-R_d \tag{7.5}$$

式中：P_n、α、P_{max}、R_d 和 I 的定义与前述相同，该模型暗呼吸速率可以由光量子通量密度为0时得到。

(5) 指数模型。还有一种较为常用的指数模型为

$$P_n=P_{max}[1-Q\exp(-\alpha I/P_{max})] \tag{7.6}$$

式中：P_n、α、P_{max}、R_d 和 I 的定义与前述相同。

(6) Ye模型（直角双曲线的修正模型）。在一定试验条件下，Ye和Yu (2008) 研究发现当光照强度超过饱和光照强度时，光合速率将随光照强度的增加而降低，产生光抑制。为了描述植物光合作用对光响应的真实情况，包括光抑制，提出的植物光合作用对光响应的直角双曲线修正模型的表达式：

$$P_n(I)=\alpha\frac{1-\beta I}{1-\gamma I}I-R_d \tag{7.7}$$

式中：β 为修正系数；γ 等于光响应曲线的初始斜率与植物最大光合速率之比，即 $\gamma=\alpha/P_{max}$。(单位为 $m^2 \cdot s/\mu mol$)。如果系数 $\beta=0$ 且令 $\gamma=\alpha/P_{nmax}$，则将退化为直角双曲线模型。

直角双曲线模型是非直角双曲线模型的特例，该模型在不考虑曲线的弯曲程度时，必须使得表观量子容量密度偏高，才能使曲线符合点的分布，因而使得直角双曲线模型的拟合误差不会太大，只是略低于非直角双曲线模型。但是直角双曲线模型所得到的参数的生理意义不符合实际情况。

图7.2显示了直角双曲线模型、非直角双曲线模型、暗呼吸模型和指数模型在叶室温度设定为25℃，CO_2 浓度设定为 $360\mu mol/mol$ 条件下葡萄光响应曲线的拟合结果。从图7.2中可以看出，直角双曲线模型拟合结果在强光下仍有上升趋势，与实测值相差较大，

因此该模型的曲线形状不符合生理意义。非直角曲线模型、暗呼吸模型及指数模型在较高的光强下，曲线区域平缓，这是达到光饱和的特征。其中，暗呼吸模型与指数模型变化趋势基本一致，但是，相对于非直角双曲线模型，这两种模型在凸度较大的区域拟合结果相对较差。非直角曲线模型不仅能较好地拟合凸度较大的区域，而且较高光强下平缓趋势最为明显，因此非直角曲线模型在曲线形状上最符合葡萄生理意义。

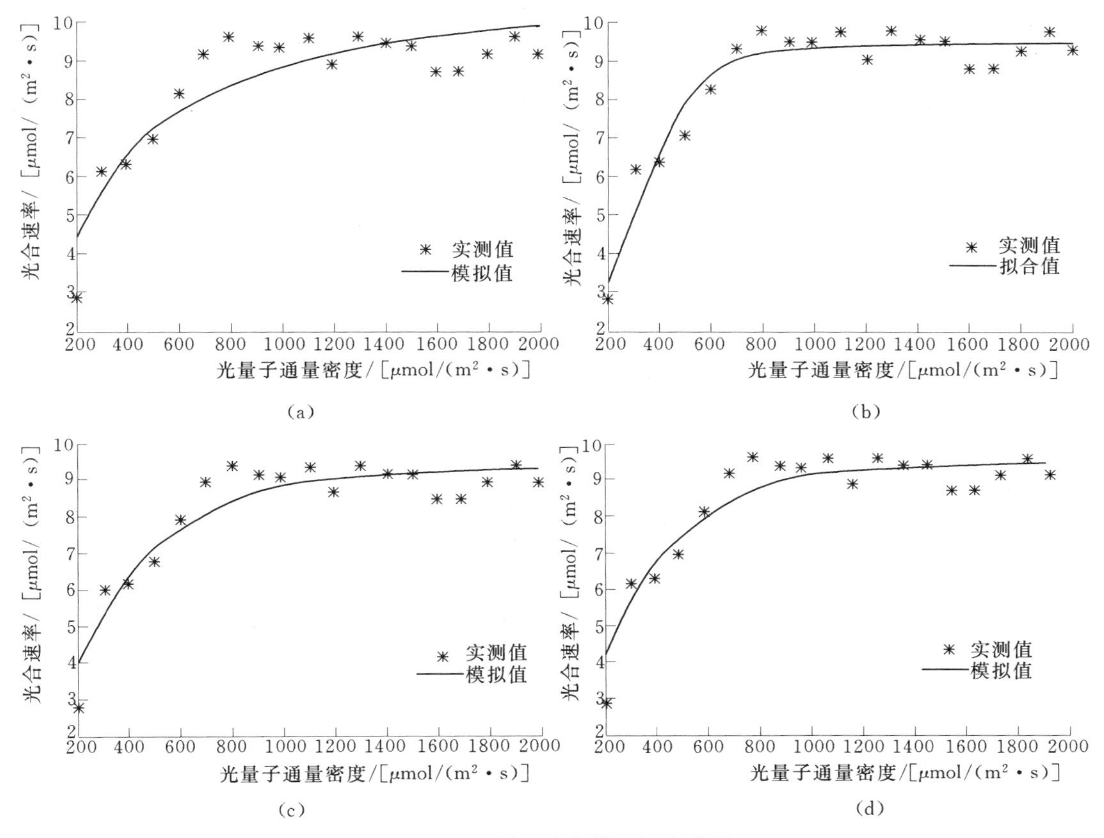

图 7.2 不同光响应模型拟合结果
(a) 直角双曲线模型；(b) 非直角双曲线模型；
(c) 暗呼吸模型；(d) 指数模型

表 7.1 给出了不同光响应模型的光合参数。从表 7.1 可知，直角双曲线模型拟合最大净光合速率 P_{max} 为 12.8303μmol/(m² • s)，远大于实测值 9.6333μmol/(m² • s)；非直角双曲线模型拟合得到的 P_{max} 为 9.6882μmol/(m² • s)，与实测值非常接近；暗呼吸模型拟合得到的 P_{max} 为 9.5401μmol/(m² • s)，也与实测结果相近，但是拟合得到的暗呼吸速率为 0.5584μmol/(m² • s)，远大于实测结果 0.2817μmol/(m² • s)；指数模型拟合得到的 P_{max} 为 9.4895μmol/(m² • s)，也与实测结果相近，但是拟合得到的光补偿点 I_c 为 9.8μmol/(m² • s)，远小于实测结果 16μmol/(m² • s)。此外，非直角双曲线模型拟合的 R_d 和 I_c 与实测值也非常相近，因此相对于其他三种模型，非直角曲线模型在参数值上也最符合葡萄生理意义。

表 7.1　利用响应模型对吐鲁番葡萄光响应数据拟合结果与实测数据比较

光合参数	直角双曲线模型	非直角双曲线模型	暗呼吸模型	指数模型	实测值
α	0.0573	0.0178	0.0306	0.0297	—
P_{max}	12.8303	9.6882	9.5401	9.4895	9.6333
R_d	1.6695	0.2746	0.5584	0.2923	0.2817
光补偿点 I_c	34.5	15.5	18.9	9.8	≈16

7.3.2　低光强时葡萄光合响应

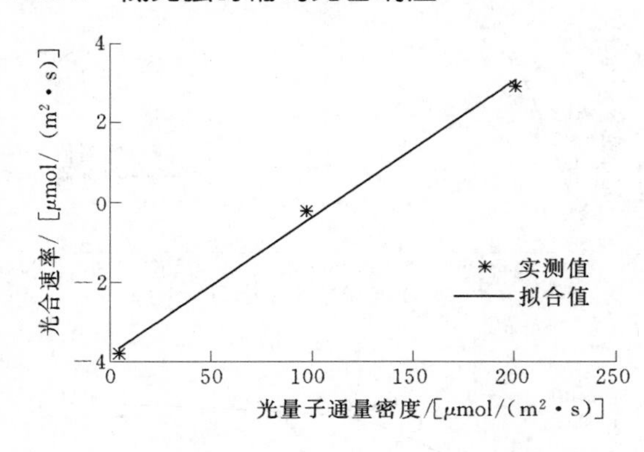

图 7.3　低光强时葡萄光合响应曲线

普遍认为，在低光强条件下[≤200μmol/(m²·s)]，植物叶片的净光合速率对光强的响应为线性关系，该直线方程与 X 轴的交点值为光补偿点 I_c。光照强度弱时光合强度就会变低，当光合作用生成的物质与植物消耗的物质一样多时，即净光合强度等于零时的光照强度称为光补偿点。图 7.3 为葡萄在温度为 25℃，CO_2 浓度为 360μmol/mol，光强小于 200μmol/(m²·s) 时光合响应曲线。拟合的线性方程为

$$P(I)=0.0199I-0.3018 \tag{7.8}$$

由式（7.8）可知，该条件下葡萄的表观量子效率为 0.0199。由此可以看出，该值小于直角双曲线模型拟合得到的 0.0573，与非直角双曲线模型拟合得到的 0.0178 基本相近，小于暗呼吸模型拟合得到的 0.0306 和指数模型拟合得到的 0.0297。

7.4　光合-气孔导度-蒸腾模型

在过去几十年中，人们从叶片、冠层到区域和全球等多种尺度研究了植物或生态系统对环境变化的影响。响应环境因子变化的模拟模型是研究植物与环境相互作用的基础，例如全球变暖和大气中 CO_2 浓度提高对植物的作用，以及植被覆盖对气候变化的影响等。叶片尺度是研究植物大气相互作用的基本尺度，可通过尺度扩展的方法用于模型模拟较大尺度的过程。

气孔是进化完善的植物器官，它对环境因子的响应表现为避免植物过度失水，同时优化水分利用效率。它的调节是土壤-植物-大气系统中水分传输和碳固定的关键因子。气孔数学模型多数是在半经验水平上，而 Upadhyaya 等（1983）、傅伟和王天泽等（1994）试图建立包括水势、光合电子传递等过程的机理模型。这些模型具有一定的理论分析价值，但是模型中一些变量很难通过观测得到，这就限制了它的应用。

Ball 等（1987）提出了一个半经验的气孔模型，它概括了气孔导度与叶片、光合作用、相对湿度和 CO_2 浓度构成的指数之间存在线性关系。该气孔模型可以与光合模型、

植被蒸散模型结合，广泛应用于生理生态、植被生产力与水、碳循环研究等领域。

7.4.1 气孔导度模型

气孔导度表示的是气孔张开的程度，它是影响植物光合作用，呼吸作用及蒸腾作用的主要因素。气孔是植物叶片与外界进行气体交换的主要通道。通过气孔扩散的气体有 O_2、CO_2 和水蒸气。植物在光下进行光合作用，经由气孔吸收 CO_2，所以气孔必须张开，但气孔开张又不可避免地发生蒸腾作用，气孔可以根据环境条件的变化来调节自己开度的大小而使植物在损失水分较少的条件下获取最多的 CO_2。气孔开度对蒸腾有着直接的影响，现在一般用气孔导度表示，其单位为 mmol/(m^2 · s)，也有用气孔阻力表示的，它们都是描述气孔开度的量。在许多情况下气孔导度使用与测定更方便，因为它直接与蒸腾作用成正比，与气孔阻力呈反比。

在自然条件下，影响气孔导度的主要环境因子有 5 个，即太阳辐射、气温、湿度、CO_2 浓度和土壤水势。在一定条件下，气孔导度（g_s）可以通过最大导度（g_{max}）和环境因素表示（Jarvis，1976）：

$$g_s = g_{max} f(I) f(T_a) f(C_a) f(VPD) f(\psi) \tag{7.9}$$

式中：I 为吸收的光通量密度，μmol/(m^2 · s)；T_a 为气温，℃；C_a 为 CO_2 浓度，μmol/mol；VPD 是水汽压差，Pa；ψ 是土壤水势。

Goudriaan、van Laar（1978）和 Wong 等（1979）发现在某些环境因子（如光照）变化的条件下，g_s 和 P_n 呈线性关系。在此基础上，提出了几种较为常用的气孔导度模型。

（1）Ball 等（1987）提出了一个半经验的气孔导度模型（BWB 模型），在充足供水的条件下有

$$g_s = a\frac{P_n h_s}{C_s} + g_0 \tag{7.10}$$

式中：g_s 为气孔导度，mol/(m^2 · s)；P_n 为光合速率，μmol/(m^2 · s)；a 为常数，h_s 和 C_s 分别为叶面上空气的相对湿度和 CO_2 浓度；g_0 为参数。

该模型表示当 C_s 不变时，气孔导度随叶面相对湿度和光合速率的增加而增加。

（2）气孔响应蒸腾失水而收缩，失水速率与饱和水汽压差而不是与叶面相对湿度成正比。Mott 和 Parkhurst（1991）指出，气孔开度（及它所决定的导度）与实际失水速率（即蒸腾速率）的关系比与饱和水汽压差的关系更密切。Leuning（1995）使用空气饱和水汽压差（VPD_a）取代相对湿度 h_s，修正了 BWB 模型，即

$$g_s = a\frac{P_n}{(C_s - \Gamma^*)(1 + VPD_a/VPD_0)} + g_0 \tag{7.11}$$

式中：VPD_0 为反映气孔对大气水汽压差 VPD 响应的特征参数，它决定气孔导度对湿度响应曲线的弯曲程度；Γ^* 为 CO_2 补偿点。

（3）于强和王天泽（1998）用 VPD_s 代替 VPD_a 使模型的模拟结果更加接近现实情况：

$$g_s = a\frac{P_n}{(C_s - \Gamma^*)(1 + VPD_s/VPD_0)} + g_0 \tag{7.12}$$

式中：VPD_s 为气孔到叶面的水汽压差，Pa。

(4) Monteith (1995) 在分析许多试验结果的基础上，提出气孔对湿度的响应结果是气孔导度随蒸腾速率的增加而线性下降，即

$$\frac{g_s}{g_{sm}}=1-\frac{E}{E_m} \tag{7.13}$$

式中：E 为蒸腾速率，$\mu mol/(m^2 \cdot s)$；g_{sm}，E_m 分别为气孔导度和蒸腾速率的特征参数。

(5) Dewar (1995) 将式 (7.13) 结合 BWB 模型，得到：

$$g_s=a\frac{P_n}{C_s}\left(1-\frac{E}{E_m}\right)+g_0 \tag{7.14}$$

7.4.2 蒸腾作用模型

由于气孔对水分和 CO_2 浓度敏感，其孔径随着 CO_2 浓度或 VPD 减小而增加。在自然条件下，边界层导度 (g_b) 与风速密切相关，当 g_b 较低时，空气水汽压 (e_a) 和叶面水汽压 (e_s) 之间的差异是不可忽视的。因此，Aphalo 和 Jarvis (1993) 提出将 VPD_s 描述成 VPD_a、g_{sw} (气孔对水汽的导度) 和 g_{bw} (边界层对水汽的导度) 的函数：

$$VPD_s=[VPD_a+s(T_{leaf}-T_a)](1-g_{tw}/g_{bw}) \tag{7.15}$$

当 $T_{leaf}=T_a$ 时，式 (7.15) 变为

$$VPD_s=VPD_a(1-g_{tw}/g_{bw}) \tag{7.16}$$

式中：g_{tw} 为对水汽的总气孔导度，$mol/(m^2 \cdot s)$；T_{leaf}，T_a 分别为叶温和气温；s 为饱和水汽压随温度变化的斜率；VPD_a 可以通过 Goff - Gorech 饱和水汽压公式计算；VPD_s 为蒸腾作用的驱动力。

在定态条件下（即，认为冠层内外空气对叶片不产生影响，方程中不考虑空气动力学阻抗 r_a），利用质量流量方程，蒸腾速率与气孔导度和水汽压差之间的关系可表示为

$$E=g_{sw}VPD_s \tag{7.17}$$

式中：E 为蒸腾速率，$\mu mol/(m^2 \cdot s)$；g_{sw} 为气孔对水汽的导度，$mol/(m^2 \cdot s)$。不同气孔导度之间的关系可以表示为如下形式：

$$g_{sw}=1.6g_{sc} \tag{7.18}$$

$$g_{tc}=1/(1/g_{sc}+1.37/g_{bw}) \tag{7.19}$$

$$g_{tw}=1/(1/g_{sw}+1/g_{bw}) \tag{7.20}$$

式中：g_{sc} 为气孔对 CO_2 的导度，$mol/(m^2 \cdot s)$；g_{sw} 为气孔对水汽的导度，$mol/(m^2 \cdot s)$；g_{tc} 为气孔对 CO_2 的总导度，$mol/(m^2 \cdot s)$；g_{tw} 为气孔对水汽的总导度，$mol/(m^2 \cdot s)$。

在定态条件下（即，认为冠层内外空气对叶片不产生影响，方程中不考虑空气动力学阻抗 r_a），利用气体扩散方程，光合速率 P_n 可表述为

$$P_n=\frac{C_a-C_i}{r_{bc}+r_{sc}}=(C_a-C_i)g_{tc}$$

则，可以得到以下关系：

$$C_s=C_a-P_n/g_{bc} \tag{7.21}$$

$$C_i=C_a-P_n/g_{tc} \tag{7.22}$$

式中：C_s 和 C_i 分别是叶面上空气和叶片胞间的 CO_2 浓度，$mol/(m^2 \cdot s)$；g_{bc} 为对 CO_2 的

边界层导度，mol/(m^2 · s)。

7.5 作物冠层尺度生理生态模型

随着人们对植物生命活动各个过程研究的不断深入，以植物生理过程、物理过程为基础的各种生理生态学模型逐渐发展，植被冠层尺度生理生态学过程模型已成为生态系统模型的核心之一。目前植被冠层尺度主要有大叶模型、多层模型、二叶模型，由于其成熟的理论基础和对植被冠层的光合作用、蒸腾作用较为成功的模拟，使得这些模型在农业、生态、环境等领域得到了广泛的应用。3 个模型都以光合作用-气孔导度-蒸腾作用耦合模型为基础。

植被冠层的生理过程主要包括光合作用、呼吸作用；物理过程主要包括能量传输、辐射传输、蒸腾作用等。通过尺度扩展的方法可以将叶片尺度上的生理生态模型扩展到冠层尺度上去。

7.5.1 大叶模型

1994 年 Amthor 提出了一个完整的大叶模型。该模型是将植被冠层看作一个拓展的叶片，并将单叶上的各种生理生态学过程应用到整个冠层。基于这样的假设，单叶尺度上的模型可以直接应用到冠层水平。大叶模型将基于物理过程的物质传输模型与基于生物化学过程的光合作用模型相结合，并寻求到了模型简化与机理完整性之间的平衡，从而定量地模拟了植被冠层与大气之间的物质与能量的交换过程，同时可以估计植被边界层环境因子的变化对冠层尺度各个过程的影响。

大叶模型包括 5 个部分，分别是呼吸作用、光合作用与光呼吸、传输导度、能量平衡以及 CO_2 通量。

1. 呼吸作用

在这个模型中呼吸释放的 CO_2 [R_d，mol CO_2/(m^2 · s)] 包括 3 个部分：维持呼吸 [R_m，mol CO_2/(m^2 · s)]、置换呼吸 [R_t，mol CO_2/(m^2 · s)]、生长呼吸 [R_g，mol CO_2/(m^2 · s)]。R_m 是植被冠层叶片氮元素的含量（N_{leaf}，mol N/m^2）及几个环境因子的函数（Ryan，1991）：

$$R_m = r_c r_l r_t m_r N_{leaf} \tag{7.23}$$

式中：r_c 为 CO_2 对 R_d 的影响系数；r_l 为入射的光合有效光量子通量密度 [mol photons/(m^2 · s)] 对 R 的影响系数；r_t 为 R_m 对温度的响应系数；m_r 为在冠层的参考温度下（T_{acclim}，℃）的维持呼吸系数 [mol CO_2/(mol N · s)]；N_{leaf} 为在单位面积上所有叶子氮含量的总和。

R_t 是韧皮部运移物质速率 [L_{leaf}，mol sucrose/(m · s)] 的函数：

$$R_t = l_r L_{leaf} \tag{7.24}$$

式中：l_r 为韧皮部进行物质运移所消耗的呼吸量，mol CO_2/mol sucrose；L_{leaf} 为模型的输入量。

生长呼吸 R_g 作为输入量，直接输入模型中。

2. 光合作用与光呼吸

在这个模型中，叶绿体中RuP_2（二磷酸核酮糖）的光合羧化作用速率P_S［mol CO_2/(m^2·s)］与线粒体中氨基乙酸光呼吸脱羧作用速率受到Rubisco（二磷酸核酮糖羧化氧化酶）羧化作用A_c［mol CO_2/(m^2·s)］、光合电子传递速率A_j［mol CO_2/(m^2·s)］、磷酸丙糖的利用A_t［mol CO_2/(m^2·s)］等因素的限制。净光合作用速率P_n［mol CO_2/(m^2·s)］为（Collatz，1991；Farquhar，1980，1989；Sharkey，1985）：

$$P_n=\min\{A_c,A_j,A_t\}(1-\Gamma^*/c_i)-R_d \tag{7.25}$$

式中：$\min\{A_c, A_j, A_t\}$即为P_S，即P_S取A_c、A_j、A_t中的最小值；Γ^*为$R_d=0$时的CO_2补偿点，Pa；c_i为叶绿体基质中平衡的CO_2分压力，Pa。那么$P_S\Gamma^*/c_i$就是光呼吸作用中CO_2的释放速率；R_d为日呼吸量。

其中Rubisco羧化作用速率A_c为（Farquhar，1980）：

$$A_c=V_{cmax}(c_i-\Gamma^*)/[c_i+K_c(1+O_i/K_O)] \tag{7.26}$$

式中：V_{cmax}为CO_2以及RuP_2达到饱和水平时Rubisco的最大羧化反应速率；K_c、K_o为CO_2和O_2的Michaelis－Menten系数；O_i为细胞间隙的O_2分压力，Pa。

受电子传递限制的光合作用速率A_j为

$$A_j=J(c_i-\Gamma^*)/4(c_i+2\Gamma^*) \tag{7.27}$$

$$\theta J^2-(\alpha Q+J_{max})J+\alpha QJ_{max}=0 \tag{7.28}$$

式中：J为在一定光强照射下的电子传递速率，mol electrons/(m^2·s)，α为初始量子效率；Q为光量子通量密度，mol photons/(m^2·s)；J_{max}为潜在的最大电子传递速率，mol electron/(m^2·s)；θ为非直角双曲线凸度。

受磷酸丙糖利用限制的光合作用速率A_t为

$$A_t=3T/(1-\Gamma^*/c_i) \tag{7.29}$$

式中：T为对磷酸丙糖利用的能力，mol triose－P/(m^2·s)，这个方程中$c_i>\Gamma^*$，否则方程无意义。

3. 传输导度

大叶模型中的传输导度分为大气导度、叶片边界层导度、冠层导度几个部分。

大气导度是指大气对H_2O的导度g_{aw}［mol H_2O/(m^2·s)］，可以通过下式计算：

$$g_{aw}=Pg_{aH}/[R(273.15+T_a)] \tag{7.30}$$

式中：P为大气压力，Pa；g_{aH}为参考高度以下大气对热的导度，m/s；R为气体常数（8.314m^3，Pa/(mol·K)；T_a为空气温度，℃。

叶片边界层导度g_{bw}［mol H_2O/(m^2·s)］：

$$g_{bw}=(1+S_r)2PD_{wv}/[\delta(1+S_r^2)R(273.15+T_a)] \tag{7.31}$$

式中：S_r为叶片两面气孔对水汽导度的比值；D_{wv}为水汽在空气当中的扩散率；δ为叶片边界层的厚度，m。

冠层导度g_{sw}［mol H_2O/(m^2·s)］：

$$g_{sw}=g_{s,root}(g_{s,\min}LAI+k_{stoma}P_s\Omega_g/c_i) \tag{7.32}$$

式中：$g_{s,root}$为土壤含水量对g_{sw}影响的经验因子，mol H_2O/(m^2·s)；$g_{s,\min}$为单个叶片上的最小气孔导度，mol H_2O/(m^2·s)；LAI为叶面积指数，m^2leaf/m^2·ground；k_{stoma}为

经验参数；P_s 为总光合速率；Ω_g 为叶片水势对 g_s 的影响；c_i 为叶片细胞间隙的 CO_2 分压力，Pa。

从气孔到冠层内大气对水汽的总导度 g_w [mol $H_2O/(m^2 \cdot s)$] 为

$$g_w = 1/[1/(g_c LAI + g_{sw}) + 1/g_{bw}]$$

式中：g_c 为单个叶片表面的导度，mol $H_2O/(m^2 \cdot s)$，该值为模型的输入量。

以上各个过程描述了水汽从气孔到冠层内大气的整个传输过程。

4. 能量平衡

由于冠层导度和叶面温度都与能量平衡有着密切的关系，因此能量平衡对于整个模型来说是十分重要的。能量平衡方程中冠层吸收的净辐射用于冠层的显热和潜热的交换。冠层的能量平衡方程为

$$S_a + L_a - L_e = H + \lambda E \tag{7.33}$$

式中：S_a 为冠层吸收的总短波辐射，W/m^2；L_a 为冠层吸收的来自天空与土壤的长波辐射，W/m^2；L_e 为冠层向外释放的长波辐射，W/m^2；H 为显热交换，W/m^2；λE 为潜热交换，W/m^2。

5. CO_2 通量

稳态的冠层 CO_2 浓度可以用下面的表达式来描述：

$$R_{soil} + R_{stem} - P_n + g_{ac}[C_a(Z) - C_a(c)]/P = 0 \tag{7.34}$$

式中：R_{soil} 为土壤呼吸释放的 CO_2 量，mol $CO_2/(m^2 \cdot s)$；R_{stem} 为树干呼吸速率（包括树干的维持呼吸、生长呼吸与置换呼吸），mol $CO_2/(m^2 \cdot s)$；R_{soil} 和 R_{stem} 在大叶模型中作为输入量；P_n 为净光合速率，mol $CO_2/(m^2 \cdot s)$；g_{ac} 为大气对 CO_2 的导度，mol $CO_2/(m^2 \cdot s)$；$C_a(Z)$ 为在参考高度处的 CO_2 分压力，Pa；$C_a(c)$ 为在冠层空气中的 CO_2 分压力，Pa；P 为大气压力，Pa；可以看出，$g_{ac}[C_a(Z) - C_a(c)]/P$ 表示冠层向大气释放的 CO_2 量，它等于冠层的净光合速率减去土壤与树干向冠层大气中释放的 CO_2 量。

综上所述，大叶模型将环境因子作为模型的输入变量较为成功地模拟了植被冠层的光合作用、呼吸作用、蒸腾作用等过程。但是由于大叶模型是将冠层作为叶片的拓展，并且没有对冠层进行受光照叶片与被遮阴叶片的区分，而在冠层中受光照叶片与被遮阴叶片的表面及周围的环境因子是不同的，因此大叶模型这样的平均考虑会造成对冠层光合作用速率的高估。此外，大叶模型采用了经验性很强的参数化方案，生理因子往往是几个控制因子的连乘的函数，这样会导致模拟结果与实际情况产生偏差。

7.5.2　多层模型

植被的物质与能量传输必须通过冠层，而植被冠层内的环境是具有垂直结构性，不同垂直高度上植物的生理生态学特性有所不同，因此在冠层模拟中层次的意义显得特别重要。Leuning 等（1995）提出的多层模型所关注的正是植被与环境的垂直结构。该模型当中，植被冠层中的叶片与空气被划分为水平的若干层次，通过逐层计算通量，最后累加成冠层水平的量；此外，Leuning 还提出了冠层光合作用的时空积分模型，并且在光合作用模型当中将冠层中受光照的叶片和被遮阴的叶片分开考虑，因为它们所接受的太阳辐射是不同的，而且能量平衡和光合作用中的某些特征参数在不同的光照条件下的叶片上的表现

也是不同的；在这个多层模型当中还使用了耦合的光合作用-气孔导度模型；并引入了冠层氮含量以及光合能力的指数衰减廓线；还使用了简便而有效的冠层五点 Gaussion 积分方法。

Leuning 提出的多层模型包括5个部分：冠层的辐射吸收、耦合的光合作用-气孔导度模型、叶片的能量平衡、生理参数的空间分布以及用冠层五点 Gaussion 积分方法来计算冠层通量。

1. 冠层的辐射吸收

由于光合作用对光的响应是非线性的，所以被遮阴与受光照的叶片所吸收的辐射必须分开计算，从而避免对冠层同化作用的过高估计，同时它们所吸收的太阳辐射也是不同的，受光照的叶片既吸收太阳光的直接辐射也吸收漫射辐射，而被遮阴的叶片只吸收漫射辐射，而且不同特性的辐射在冠层内的衰减规律是不同的，这与入射辐射的角度以及叶片的角度有关。

冠层中某一层被遮阴叶片吸收的光合有效辐射 Q_{sh} 可以表示为（Spitters，1986）：

$$Q_{sh}(\xi)=Q_{ld}(\xi)+Q_{lbs}(\xi) \tag{7.35}$$

式中：ξ 为由冠层顶部向下累积的叶面积指数，m^2 leaf/m^2 ground；Q_{ld} 为被遮阴叶片吸收的漫射辐射，mol photons/m^2 ground；Q_{lbs} 为被遮阴叶片吸收的散射辐射，mol photons/m^2 ground。

冠层中某一层受光照的叶片吸收的辐射 Q_{sl} 可以表示为

$$Q_{sl}(\xi)=k_b Q_{b0}(1-\sigma)+Q_{sh}(\xi) \tag{7.36}$$

式中：Q_{b0} 为入射的直接辐射，mol photons/(m^2 · s)；k_b 为将冠层视为理想黑体时的消光系数，m^2/m^2；σ 为散射系数。

2. 耦合的光合作用-气孔导度模型

对于叶片吸收 CO_2 的完整描述需要 CO_2 生物化学反应的光合作用子模型 CO_2 从外界大气向细胞间隙扩散的子模型以及气孔对生理和环境因子响应的子模型。这些耦合模型的模拟结果产生了模型当中所需的3个量，即气孔对 CO_2 的导度 g_{sc} [mol CO_2/(m^2 · s)]、细胞间隙 CO_2 浓度 c_i（mol CO_2/mol）以及净同化作用速率 P_n [mol CO_2/(m^2 · s)]（Leuning，1990，1995）。

CO_2 生物化学反应的光合作用模型可以写为（Collatz，1991）：

$$P_n=\min\{A_c,A_j\}-R_d \tag{7.37}$$

式中：$\min\{A_c, A_j\}$ 表示取 A_c，A_j 两者之间的最小值；A_c、A_j 都是细胞间隙 CO_2 浓度 c_i 和叶温的函数，其含义与大叶模型当中的相同，其求解公式分别与式（7.26）、式（7.27）相同，但是输入模型的光合有效辐射 Q 随着受光照叶片和被遮阴叶片接受的太阳光照的不同而不同，应当分别计算冠层中某一层受光照叶片与被遮阴叶片的净光合作用速率；R_d 为呼吸速率，mol CO_2/(m^2 · s)。

CO_2 从气孔到叶片边界层的扩散如下表示：

$$P_n=g_{sc}(C_s-C_i)=g_{bc}(C_a-C_s) \tag{7.38}$$

式中：g_{sc} 为气孔对 CO_2 的导度，mol CO_2/(m^2 · s)；g_{bc} 为叶面边界层对 CO_2 的导度，mol CO_2/(m^2 · s)；C_a 为自由大气中的 CO_2 浓度，mol CO_2/mol；C_s 为叶表面的 CO_2 浓

度，mol CO_2/mol。

气孔导度模型是采用 Leuning（1995）修订的 Ball 的半经验模型，这个模型将气孔导度与同化作用速率、叶面饱和水汽压差、叶面 CO_2 浓度相联系。公式表达如下：

$$g_s = a\frac{P_n}{(C_s - \Gamma^*)(1 + VPD_a/VPD_0)} + g_0 \tag{7.39}$$

式中：g_0 为在光补偿点的气孔导度，mol CO_2/(m^2 · s)；Γ^* 为 CO_2 补偿点；VPD_a 为叶表面的饱和水汽压差，Pa；VPD_0 为反映气孔对 VPD_a 反应灵敏性的经验系数，Pa，在光饱和点，参数 a 与细胞间隙 CO_2 浓度有关，$1/a = 1 - C_i/C_s$。

3. 生理参数的空间分布

生理参数的空间分布是构建多层模型的关键所在。耦合的光合作用-气孔导度模型的一个显著的优点就在于：光合能力的垂直变化体现了气孔导度垂直变化的特点。

此外，叶片内氮元素含量的大部分是与光合作用有关的酶的组成成分（Stocking，1962），并且叶片的氮元素含量与光合作用速率是线性的关系（Field，1983；Harley，1992；Leuning，1991）。冠层内不同位置上的叶片其氮元素的含量是不同的，通常从冠层的顶部到底部呈负指数下降，这样光合能力也随之下降。

$$V_{cmax}(\xi) = V_{cmax}(0)e^{-k\xi} \tag{7.40}$$

式中：$V_{cmax}(\xi)$ 为冠层内某一层的最大 Rubisco 羧化反应速率；$V_{cmax}(0)$ 为冠层顶部 V_{cmax} 的值：

$$V_{cmax}(0) = a_N(C_{N0} - C_{Nt}) \tag{7.41}$$

式中：a_N 为系数（mol CO_2/[m^{-2} · d^{-1} · (mol N/m^2)]；C_{N0} 为冠层顶部叶片氮含量（mol N/m^2 leaf）；C_{Nt} 为冠层中叶片氮含量的极值（mol N/m^2 leaf）；k_n 为冠层内叶片氮的分配系数，m^2 ground/m^2 leaf；由此可以看出冠层中不同部位的叶片光合作用中最大 Rubisco 羧化反应速率随着氮含量的下降成指数下降。

4. 叶片能量平衡

上面叙述的辐射吸收模型、光合作用与气孔导度模型必须与能量平衡模型结合，因为能量平衡决定着热的吸收与叶面温度，而温度又决定着大多数生物化学反应的速率。

叶片的能量平衡方程为

$$R_n^* = \lambda E + H/Y \tag{7.42}$$

$$Y = 1/(1 + g_{rN}/g_{bH}) \tag{7.43}$$

$$R_n^* = S_a + (L_a - L_e) \cdot k_d \cdot e^{-k_d\xi} \tag{7.44}$$

式中：R_n^* 为叶片吸收的净等温辐射，W/m^2；E 为蒸腾速率，kg H_2O/(m^2 · s)；λ 为水汽蒸发潜热，J/kg；H 为叶片与周围环境的显热交换，W/m^2；g_{rN} 为辐射导度，m/s；g_{bH} 为边界层对热的导度，m/s；S_a 为冠层中某一层吸收的太阳辐射，W/m^2，它随受光照叶片和被遮阴叶片接受不同的太阳辐射而不同；L_a 为冠层接受的长波辐射，W/m^2；L_e 为冠层向外释放的长波辐射；k_d 为将冠层视为理想黑体时对散射辐射的消光系数，m^2 ground/m^2 leaf；由此可以看出冠层不同部位的能量平衡方程是不同的，随着冠层叶面积指数的变化而变化。

5. 空间与时间的积分

Gaussian 积分提供了一个准确而又快捷的方法来计算冠层瞬时和日间的光合作用量。在多层模型中，采用 Gaussian 五点积分的方法，使用标准化的 Gaussian 距离为

$$G_x(n)=0.04691、0.23075、0.5000、0.76925、0.95309$$

其相应的权重为

$$G_w(n)=0.11846、0.23931、0.28444、0.23931、0.11846$$

Gaussian 距离在白天被用于选择时间为

$$t=t_{dayl}G_x(n)+t_{sunrise}$$

式中：$t_{sunrise}$ 为日出的时间；t_{dayl} 为昼长，h，并在这个时间点上估算冠层通量。为了得到在这些时间里的总的冠层同化作用量，要估算冠层 $\xi=LAI_aG_w(n)$ 处的辐射吸收，这里的 LAI_a 是总的叶面积指数。并且在冠层的 ξ 处分别求得受光照叶片和被遮阴叶片的通量、导度、浓度。在时间 t 处的冠层同化作用可以通过式（7.45）来计算：

$$A_c(t)=LAI_a\sum_{n=1}^{5}[A_lf_l+A_hf_h]G_w(n) \tag{7.45}$$

式中：A_l[mol CO_2/(m^2·d)]、f_l 分别为冠层某一层中受光照叶片上的光合作用与这一层中能够接受到太阳直射辐射的部分；A_h[mol CO_2/(m^2·d)]、f_h 则分别为这一层中遮阴叶片上的光合作用和不能接受太阳直接照射的部分；$[A_lf_l+A_hf_h]$ 为冠层某一层的净光合作用速率；$A_c(t)$ 为整个冠层在某一时刻的净光合作用速率。

多层模型将环境因子作为模型的输入变量，成功模拟了植被冠层导度、CO_2 通量、净辐射、显热以及潜热交换的日变化，并且研究了冠层内叶片氮含量分布的变化对光合作用和气孔导度的影响，同时用灵敏性分析检验模型当中相对重要的参数，从而真实地反映出植被冠层的生理生态学过程。但是多层模型也存在着不足之处：首先，该模型使用梯度扩散的方法来近似计算物质的传输与廓线，这并不适用于冠层内部及其上方，问题在于它不能解释物质逆梯度传输的现象；其次，在模型检验方面，用实测资料检验多层模型在理论上是可行的，但在实际操作上较困难，虽然能够得到整个冠层或是群落水平上的通量数据，但要得到每一层的数据是非常困难的。同时，当模拟值与测量值比较时，不能忽视层与层之间的误差抵消。但是，该模型机理明确，在研究冠层生理生态学过程中有明显的进步。

7.5.3　二叶模型

二叶模型是在多层模型的基础上由 Wang 等（1998）发展起来的，它将冠层分为受光照的叶片与被遮阴的叶片两大部分。二叶模型对多层模型进行了如下改进：①允许叶角的分布可以为非球形的；②对土壤、植被和大气之间的太阳辐射与热辐射交换理论进行了改进；③修正了 Leuning 的气孔导度模型，从而解释了土壤含水量的差异对气孔导度与光合作用的影响。

二叶模型包括辐射子模型耦合的气孔导度-光合作用-蒸腾作用子模型以及被冠层吸收的用于显热与潜热交换的净辐射模型（Leuning，1995b）。同时该模型还提出了以下假设：①冠层是水平均质的，这样所有结构、物理及生理参数仅在垂直方向上变化；②叶片的日间呼吸量 R_d 与最大羧化作用速率 V_{cmax} 成比例；③在冠层内，最大羧化作用速率

V_{cmax}、最大潜在电子传递速率 J_{max} 以及在光饱和点的气孔导度 g_{c0} 都随叶片氮元素含量的减少而成比例的下降。

1. 耦合的气孔导度-光合作用-蒸腾作用子模型

对受光照叶片与被遮阴叶片的耦合的气孔导度-光合作用-蒸腾作用子模型进行区分，下角标 $i=1$ 表示受光照叶片部分，$i=2$ 表示被遮阴叶片部分（下同）。

能量平衡：

$$R_{n,i}=\lambda E_{c,i}+H_{c,i} \tag{7.46}$$

式中：$R_{n,i}$ 为净的可利用的能量，W/m^2；$H_{c,i}$ 为用于显热交换的能量，W/m^2；$\lambda E_{c,i}$ 为用于潜热交换的能量，W/m^2；λ 为水的蒸发潜热，J/mol。

光合作用-气体扩散方程：

$$P_{n,i}=b_{sc}g_{s,i}(C_{s,i}-C_i)=g_{c,i}(C_a-C_i) \tag{7.47}$$

式中：$P_{n,i}$ 为净光合作用速率，$\mu mol\ CO_2/(m^2 \cdot s)$；$b_{sc}$ 为从气孔扩散的 CO_2 与水汽的比率；$g_{s,i}$ 为气孔对于水蒸气的气孔导度，$mol\ H_2O/(m^2 \cdot s)$；$g_{c,i}$ 为从细胞间隙到冠层上方参考高度处对 CO_2 的总导度，$mol\ CO_2/(m^2 \cdot s)$；$C_{s,i}$ 为叶表面的 CO_2 浓度，μmol/mol；C_a 为大气中 CO_2 浓度，μmol/mol；C_i 为细胞间隙的 CO_2 浓度，μmol/mol。

气孔导度模型：

$$g_{sc,i}=g_{0,i}+a_1 f_w P_{n,i}/[(C_{s,i}-\Gamma^*)\cdot(1+D_{s,i}/D_0)] \tag{7.48}$$

式中：$g_{sc,i}$ 为气孔对 CO_2 的导度，$mol\ CO_2/(m^2 \cdot s)$；$g_{0,i}$ 为在光补偿点的气孔导度，$mol\ H_2O/(m^2 \cdot s)$，在光饱和点参数 a_1 与细胞间隙 CO_2 浓度有关，$1/a_1=1-C_i/C_s$；f_w 为可被植物利用的土壤水；$P_{n,i}$ 为净光合作用速率；$C_{s,i}$ 为叶表面的 CO_2 浓度；Γ^* 为 CO_2 的补偿点，μmol/mol；$D_{s,i}$ 为叶表面的饱和水汽压差，Pa；D_0 为经验系数（Pa）。

这个模型的主要改进就是引入了 f_w，这一点可以显示出土壤含水量的变化对气孔导度的影响（Gollan，1986）。土壤水对于气孔导度的影响 f_w 可以用一个经验函数来模拟：

$$f_w=\min\left[1.0,\frac{10(\theta-\theta_i)}{3(\theta_f-\theta_i)}\right] \tag{7.49}$$

式中：θ 为土壤上层 25cm 处的含水量（此土壤深度是对作物进行模拟时的参考深度）；θ_i 为植物萎蔫时土壤上层 25cm 处的含水量；θ_f 为田间持水量。

光合作用的生物化学模型：

$$P_{n,i}=\min\{A_{c,i},A_{j,i}\}-R_{d,i} \tag{7.50}$$

式中：$P_{n,i}$ 为净光合作用速率；$\min\{A_{c,i}, A_{j,i}\}$ 的含义及其求解与多层模型相同，并随着冠层不同部位的叶片接受不同辐射而不同；$R_{d,i}$ 为白天的呼吸速率，$\mu mol\ CO_2/(m^2 \cdot s)$。

2. 辐射吸收

大叶 i 在波段 j（$j=1$，2，3 分别表示光合有效辐射 PAR、NIR 和热辐射）处吸收到的可利用能 $R_{n,i}^*$（W/m^2）可以通过下式计算：

$$R_{n,i}^* = \sum_{j=1}^{3} R_{i,j} \tag{7.51}$$

为了计算大叶 i 吸收的长波辐射（$R_{i,3}$），需要知道叶片温度，因为叶片温度是解决耦合模型的一个关键变量，而叶温与气温往往存在差异。利用等温净辐射（$R_{n,i}$）可以避免

这个问题，$R_{n,i}$（W/m^2）可以表示为

$$R_{n,i}=R_{n,i}^{*}+c_pG_{r,i}\Delta T_i \tag{7.52}$$

式中：$c_pG_{r,i}\Delta T_i$ 解释了在非等温条件下的额外热交换。在非等温条件下，大叶释放到空气中的热辐射 $G_{r,i}$ 可以表示为

$$G_{r,i}=4\varepsilon_f\sigma T_a^3/c_p \tag{7.53}$$

式中：ε_f 为叶片向外发射长波辐射的发射率；σ 为 Steffan - Boltzman 常数；T_a 为空气温度，K；c_p 为空气的定压比热，J/(mol・K)。

当参考高度处的叶片温度与周围空气温度的差值 ΔT_i 相对较小时（<5℃），释放的热辐射与这个温度差成比例。这里的 $R_{n,i}^{*}$ 与多层模型相似，同样是随着冠层中不同部位所接受到的太阳辐射不同而不同，并随冠层中叶面积指数的变化而成指数衰减。

大叶吸收的 PAR、NIR 可以用 Goudriaan 等（1977，1994）改进的理论来计算。

二叶模型的改进使其可以在更广泛的土壤含水量及气象条件下较为准确地模拟植被冠层的净光合作用、显热以及潜热通量。但是在将二叶模型的模拟结果与多层模型的模拟结果进行比较时发现，两者的模拟结果存在一定的差异，这里的二叶模型高估了冠层每小时的光合作用、导度和潜热交换，而低估了显热交换，两种模型估计结果的差异不大于 5%。

复习思考题

1. 试阐述太阳辐射对作物生长的影响。
2. 理解光合作用意义和物理过程。影响光合作用的因素有哪些？试举例说明。
3. 理解光响应曲线物理意义和影响因素。
4. 分析光合速率、气孔导度间的关系。
5. 对比分析光响应模型特点。
6. 对比分析冠层尺度生理生态模型。

参考文献

[1] Aphalo PJ, Jarvis PG. An analysis of Ball's empirical model of stomatal conductance [J]. Annals of Botany, 1993, 72: 321 - 327.

[2] Amothor JS. Scaling CO_2 - photosynthesis relationships from the leaf to canopy [J]. Photosynthesis Res., 1994, 39: 321 - 350.

[3] Baly E C C. The kinetics of photosynthesis [J]. Proceedings of the Royal Society of London. Series B, Biological Sciences, 1935, 117 (804): 218 - 239.

[4] Bassman J, Zwier JC. Gas exchange characteristics of Populus trichocarpa, Populus deltoids and Populus trichocarpa × P. deltoids clone [J]. Tree Physiology, 1991, 8 (2): 145 - 159.

[5] Collatz GT, Ball JT, Grivet C. Physiological and Environmental regulation of stomatal conductance, photosynthesis and transpiration: a model that includes a laminar boundary layer [J]. Agric. For. Meteor., 1991, 54: 107 - 136.

[6] Dewar RC. Interpretation of an empirical model for stomatal conductance in terms of guard cell function [J]. Plant Cell Environ., 1995, 18: 365 - 372.

[7] Gollan T, Passioura JB, Schulze ED. Soil water status affects the stomatal conductance of fully turgid wheat and sunflower leaves [J]. A ust. J. Plant. Physiol., 1986, 13: 459 - 464.

[8] Goudriaan J, van Laar HH. Modeling Crop Growth Processes [M]. The Netherlands: Kluwer, Amsterdam, 1994.

[9] Harley PC, Thomas RB, Reynolds JF, et al. Modeling photosynthesis of cotton grown in elevated CO_2 [J]. Plant Cell Environ., 1992, 15: 271 - 282.

[10] Jarvis PG. Scaling processes and problems [J]. Plant Cell Environ, 1995, 18: 1079 - 1089.

[11] Leuning R. A critical appraisal of a combined stomatal - photosynthesis model for C3 plants [J]. Plant Cell Environ., 1995, 18: 339 - 355.

[12] Monteith JL. A reinterpretation of stomatal responses to humidity [J]. Plant Cell Environ., 1995, 18: 357 - 364.

[13] Spitters CJJ. Separating the diffuse and direct component of global radiation and its implications for modeling canopy photosynthesis part Ⅱ: Calculation of canopy photosynthesis [J]. Agric. For. Meteor., 1986, 38: 231 - 242.

[14] Wong SC, Crown IR, Farquhar GD. Stamatal conductance correlates with photosynthetic capacity [J]. Nature, 282: 424 - 426.

[15] 傅伟，王天泽．边界层阻力在叶片气体交换过程中的作用 [J]. 植物学报，1994，36：614 - 621.

[16] 许大全，徐宝基，沈允钢．C3 植物光合效率的日变化 [J]. 植物生理学报，1990，16（1）：1 - 5.

[17] 叶子飘，于强．一个光合作用光响应新模型与传统模型的比较 [J]. 沈阳农业大学学报，2007，38（6）：771 - 775.

[18] 殷宏章，王天铎，沈允钢，等．小麦日的群体结构和光能利用 [J]. 中国农业科学，1959，10：381 - 397.

[19] 于强，王天铎，任保华，等．C3 植物光合作用日变化的模拟 [J]. 大气科学，1998，22（6）：865 - 880.

第8章 作物生长模型

作物生长模拟模型（Crop Growth Simulation model）简称为作物模型，是能够定量和动态地描述作物生长、发育和产量形成过程的模拟模型。它在作物生育内在规律的基础上，结合作物遗传、技术调控和环境效应之间的关系，量化描述作物基本生理生态过程，并把“气候-作物-土壤”作为一个整体进行描述，是一种面向作物生育过程的生长模型。建立作物生长发育动态及其与环境因素间关系的动态模型，有助于掌握作物的生育期进程、叶面积生长动态、器官形成、干物质的生产和积累以及分配等方面的变化规律。作物模型一般包含了气象模块、作物模块、土壤模块和管理模块，它包括了作物生长发育的一些主要过程：光合作用过程、养分摄取（地下根系的生长动态）、同化产物分配、蒸腾作用过程、生长和呼吸作用、叶片的生长与扩展和形态发育与衰老过程，模型流程图如图8.1所示。本章分别介绍各个模块的基本理论和功能，最后通过实例说明作物模型在农业生产中的应用。

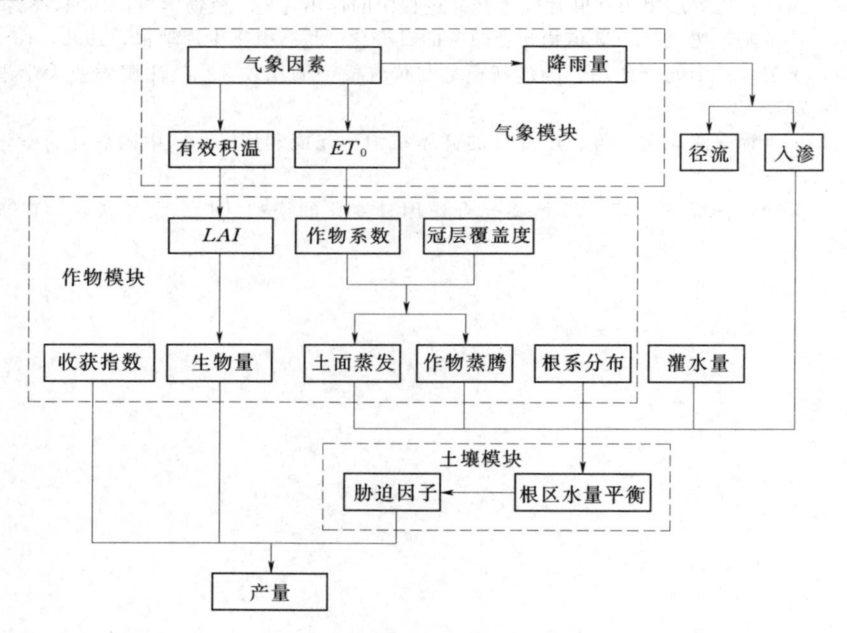

图8.1 作物生长模拟模型流程图

8.1 气象模块

8.1.1 有效积温与参考作物蒸腾量

水、肥、气、热、光是作物生长的5大基本元素，大部分作物生长所需要的水、肥、气可以依赖土壤提供，而热、光主要来自于太阳。但由于气象因素的影响，每年气温变化并非固定不变，导致每年种植和播种时间不尽相同，难以按照日历年建立统一作物生长模型。一些研究表明，作物成熟所需要有效积温基本相同，这样可以利用有效积温代替日历年来描述作物生长过程。

8.1.1.1 有效积温

积温有两种，即活动积温和有效积温。每种作物都有一个生长发育的下限温度（或称生物学起点温度），这个下限温度一般用日平均气温表示。低于下限温度时，作物便停止生长发育，但不一定死亡。高于下限温度时，作物才能生长发育。把高于生物学下限温度的日平均气温值叫做活动温度，而把作物某个生育期或全部生育期内活动温度的总和，称为该作物某一生育期或全生育期的活动积温。

活动温度与生物学下限温度之差，称为有效温度。也就是说，这个温度对作物的生育才是有效的。作物某个生育期或全部生育期内有效温度的总和，就称为该作物这一生育期或全生育期的有效积温（GDD，growing degree days）。有效积温计算方法，如下式所示：

$$GDD=\sum(T_{avg}-T_{base}) \tag{8.1}$$

式中：T_{avg}为日平均气温；T_{base}为作物活动所需要的最低温度。

另外，T_{upper}为作物活动所需要的最高温度，McMaster，Wilhelm（1997）提出了以下两种计算 T_{avg} 的方法：

（1）设定日平均温度上下线：

$$T_{avg}=\begin{cases}\dfrac{T_x+T_n}{2} & \\ T_{base} & ,若\ T_{avg}\leqslant T_{base} \\ T_{upper} & ,若\ T_{avg}\geqslant T_{upper}\end{cases} \tag{8.2}$$

（2）设定日最高和最低温度上下线：

$$T_{avg}=\frac{T_x^*+T_n^*}{2} \tag{8.3}$$

$$T_x^*=\begin{cases}T_{upper} & ,若\ T_x^*\geqslant T_{upper} \\ T_{base} & ,若\ T_x^*\leqslant T_{base} \\ T_x & ,其他\end{cases} \tag{8.4}$$

式中：T_x 为最高气温；T_n 为最低气温。

（3）FAO 研发了一种新型作物模型（AquaCrop 模型），基于以上两种计算方法，该模型又提出了一种新的计算方法：

$$T_{avg}=\frac{T_x^*+T_n}{2} \tag{8.5}$$

$$T_x^*=\begin{cases}T_{upper} & ,T_x^*\geqslant T_{upper} \\ T_{base} & ,T_x^*\leqslant T_{base}\ ;T_n=T_{upper}，若\ T_n^*\geqslant T_{upper} \\ T_x & ,其他\end{cases} \tag{8.6}$$

活动积温和有效积温不同之点，在于活动积温包含了低于生物学下限温度的那部分无效积温；气温愈低，无效积温所占的比例就越大。有效积温较为稳定，能更确切地反映作物对热量的要求。所以在制订作物物候期预报时，应用有效积温较好。但应用于某地区热量鉴定，合理安排作物布局和农业气候区划时，则以用活动积温较为方便。

由于上面三个公式可以看出，三种方法均可用来计算某地区作物生长所需的有效积温，但不同年间的气温变化存在较大差异，导致日有效积温和最大有效积温（GDD_m）也存在较大差异，没有较为统一的评价标准，不易于总体分析作物生长过程。对有效积温进行标准化处理，可以忽略不同年间积温变化的差异，将不同年间的有效积温调整到同一标准上进行分析。苏李君等（2003）提出了相对积温概念，即将一年内每天有效积温除以该年内最大累积温度，具体表示为

$$RGDD_i=\frac{GDD_i}{GDD_m} \tag{8.7}$$

式中：$RGDD_i$ 为第 i 天相对有效积温；GDD_i 为第 i 天有效积温；GDD_m 为一年内最大有效积温。

通过相对有效积温转化，可以有效分析作物生长变化过程。

8.1.1.2 参考作物蒸发蒸腾量

参考作物蒸发蒸腾量（ET_0）是计算作物需水量的关键指标，是实时灌溉预报和农田水分管理的主要参数。目前计算方法众多，常用的方法可以分为4大类：水面蒸发法、温度法、辐射和综合法。经过多年的研究已经建立了如 Jensen - Haise（1963）、FAO24 Blaney - Criddle、Thornthwait 以及 Hargreaves - Samani（1985）等基于温度计算的方法；Priestley - Taylor（1972）以及 FAO24 Radiation（1977）等基于辐射的方法；Penman - Monteith（1965，OPM）、FAO24 Penman（1977）、Kimberley - Penman（1972、1982）以及 FAO56 Penman - Monteith 等综合方法。其中国内应用最多的是基于能量平衡和空气动力学原理的 FAO56 Penman - Monteith 方法及基于温度计算的 Hargreaves 方法。

（1）FAO - 56 Penman - Monteith 公式。该公式具体表达式如下：

$$ET_0=\frac{0.408\Delta(R_n-G)+\gamma\frac{900}{T+273}u_2(e_s-e_a)}{\Delta+\gamma(1+0.34u_2)} \tag{8.8}$$

式中：ET_0 为作物参考蒸散量，mm/d；R_n 为作物表面净辐射量，MJ/(m^2·d)；G 为土壤热通量，MJ/(m^2·d)；γ 为湿度计常数，kPa/℃；Δ 为饱和水汽压与温度关系曲线的斜率，kPa/℃；T 为空气平均温度，℃；u_2 为地面上方2m处的风速，m/s；e_s 为空气饱和压，kPa；e_a 为空气实际水压，kPa。

（2）Hargreaves 公式。由美国学者 George H. Hargreaves 和 Samani 在总结以前许多工作的基础上于1985年提出的，推荐的计算时段是旬或月：

$$ET_0=0.0023(T_{max}-T_{min})^{0.5}(T+17.8)R_a \tag{8.9}$$

式中：T_{max} 为最高温度，℃；T_{min} 为最低温度，℃；R_a 为理论太阳辐射。

（3）相对参考作物蒸腾量。为了便于分析潜在蒸散量的变化规律，苏李君等（2003）将累积潜在蒸散量归一化处理，提出相对参考作物蒸散量（$RCET0$）概念，具体计算公式如下：

$$RCET0_i=\frac{CET0_i}{CET0_m} \tag{8.10}$$

式中：$RCET0_i$ 为第 i 天的相对累积潜在蒸散量；$CET0_i$ 为第 i 天的累积潜在蒸散量；$CET0_m$ 为一年内最大累积潜在蒸散量。

通过对上述两种方法计算的参考作物蒸腾量归一化处理，两种方法的相对累积潜在蒸散量年际之间的变化规律基本一致。

（4）相对累积潜在蒸散量的平均日变化。为了进一步分析累积潜在蒸散量的平均日间变化特征，采用高斯函数来拟合一年内平均日间变化量，计算公式如下：

$$V_{ET}(t)=\frac{a}{1000\sqrt{2\pi b}}\exp\left[-\frac{(t/366-c)^2}{2b}\right] \tag{8.11}$$

式中：a，b 为常数；c 为日间变化量达到最大值时的相对天数。

对日间变化量进行积分即可得到相对累积潜在蒸散量，公式如下：

$$RCET_0(t)=\int_1^t V_{ET}(T)\mathrm{d}T=\int_1^t\frac{a}{1000\sqrt{2\pi b}}\exp\left[-\frac{(T/366-c)^2}{2b}\right]\mathrm{d}T,1\leqslant t\leqslant 366 \tag{8.12}$$

式中：a，b，c 由式（8.11）和相对累积蒸散量计算得到。图 8.2 给出了吐鲁番地区 1995—2000 年相对累积潜在蒸散量的平均日间变化。

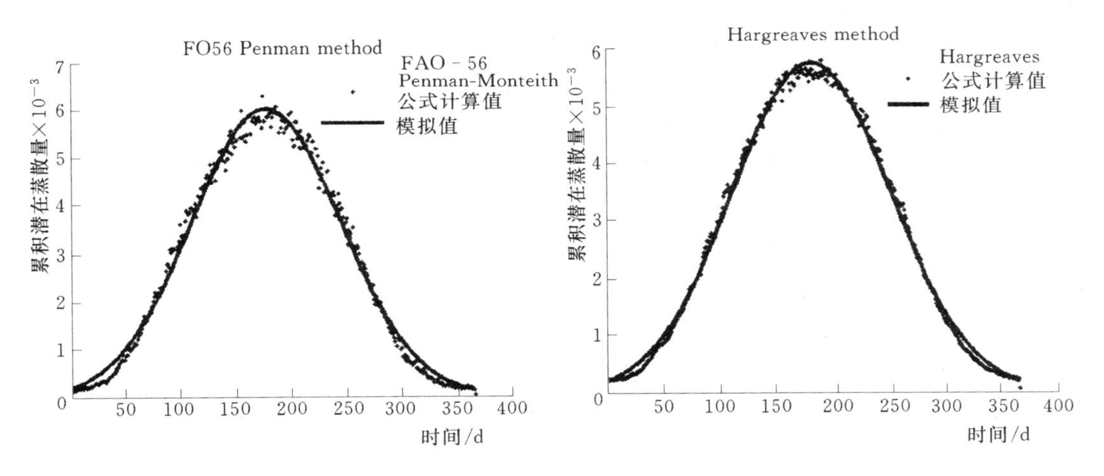

图 8.2 相对累积潜在蒸散量的平均日间变化及拟合结果

8.1.2 有效积温与参考作物蒸散量间关系

由于有效积温反映气温变化过程，进而体现了作物生长与气温间关系，因此有效积温与参考作物蒸腾量间存在一定关系。

8.1.2.1 相对有效积温与相对累积参考作物蒸散量间关系

相对有效积温与相对潜在蒸散量日变化量之间的关系存在二次函数关系，具体表示为如下式所示：

$$\mathrm{d}ET=\frac{\mathrm{d}RCET}{\mathrm{d}RGDD}=a_0+a_1RGDD+a_2RGDD^2 \tag{8.13}$$

式中：$RGDD$ 为相对有效积温；a_0，a_1，a_2 为常数。

对式（8.13）积分可以得到相对累积潜在蒸散量与相对有效积温之间的函数关系：

$$RET=G(RGDD)=b_0+b_1RGDD+b_2RGDD^2+b_3RGDD^3 \quad (8.14)$$

式中：b_0，b_1，b_2，b_3 为常数。

8.1.2.2 相对有效积温与累积参考作物蒸散量之间关系

根据相对参考作物蒸散量与相对有效积温之间的函数关系，累积参考作物蒸散量与相对有效积温之间存在着三次多项式函数关系，具体表示为

$$CET=CET_{max}G(RGDD)=CET_{max}(b_0+b_1RGDD+b_2RGDD^2+b_3RGDD^3) \quad (8.15)$$

8.2 作物模块

8.2.1 作物生长分析

生长分析法是指每隔一定时间，选取一定数量具有代表性的植树，测定其叶面积和植株总干重（分别测定叶、茎、根、果实等），根据测定的数据进行各项生长分折。

8.2.1.1 叶片面积的测定

叶片面积的测定方法有计算纸（方格纸）法、纸重法、千重法、求积仪法和叶面积仪测定法。这些方法各具特点，可根据需要和条件选用。

（1）计算纸法。该方法简单易行，不需其他工具和仪器，只要工作细致，就能获得较为精确的结果，缺点是既画又数，效率低，误差有时可达10%以上。

（2）纸重法。该方法是选用质地均一的纸，剪取一定面积的纸样，称重，求得单位面积的纸重，然后，把叶片平铺在同样的纸上，精确画下叶片的轮廓把叶形剪下，称其重量，计算出叶面积。

（3）干重法。干重法类似于纸重法，不同的是先测定一部分已知面积的叶片的烘干称重，然后测定欲测面积的叶片的烘干重，用已知面积的叶片干重去除未知面积叶片的干重，即可求得欲测叶片的叶面积。

（4）求积仪法。求积仪法是测量学上使用的根据地图测量土地面积的一种仪器。该方法精确度最高，误差可控制在5%以内，但它的测定手续复杂，工作效率低，尤其对大型叶片是不适宜的。

（5）叶面积仪法。叶面积仪法可直接测定出任意形状叶片的面积。它的原理是将试验材料，在仪器内由于扫描光线被遮蔽的程度可以在仪器上显示出来，所以，能相当迅速而精确地测定出叶面积，其误差小于1.5%。目前，我国许多科研单位所使用的叶面积仪是美国 Li-Cor 公司所生产的 LI-3000 型和 LI-3100 型面积仪。

8.2.1.2 干物重的测定

根据试验要求，把样品单株或各器官分别用烘箱烘干。烘干温度可用80℃烘2～4d，至恒重为止，也可以先用80℃烘2h杀青，再用105℃烘至恒重为止。地下生物量测定涉及根和地下茎取样，存在着许多困难。一般最有效的方法是从测定地上生物量而剪割过的小区中央取得样品。主要有两种取出地下样品的方法：地沟法（只通用于旱地作物）和泥芯取样器法。然后冲洗和分离，按照处理地上部分干物重一样对根系进行烘干。

8.2.2 植被冠层覆盖度

8.2.2.1 植被冠层覆盖度概念

植被覆盖度可定义为单位面积内植被的垂直投影面积，它是反映植被基本情况的客观指标，一般将其作为基本的参数进行研究。研究植被覆盖度及其测算方法具有重要意义：①为生态、植物、土壤、水利、水保等领域提供科学研究数据，使相关研究结果和模型理论变得科学可信；②能够指导区域或全球性地表覆盖变化、景观分异等前沿问题的研究，深入发展自然环境研究。目前，植被覆盖度的应用主要集中在自然地理空间的土壤圈、大气圈、水圈、生物圈范围及这些圈层相互作用的各类研究中。

8.2.2.2 植被冠层覆盖度计算方法

（1）样本统计测算。样本统计测算按照统计学要求，在研究区内抽取一定数量的样本区域，通过测算样本区域的植被覆盖度，利用部分推算总体的统计学原理，估算整个研究区域的植被覆盖度。在应用中具有以下特点：测量精度相对较高。样本统计测算是采用较遥感等测量手段对研究区的植被进行实地测算，具有较高精度；测量范围相对较小。样本统计测算是基于抽样调查的统计学原理，大范围的植被调查可能会产生较大误差，且大范围植被调查要求样本数较多，会导致野外工作量相对较大。常用的样本统计测算方法有：目测估算法、概率计算法以及仪器测量法。

（2）整体直接测算。整体直接测算是通过将试验区植被生长环境因素、时空因素与植被覆盖度测量数据进行耦合，建立植被覆盖度的经验模型，或采用遥感技术提取试验区植被光谱信息，再与植被覆盖度建立相关关系，或采用对影像像元进行分解的方法计算植被覆盖度。该方法使用尺度相对较大，且工作效率高。常用的整体直接测算方法有：经验模型法和遥感测量法。

经验模型法是在地面测量数据的基础上，对试验区植被生长环境因素、生长时空因素与植被覆盖度的数据进行耦合，在一定尺度范围内建立植被覆盖度与时空分布规律的经验模型，最后采用相关因素的数据根据经验模型计算植被覆盖度。

AquaCrop 模型采用冠层覆盖度 CC 表示作物冠层生长过程，冠层覆盖度的增长过程采用以下两个方程进行模拟：

$$CC=\begin{cases} CC_0\,e^{tCGC} & ,CC\leqslant CC_x/2 \\ CC_x-0.25\,\dfrac{(CC_x)^2}{CC_0}\,e^{tCGC} & ,CC>CC_x/2 \end{cases} \tag{8.16}$$

冠层覆盖度的衰退过程可以描述为

$$CC=CC_x\left[1-0.05\left(e^{\frac{CDC}{CC_x}t}-1\right)\right] \tag{8.17}$$

式中：CC_0 为 $t=0$ 时的初始冠层覆盖度；CC_x 为最大冠层覆盖度；CGC 为冠层增长因子，CDC 为冠层衰退因子。

遥感测量法是通过研究光与植被的相互作用，建立的关于植被光谱信息与植被覆盖度物理关系的模型。目前，遥感测算方法有：模型反演法和光谱梯度差法。

8.2.3 作物需水量

作物需水量是指在正常生育状况和最佳水、肥条件下，作物整个生育期中，农田消耗于蒸散的水量。一般用蒸散量表示，即为作物蒸腾量与棵间土壤蒸发量之和，单位：mm 或 m^3/亩。确定作物需水量的基本方法有水量平衡法、能量平衡法和作物系数法。

8.2.3.1 水量平衡法

根据土壤水分输入与输出平衡方程进行计算可以直接测定植被耗水量，且不受气象条件限制。该方法原理简单，但仅适用于长时段的计算，对于存在深层渗漏及毛管上升水时，有时难以通过简单测定确定。此外，当蒸散量为剩余项出现时，容易受其他分项的累积误差影响。

水量平衡法计算作物蒸散量的计算公式为

$$ET = \sum_{i=1}^{n} z_i(\theta_{ij} - \theta_{i0}) + I + P + A - D - R \tag{8.18}$$

式中：ET 为蒸散量，mm；z_i 为 i 层土层厚度，mm；θ_{ij}，θ_{i0} 分别为第 i 层土壤在计算时段始末的平均体积含水率，cm^3/cm^3；I、P、A、D、R 分别为计算时段内灌水量、降水量、地下水补给量、排水量和地表径流量，mm。对于农田果树，P 和 I 项可准确获得，在一般情况下，A、R、D 忽略。因此，水量平衡法计算蒸散量的准确性主要依赖于土壤含水量测量的准确性。

8.2.3.2 波文比能量平衡法

通过测量不同高度间空气温度与水汽压差计算获得蒸散量数据。该方法传感器简单，设备廉价，系统准确性较高。该方法假设感热与潜热传输系数相等，在平流存在时不成立，且要求具有大而平坦均匀的下垫面，通常难以满足。波文比法中蒸散量可表述为

$$ET = \frac{R_n - G}{L(1+\beta)} \tag{8.19}$$

式中：R_n 为净辐射，W/m^2；G 为土壤热通量，W/m^2；L 为汽化潜热，W/m^2；β 为波文比，可写为

$$\beta = \gamma \frac{t_1 - t_2}{e_1 - e_2} \tag{8.20}$$

式中：γ 为干湿球常数；Δt 和 Δe 分别表示温度、水气压梯度。

8.2.3.3 作物系数法

目前，计算作物需水量的方法很多，作物系数法是一种较为常用的方法，即作物系数 K_c -参考作物需水量 ET_0 法。作物系数是用来反映实际作物与参考作物之间需水量的差异，可用一个系数来综合反映即所谓的单作物系数，也可用两个系数分别来描述蒸发和蒸腾的影响即所谓的双作物系数。单作物系数是把作物蒸腾和土壤蒸发充分结合起来考虑，而双作物系数分别采用基础作物系数说明蒸腾作用和土壤蒸发系数描述蒸发部分。但土壤蒸发与作物蒸腾的比例在作物不同生育期内会产生很大变化，这是由于在作物完全覆盖地面以后，土壤蒸发变弱，蒸腾作用变强，占主导地位；但当作物覆盖度较小或作物覆盖较为稀疏时，降雨或灌溉会导致土壤蒸发相对于作物蒸腾起主要作用，特别是在土壤表面经常湿润的条件下，土壤蒸发可以占到很大比例。由于在大部分作物生育期中有相当一部分时间地面覆盖不完全，土壤蒸发和作物蒸腾均对作物耗水产生影响，因此，要准确估算作物需水量就需全面考虑土壤蒸发和作物蒸腾。

FAO作物需水量专家咨询组（Allen等，1994）推荐充分供水条件下采用的作物需水量计算公式如下：

$$ET=K_cET_0 \tag{8.21}$$

$$ET=(K_sK_{cb}+K_e)ET_0 \tag{8.22}$$

式中：ET_0为参考作物蒸散量；K_c为综合作物系数；K_{cb}为基础作物系数；K_s为水分胁迫系数；K_e为土壤蒸发系数。

1. 单作物系数法

初期阶段作物系数（$K_{c\,ini}$）的确定：作物生长初期阶段土壤蒸发在作物耗水过程中占主导地位，因此，计算$K_{c\,ini}$时需要考虑降雨或灌溉的影响（Allen，Pereira等，1998）。

土壤蒸发分为2个阶段：第一阶段中，土壤水分从与大气直接接触的较薄的表面土层中蒸发，潜在蒸发速率$E_{so}=K_{c\,ini}ET_0$，所需时间$t_1=REW/E_{so}$；当湿润时间$t_w>t_1$时，土壤蒸发处于第二阶段，该阶段中下层土壤水分往土壤表层运动，$K_{c\,ini}$计算公式为

$$K_{c\,ini}=\frac{TEW-(TEW-REW)\exp\left[\dfrac{-(t_w-t_1)E_{so}\left(1+\dfrac{REW}{TEW-REW}\right)}{TEW}\right]}{t_wET_0} \tag{8.23}$$

式中：TEW为总蒸发水量，mm；REW为易蒸发水量，mm；t_w为湿润间隔时间，d；t_1为第一阶段蒸发时间，d；E_{so}为潜在土壤蒸发速率，mm/d；ET_0为参考作物需水量，mm/d。

$$TEW=1000(\theta_{FC}-\theta_{WP})Z_e \tag{8.24}$$

式中：θ_{FC}、θ_{WP}分别为蒸发层土壤的田间持水量和萎蔫系数；Z_e为土壤表层通过蒸发可损失的深度即土壤蒸发层的深度，通常为10～15cm。

$$REW=\begin{cases}20-0.15sa, sa\geqslant 80\%\\ 11-0.06cl, cl\geqslant 50\%\\ 8+0.08cl, sa<80\%\text{且 }cl<5\%\end{cases} \tag{8.25}$$

式中：sa、cl分别为蒸发层土壤中砂粒和黏粒的含量，%。

中期作物系数$K_{c\,mid}$和后期作物系数$K_{c\,end}$的确定：根据FAO-56提供的$K_{c\,mid}$和$K_{c\,end}$，当最小相对湿度的平均值$RH_{\min}\neq 45\%$，地上2m处的日平均风速$u_2\neq 2.0$m/s时，按下式调整：

$$K_c=K_{c(\text{推荐})}+[0.04(u_2-2)-0.004(RH_{\min}-45)]\left(\frac{h}{3}\right)^{0.3} \tag{8.26}$$

式中：$RH_{\min}$为日最小相对湿度的平均值，%，$20\%\leqslant RH\leqslant 80\%$；$u_2$为地上2m处的日平均风速，m/s，$1\text{m/s}\leqslant u_2\leqslant 6\text{m/s}$；$h$为平均株高，m，$0.1\text{m}\leqslant h<10\text{m}$。

在没有$RH_{\min}$资料时，可以由下式计算：

$$RH_{\min}=100\frac{\exp\left|\dfrac{17.27T_{\min}}{T_{\min}+237.3}\right|}{\exp\left|\dfrac{17.27T_{\max}}{T_{\max}+237.3}\right|} \tag{8.27}$$

式中：$T_{\max}$、$T_{\min}$为每日最高和最低气温，℃。

由于综合作物系数K_c的计算需要知道的总蒸发水量、易蒸发水量、风速、相对湿度

等参数值，且计算过程比较复杂，因此，一些学者通过研究建立了 K_c 与其他作物因素之间的经验函数。

2. 双作物系数法

双作物系数法将田间蒸散量分为土壤蒸发和作物蒸腾两部分计算，K_{cb} 为反映作物蒸腾的基础作物系数；K_e 为反映土壤表面蒸发的蒸发系数；K_s 为水分胁迫系数，反映根区土壤含水率不足时对作物蒸腾的影响，如果作物生长过程中水分供应充足，$K_s=1$。

基础作物系数（K_{cb}）的确定：在 FAO－56 中，首先将作物生育期划分为 4 个阶段：初始阶段、发育阶段、中期阶段和后期阶段，再计算初始（$K_{cb\,ini}$）、中期（$K_{cb\,mid}$）和后期（$K_{cb\,end}$）3 个阶段 K_{cb} 单点值，中间值根据 K_{cb} 在各生长阶段的变化趋势采用线性插值得到。

$$K_{cb\,ini}=K_{c\,ini}-0.15 \tag{8.28}$$

$$K_{cb\,mid}=K_{cb\,mid(推荐)}+[0.04(u_2-2)-0.004(RH_{\min}-45)]\left(\frac{h}{3}\right)^{0.3} \tag{8.29}$$

$$K_{cb\,end}=K_{cb\,end(推荐)}+[0.04(u_2-2)-0.004(RH_{\min}-45)]\left(\frac{h}{3}\right)^{0.3} \tag{8.30}$$

式中：h 为中期阶段作物的平均株高，m；$RH_{\min}$ 为空气最小相对湿度，%；$K_{cb\,mid(推荐)}$ 根据 FAO－56 参考标准系数表获取。

土壤蒸发系数（K_e）的确定：由于较大降雨或灌溉后导致表面土壤湿润，K_e 达到最大值 $K_{c\,\max}$；当表面土壤干燥时，K_e 很小，甚至为零。土壤蒸发系数可通过下式确定：

$$K_e=K_r(K_{c\,\max}-K_{cb})\leqslant f_{ew}K_{c\,\max} \tag{8.31}$$

式中：K_e 为土壤蒸发系数；K_{cb} 为基础作物系数；$K_{c\,\max}$ 为作物系数的最大值；K_r 为表层土壤蒸发衰减系数；f_{ew} 为湿润并裸露的土壤部分，即土壤蒸发有效部分。

作物系数上限 $K_{c\,\max}$ 由下式计算：

$$K_{c\,\max}=\max\begin{cases}K_{c\,\max(推荐)}+[0.04(u_2-2)-0.004(RH_{\min}-45)]\left(\frac{h}{3}\right)^{0.3}\\K_{cb}+0.05\end{cases} \tag{8.32}$$

式中：h 为 4 个生长阶段中的最大平均株高，m。

土壤蒸发分两个阶段：第一阶段，土壤水分充足，蒸发主要受能量制约，故土壤蒸发衰减系数 $K_r=1$；第二阶段，当累积蒸发深度 $D_e\geqslant REW$ 时，蒸发开始衰减，其衰减系数 K_r 满足：

$$K_r=\frac{TEW-D_{e,i-1}}{TEW-REW} \tag{8.33}$$

式中：$D_{e,i-1}$ 为从降雨或灌溉日到第 $i-1$ 天累积蒸发的水量；TEW 为总蒸发水量，mm。

$$D_{e,i}=D_{e,i-1}-(P_i-RO_i)-\frac{I_i}{f_w}+\frac{E_i}{f_{ew}}+T_{ew,i}+DP_{e,i} \tag{8.34}$$

式中：I_i 为第 i 天的灌水量，mm；P_i 为第 i 天的降水深度，mm；RO_i 为第 i 天的地表径流，mm；E_i 为第 i 天的蒸发量；$T_{ew,i}$ 为第 i 天表层土壤蒸发量；$DP_{e,i}$ 为第 i 天表层土壤渗漏量；f_w 为灌溉后地表湿润面积比；f_{ew} 为蒸发面积比。

从上述计算式（8.31）～式（8.34），可以看出，K_e 的计算需要一个反复迭代的趋近过程，这一过程可由编制的计算机程序完成。

8.2.4 作物生物量增长模型

8.2.4.1 叶面积指数增长模型

叶面积指数（leaf area index，LAI），是指单位土地面积上植物叶片总面积（LA）占土面积（S）的倍数，即：$LAI=LA/S$。

在田间试验中，叶面积指数（LAI）是反映植物群体生长状况的一个重要指标，其大小直接与最终产量高低密切相关。在一定的范围内，作物的产量随叶面积指数的增大而提高；当叶面积指数增加到一定的限度后，田间郁闭，光照不足，光合效率减弱，产量反而下降。叶面积指数随生育期变化而改变，例如：在营养生长期，作物叶面积指数组件增大，约在成熟期达到最高值，在成熟期后期，随着叶片的成熟、衰老，叶面积指数减少。研究表明，这一过程可用 Logistic 模型或其修正形式很好表达。

Logistic 模型最早用于描述细菌种群的增长过程，即种群相对增长率$\frac{dy}{ydt}$与种群密度$\frac{y}{y_m}$呈负线性相关：

$$\frac{dy}{ydt}=\alpha\left(1-\frac{y}{y_m}\right) \tag{8.35}$$

式中：y 为种群密度；y_m 是种群增长的理论上限，即 $y_m=\lim\limits_{t\to\infty}y$。对式（8.35）应用分部积分法：

$$\int_{y_0}^{y}\left(\frac{1}{y_m-y}+\frac{1}{y}\right)dy=\int_0^t\alpha dt$$

$$y=\frac{y_0y_m}{y_0+(y_m-y_0)\exp(-\alpha t)} \tag{8.36}$$

式（8.36）即为 Logistic 方程的一般形式。经适当变换，得

$$y=\frac{y_m}{1+\exp(a+bt)} \tag{8.37}$$

作物叶面积指数随生育期的变化过程，在成熟期前符合经典的 Logistic 曲线，但在达到最大值之后逐渐降低如图 8.3 所示。王信理（1986）据此提出了 Logistic 方程的修正模型：

$$\frac{dy}{ydt}=\alpha\left(1-\frac{y}{y_m}\right)(\beta+\gamma t) \tag{8.38}$$

对式（8.38）进行积分得

$$y=\frac{y_m}{1+\exp(a+bt+ct^2)} \tag{8.39}$$

使用式（8.39），可准确模拟图 8.3 中叶面积指数与日序数的关系：

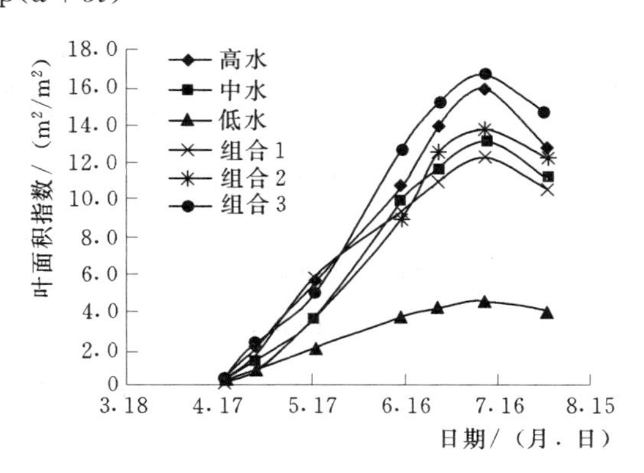

图 8.3 不同灌水周期下葡萄叶面积指数变化过程

$$y=\frac{18.45}{1+\exp(22.24-0.24t+6.13\times10^{-4}t^{2})} \tag{8.40}$$

目前，针对具有衰减过程的作物生长过程，提出了很多种能够很好地描述该过程的经验模型，例如：对数正态（Log Normal）模型、修正的高斯（Modified Gaussian）模型、Richards 模型等。

Log Normal 模型如下：

$$y=a\exp\left[-0.5\left(\frac{\ln(t/t_0)}{b}\right)^2\right] \tag{8.41}$$

模型中 a、b、t_0 为待定参数，其中参数 a 表示叶面积指数最大值，t_0 表示叶面积指数达到最大值时的天数或有效积温。由方程式（8.41）可以看出，$t=t_0$ 时，y 为最大值 a。

由德国数学家 Gaussian 建立的 4 参数单峰曲线模型，即 Modified Gaussian 模型，见式（8.42）。模型中 a、b、c、t_0 为待定参数，其中参数 a 表示叶面积或叶干重最大值，t_0 表示叶面积指数达到最大值时的天数或有效积温。

$$y=a\exp\left[-0.5\left(\frac{|t-t_0|}{b}\right)^c\right] \tag{8.42}$$

Richards 模型：

$$y=\frac{a}{[1+e^{(b-a)}]^{\frac{1}{d}}} \tag{8.43}$$

式中：y 为干物质累积量，t/ha；t 为天数或有效积温，℃；a 为叶面积指数最大值；b 为初值参数；c 为生长速率参数；d 为形状参数（当 $d=1$ 时，即为 Logistic 方程）。

8.2.4.2 叶面积指数与地上干物质间关系

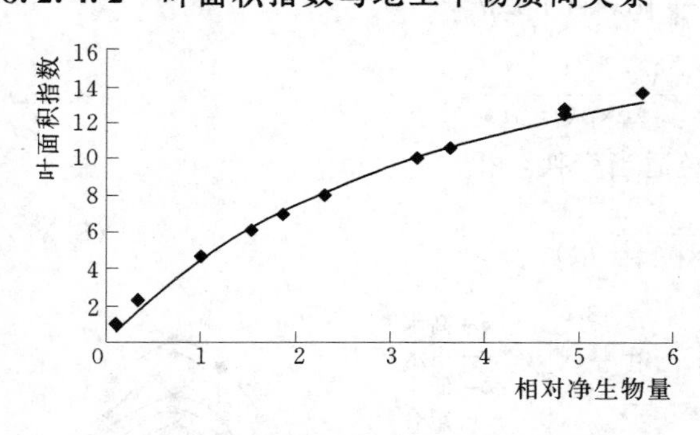

图 8.4 叶面积指数与地上干物质的关系

地上干物质重量是叶面积指数增长的物质基础。当然干物质量决定叶面积指数的大小，叶面积指数影响其后的光截获和物质生产。在不同的地区或播种期，由于作物生态条件的差异，干物质的累积速度不同。同一时期，物质生产力高的生育期，其对应的叶面积指数也较高。图 8.4 显示了叶面积指数与地上干物质之间的关系。

由于叶面积指数的增长率相对干物质的增加而降低，因此采用 Michaelis - Menten 方程来描述两者之间的关系。为了便于比较，干物质用相对于其中某一生育期地上干物重的比值（RM），Michaelis - Menten 方程如下式所示：

$$RM(t)=M(t)/M_0 \tag{8.44}$$

$$LAI(t)=\frac{PRM(t)}{1+QRM(t)} \tag{8.45}$$

t 表示生育阶段或有效积温，M_0 为某一生育阶段地上干物重。变换式（8.45）为线性关系：

$$\frac{1}{LAI(t)}=\frac{1}{PRM(t)}+\frac{Q}{P} \tag{8.46}$$

用最小二乘法统计 $LAI(t)^{-1}$ 与 $RM(t)^{-1}$ 的线性关系，并对参数进行变换，可求得待定系数 P、Q 值。图 8.4 中叶面积指数与干物重的关系为

$$LAI=\frac{5.574RM}{1+0.250RM} \tag{8.47}$$

$n=11$，$R^2=0.9925$，通过信度 0.05 的显著性检验。因此，叶面积指数与干物质之间的关系可以采用 Michaelis - Menten 方程很好地描述。

8.2.4.3 基于地上干物质的叶面积指数增长模型

不同播期作物生育期长度不同。统一模型必需首先统一时间尺度，在此选取有效积温作为统一的时间尺度。叶片干物质质量等于叶面积指数与比叶重之积。叶干物质质量的增加促使叶面积指数和比叶重的增大，也就是说叶干重的增量一部分用于增加叶片大小，另一部分增加叶片厚度。因此在同一生育期，叶面积指数随叶片干物质质量不是线性增加。

设叶面积指数与地上干物重 M 有比例关系：

$$LAI=f(M,GDD) \tag{8.48}$$

用分离变量法

$$LAI=f(M)f(GDD) \tag{8.49}$$

其中，$f(M)$ 满足条件：

$$f(M_m)=LAI_m \tag{8.50}$$

综合式（8.39）、式（8.45）、式（8.48），有

$$LAI(t)=\frac{PM/M_0}{1+QM/M_0}\frac{1}{1+e^{a+bGDD+cGDD^2}} \tag{8.51}$$

此式即为叶面积指数随生育期及干物重变化的统一模型。

8.2.4.4 根系生长模型

作物有效生根深度 Z_n 是指出苗的种子或幼苗可以从土壤中吸取水分时的根系深度，一般大于播种深度，大约为 20～30cm。

某一生育期的作物根系有效深度是与作物类型和生长发育时间相关的函数。在 AquaCrop 模型中，根系深度的增长过程考虑采用时间的 n 次方根进行模拟。模型规定时间一旦超过作物萌芽时间的一半（$t_0/2$），则根系开始生长，直到到达最大有效根系深度 Z_x：

$$Z=Z_0+(Z_x-Z_0)\sqrt[n]{\frac{t-t_0/2}{t_x-t_0/2}} \tag{8.52}$$

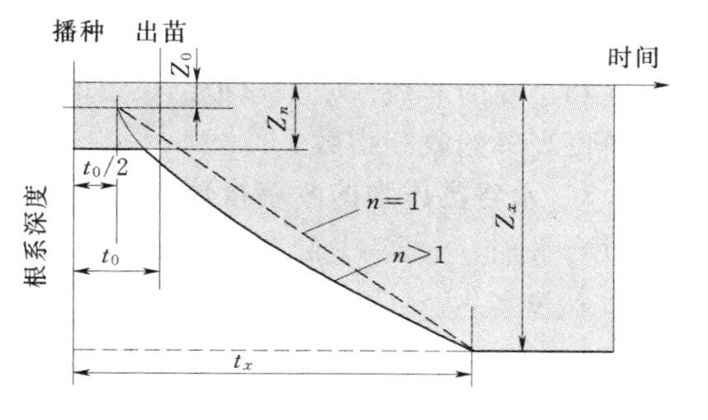

图 8.5 根系有效深度变化曲线

式中：Z 为播种后 t 时刻根系有效深度，m；Z_0 为初始时刻根系深度（播种深度），m；Z_x 为根系最大有效深度，m；t_0 为作物出苗率达到 90%的时间或有效积温，天或℃；t_x 为作物根系有效深度达到 Z_x 的时间或有效积

温，天或℃；t 为播种后的时间或有效积温，天或℃；n 为形状参数，决定了根系扩张的衰减速度，当 $n=1$ 时，根系扩张速率为常数或根系深度呈线性增长，如图 8.5 所示。

8.2.5　作物收获指数

8.2.5.1　基本概念

收获指数 HI（Harvest Index）又称经济系数，是指作物的经济产量占总生物产量的比例。早在 1954 年，Niciporvic 为了从生理上分析作物产量的形成过程，首次把作物产量分为生物产量（Y_{biol}，又叫总产量）和经济产量（Y_{econ}）两部分，并指出两者的关系是：

$$Y_{biol} \times K_{econ} = Y_{econ}$$

其中 K_{econ} 就是经济系数。由于经济产量往往是指收获的产品量，所以简称经济系数为收获指数。

对于蔬菜、果树和谷物类作物，收获指数在开花后一段时期内变化缓慢（图 8.6），并且可以采用 logistic 函数描述：

$$HI_i = \frac{HI_{ini} HI_0}{HI_{ini} + (HI_0 - HI_{ini}) e^{-(HIGC)t}} \tag{8.53}$$

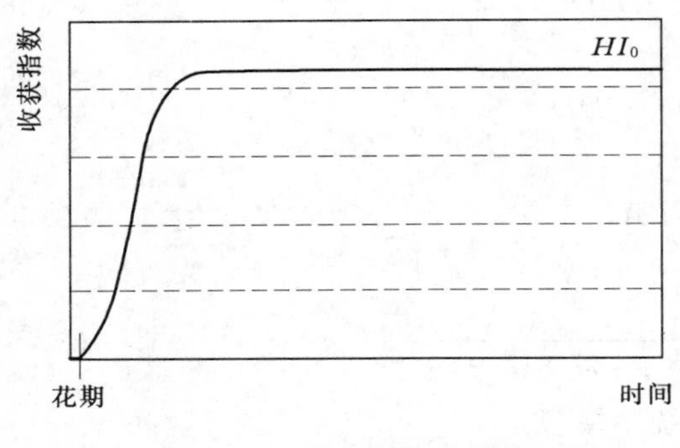

图 8.6　收获指数变化曲线

式中：HI_i 为花期后第 i 天的收获指数；HI_0 为潜在收获指数（无任何胁迫条件下，产量与地上总生物量的比值）；HI_{ini} 为初始收获指数（一般取值为 0.01）；$HIGC$ 为收获指数的增长系数。当 HI 增大到一定程度时，HI 将呈线性变化趋势。

Kemanian 等（2007）基于花期后作物生长速率 f_G 给出了估算收获指数的简单方法，提出 HI 是 f_G 的线性或非线性函数形式：

$$HI = HI_0 + s f_G \tag{8.54}$$

$$HI = HI_x - (HI_x - HI_0) \cdot \exp(-k f_G) \tag{8.55}$$

同时，Kemanian 等结合试验资料分析得到了大麦、小麦和高粱的收获指数模型，其中大麦和小麦的非线性模型模拟结果要略优于线性模型，而线性模型和非线性模型都能很好地模拟高粱的收获指数。

8.2.5.2　禾谷类作物的收获指数

（1）水稻。根据 41 份文献报道，中国 16 个省（直辖市、自治区）的所有样本点水稻收获指数为 0.38～0.60，其全国平均值为 0.50。中国水稻的收获指数各省的平均值变化范围为 0.43～0.54。虽然水稻的收获指数在中国各省（直辖市、自治区）间随地理位置的变化不明显，但存在东北地区略高，华北、华东和云贵高原略低的趋势。东北地区，长江流域和西南地区水稻的收获指数的范围分别为 0.46～0.56，0.46～0.52 和0.43～0.58。

（2）玉米。2006—2010 年 34 份文献报道了中国 12 个省（直辖市、自治区）所有样本点的玉米收获指数为 0.39～0.59，全国平均值为 0.49。从各省（直辖市、自治区）的平均值来看，玉米的收获指数在各省（直辖市、自治区）的范围为 0.42～0.53。这些数值的范围与水稻在各省（直辖市、自治区）的数值很接近。玉米收获指数平均值大于0.50的省（直辖市、自治区）包括吉林、辽宁、山东、河南和贵州5个省，该值小于0.45的包括陕西、甘肃和北京，数值介于两者之间的新疆、河北、山西和湖南居中。黄淮海夏玉米区玉米面积占全国的1/3，产量占全国的1/3，其收获指数的范围为0.41～0.59。西南山地玉米区、西北灌溉玉米区和南方丘陵玉米区玉米的收获指数为0.45左右，比北方春玉米区和黄淮海夏玉米区的平均值小。

（3）小麦。发表于2006—2010年33篇和1篇发表于2003年大田试验论文，报道了11个省（直辖市、自治区）所有样本点的小麦的收获指数的范围为0.35～0.5，其全国平均值为0.46。各省（直辖市、自治区）的样本在2～5之间，小麦收获指数的平均值在11个省（直辖市、自治区）的范围为0.42～0.50，略低于水稻和玉米；其秸秆系数平均值为1.00～1.38，略高于水稻和玉米属于一级小麦主产区的河南省的收获指数范围为0.38～0.58，二级小麦主产区的山东、河北两省小麦的收获指数范围为0.41～0.53，三级小麦主产区的江苏、四川收获指数范围分别为0.39～0.44和0.44～0.47。收获指数平均值大于0.45的省（直辖市、自治区）包括黑龙江、甘肃、河北、河南、安徽和四川。

（4）其他禾谷类作物。除水稻、玉米和小麦3大作物以外，其他禾谷类作物在2006—2010年间报道收指数的文献数量明显偏少。仅获得谷子的相关文献3篇，燕麦、小黑麦（发表于1993年）、黑麦、青稞和大麦在5个省份各获得1篇。这些作物的收获指数范围为0.17～0.49，其中大麦的收获指数最高，青稞的最低。20多年前张福春和朱志辉报道青稞收获指数为0.40，样本数为5个；青稞仅获得1个样本，收获指数为0.17，很可能比其实际值偏低。

8.2.5.3 非禾谷类作物的收获指数

（1）豆类作物。根据11篇文献报道，中国6个省（直辖市、自治区）的2006—2009年各省大豆收获指数平均值在0.35～0.47之间，全国平均值为0.42。黑龙江的大豆收获指数最高，达到0.47，样本数为3；吉林的大豆收获指数最低，为0.35，存在比实际值偏低的可能性。大豆收获指数在中国各省随地理变化，存在东北略高于华北、华中，高于西北地区的趋势。

（2）薯类作物。在2004—2010年16篇文献报道了中国11个省（直辖市、自治区）各自木薯、马铃薯和甘薯收获指数平均值为0.55～0.77，马铃薯收获指数全国平均值为0.59，在西北地区甘肃、青海的马铃薯收获指数为0.55～0.57，而广东的马铃薯收获指数最高为0.74，仅由1篇文献获得，存在该值比实际值偏高的可能性抑或不同地域及品种造成。甘薯收获指数全国平均值为0.69，北到河北南至贵州收获指数分布0.64～0.77，随地理位置的变化不明显。木薯仅查到海南和江西的收获指数为0.55和0.68，以此求得收获指数全国平均值为0.64。

（3）纤维作物。发表于2005—2010年间的9篇大田试验论文报道了中国5个省（直辖市、自治区）的棉花皮棉收获指数平均数为0.12～0.18，全国平均值为0.15。在棉花三大主产区中，新疆、河南和山东的棉花产量分列前三位，而新疆棉花产量约占全国棉花总产量的30%，其收获指数为0.16～0.18。江苏和湖北也属于棉花主产区长江中下游棉区，产量也较高，其皮棉收获指数为0.17。麻类也是重要的一种纤维作物，但是对其研究甚少，麻类文献很有限，其中黄麻收获指数一般为0.40，红麻收获指数为0.31。

（4）油料作物。油料作物花生、油菜、向日葵和芝麻等收获指数和秸秆系数。发表于2004—2010年间的13篇文献报道了6个省（直辖市、自治区）花生收获指数平均数为0.41～0.54，全国平均值为0.50，北方地区的花生收获指数高于南方地区。2002—2010年间共查到9篇油菜的收获指数的论文，各省（直辖市、自治区）平均值范围为0.24～0.28，全国平均值为0.26。向日葵主要集中在西北和东北地区，从辽宁、宁夏、甘肃和内蒙古4省各查得1个文献，收获指数为0.21～0.40，全国平均值为0.32。其中内蒙古面积最大，收获指数为0.39。河南和湖北都是芝麻的主要产区，其两省产量占全国芝麻总产量的50%，收获指数分别为0.31和0.36。

（5）糖料和烟草作物。发表于2004—2008年的5篇文献和2000年的1篇文献，报道了新疆、内蒙古和黑龙江甜菜收获指数为0.60～0.85，全国平均值为0.71。由于文献有限，只获得福建甘蔗收获指数为0.70。2004—2010年17篇文献报道了中国7个省（直辖市、自治区）各自烟草收获指数平均值为0.52～0.67，全国平均值为0.61。

当前，随着生物科学技术的发展，各种作物的收获指数已达到或接近其最高值，提高收获指数已不是未来增加作物经济单位面积产量的主要途径，而是主要通过增加生物产量以提高经济产量。

8.2.6 作物水分生产函数

8.2.6.1 静态模型

描述作物产量与水分之间关系的函数一般被分为两大类：第一类，将作物产量（干物质总量或作物收获物）描述为供水量的函数，供水量包括作物需水量、种前灌溉量、降雨量等。Kipkorir等（2002）将这类方程描述为水分生产函数（water production functions，WPF）；第二类，将作物产量描述为季节性蒸散量或蒸发量的函数，称为作物水分生产函数（crop water production functions，CWPF）。通常情况下，WPF可以描述为一个二次或三次多项式形式（Hexem and Heady，1978）：

$$Y=f(x)=a_1x3+a_2x^2+a_3x+a_4 \tag{8.56}$$

式中：Y为作物产量；x为供水总量。CWPF一般是一个线性函数，表示为$[1-(ET_a/ET_c)]$与$[1-(Y_a/Y_m)]$的线性关系，两者之间的系数（K_y）称作产量响应因子：

$$1-\frac{Y_a}{Y_m}=K_y\left(1-\frac{ET_a}{ET_c}\right) \tag{8.57}$$

作物水分生产函数可分为两大类：全生育期的作物水分生产函数和各生育阶段作物水分生产函数。

1. 全生育期的作物水分生产函数

全生育期的作物水分生产函数是一种经验半经验模型，采用作物全生育期总耗水量为自变量，建立作物总耗水量与产量之间的函数关系，适用于全生育期总水量亏缺的宏观规划预测以及由水分亏缺而造成的作物减产量预测。一般对非充分灌溉试验获得的数据进行回归分析来确定模型参数。

（1）全生育期耗水量的数学模型。

线性关系模型：

$$Y=a_0+b_0W \tag{8.58}$$

二次抛物线关系模型：

$$Y=a_1+b_1W+c_1W^2 \tag{8.59}$$

式中：Y 为作物产量；W 为耗水量；a_0、b_0、a_1、b_1、c_1 为经验系数。

大量的试验研究表明，在一定范围内产量随耗水量的增加而线性增加。当产量达到一定值后，想要继续增加产量就必须增加其他的农业措施。因此，线性模型一般仅适用于灌溉不足和管理水平不高的中低产地区。同时，如果随着水源条件的改善和管理水平的提高，产量与耗水量之间的关系出现了一个明显的界限值。当耗水量小于此界限值时，产量随耗水量的增加而增加；当达到该界限值时，产量不再增加，然后产量随耗水量的增加而减小，因此表现出二次抛物线关系。

（2）全生育期腾发量的数学模型。

Hiler 和 Clark 模型：

$$Y_a=a+b[1-(1-ET_a/ET_m)^2] \tag{8.60}$$

Hanks 模型：

$$Y_a/Y_m=ET_a/ET_m \tag{8.61}$$

D-K 模型：

$$1-Y_a/Y_m=K_y(1-ET_a/ET_m) \tag{8.62}$$

式中：Y_a 为作物的实际产量；Y_m 为作物的最大产量；ET_a 为全生育期作物的实际蒸腾量；ET_m 为全生育期作物的最大蒸腾量；a、b、K_y 为经验系数。

2. 生育阶段作物水分生产函数

生育阶段作物水分生产函数是采用作物不同生育阶段的相对耗水量作为自变量，建立作物各生育阶段水分亏缺量与作物产量之间的关系函数。这种模型可分为两类：加法模型和乘法模型。

（1）加法模型。

Blank 模型：

$$Y_a/Y_m=\sum_{i=1}^{n}A_i(ET_a/ET_m)_i \tag{8.63}$$

Stewart 模型：

$$1-Y_a/Y_m=\sum_{i=1}^{n}K_{yi}[(ET_{mi}-ET_i)/ET_{mi}] \tag{8.64}$$

Singh 模型：

$$Y_a/Y_m=\sum_{i=1}^{n}C_i[1-(1-ET_i/ET_{mi})^2] \tag{8.65}$$

式中：ET_i 为第 i 个生育期实际腾量；ET_{mi} 为第 i 个生育期最大蒸腾量；A_i、K_{yi}、C_i 为经验系数。

根据加法模型形式可知，如果耗水量相同，最终产量就会相同，而试验证明，不同时期的作物亏水对产量会产生很大影响，由于前一生育期的亏水会对下一生育期和整个生育期的作物生长都产生影响，因此作物产量不仅与全生育期总耗水量有关，更取决于耗水量在不同生育期内的分配情况。因为不同生育阶段的受旱程度对产量均产生不同的影响，而加法模型却掩盖了这一事实，因此这类模型不适合应用于干旱地区。经过大量试验研究，在加法模型的基础上，许多学者提出了更适合反应作物产量与蒸散量之间关系的乘法模型。

（2）乘法模型。

Minhas 模型：

$$Y_a/Y_m = a_0 \prod_{i=1}^{n} [1-(1-ET_a/ET_m)^{b_0}]_i^{\lambda_i} \tag{8.66}$$

Jensen 模型：

$$Y_a/Y_m = \prod_{i=1}^{n} (ET_a/ET_m)_i^{\lambda_i} \tag{8.67}$$

Rao 模型：

$$Y_a/Y_m = \prod_{i=1}^{n} [1-K_i(1-ET_a/ET_m)]_i^{\lambda_i} \tag{8.68}$$

式中：λ 为作物水分敏感指数，且 λ_i 随生育期变化，大量实验证明，λ_i 前期小，中间大，后期又减小；其余符号意义同前。乘法模型意味着如果存在一个生育期内作物蒸散量为0，那么就会导致作物最终产量为0，而加法模型中任何一个阶段的蒸散量为0，都不会直接导致产量为0，但会对最终产量产生影响。因此，乘法模型比加法模型能更加真实地反映作物产量与蒸散量的关系，且实践证明，乘法模型更适合干旱、半干旱区的情况。

8.2.6.2 动态模型

动态模型是用来描述作物生长过程中干物质积累过程对不同的水分水平的响应，并根据这种响应来预测作物干物质积累及最终产量。最具代表性的动态产量模型为 Feddes 模型和 Morgan 模型。

1. Feddes 模型

Feddes 模型是 1978 年由 Feddes 提出的，从作物水分生理角度出发模拟作物的生长过程，并在作物生长过程模拟的基础上，预测作物干物质产量。该模型是在其他生长因素（如养分、作物栽培、土质条件等）不受抑制或处于优良状态下，根据气象和土壤水分条件，逐日计算作物干物质产量。计算公式如下：

$$q_a = 0.5\left\{A\frac{T}{\Delta e}+q_m-\left[\left(q_m+A\frac{T}{\Delta e}\right)^2-4q_mA\frac{T}{\Delta e}(1-\zeta)\right]^{0.5}\right\} \tag{8.69}$$

式中：q_a 为干物质日形成率，kg/(ha·d)；A 为最大水分有效利用率，kg·hPa/(ha·cm)；T 为腾发速率，cm/d；$\overline{\Delta e}$为平均饱和水汽压与实际水汽压之间的差，hPa；ζ 为系数，取 $\zeta=0.01$。q_m 表示养分和水分供应充分条件下干物质日形成率，其计算式为

$$q_m = [P_{st}(1-e^{-vI})-R_m]C_{vf} \tag{8.70}$$

式中：P_{st}为 $LAI=5.0$ 时的光合速率，kg/(ha·d)；v 为太阳辐射衰减因子，取 $v=0.75$；I 为作物叶面积指数；R_m 为呼吸保持率，kg/(ha·d)；C_{vf} 为光合产物转化为干物质的效率，取 $C_{vf}=0.8$。由于 Feddes 模型具有一定的仿真功能，既适合于设计经济节水的灌溉规划，也适合于制定灌溉系统的用水计划，但 Feddes 模型应用的主要困难在于作

物蒸腾率 T 和维持呼吸率 R_m 不易确定。

2. Morgan 模型

Morgan 等（1980）通过研究发现作物生长依赖于前期生长发育的情况，在土壤养分、气象等影响作物生长因素相同的情况下，可以假设农田水分是影响作物生长的主要因素，且某一时期土壤水分亏缺必定会影响其以后的生长。在此基础上，基于日相对有效含水率建立了一个反映作物（玉米）生长的动态模型，该模型采用递推方程表示为

$$X_t = \Gamma(t)^{\sigma(Am_t)} X_{t-1} \tag{8.71}$$

$$\Gamma(t) = \frac{H_t}{H_{t-1}} \tag{8.72}$$

式中：t 为计算时刻（即距计算起始日的天数）；X_t，X_{t-1} 分别为 t，$t-1$ 时刻的潜在产量（收割时即为潜在产量）；H_t 为 t 时刻干物质累积量与干物质总量（收割后）累计值之比；$\Gamma(t)$ 为 t 时刻前后干物质累计值之比。充分灌水条件下，$\Gamma(t)$ 可表示为以下形式：

$$\Gamma(t) = \left(\frac{D}{T}\right)^{\frac{1}{D}} \exp\left[\delta \frac{T}{D}\left(1 + \frac{1}{2D} - \frac{t}{D}\right)\right] \tag{8.73}$$

式中：δ 为常数，$\delta = 0.109$（Hanway，1963，1971）；T 为参照生育期天数；D 为实际生育期天数。

$\sigma(Am_t)$ 为作物的土壤水分响应指数，随土壤相对有效含水率 Am 而变：

$$Am = \frac{\theta_t - \theta_W}{\theta_F - \theta_W} \tag{8.74}$$

式中：θ_W、θ_F 分别为凋萎点土壤含水率和田间持水率。

Morgan 模型的最终干物质产量的计算式为

$$X_D = X_0 \cdot \prod_{t=1}^{D} \Gamma(t)^{\sigma(Am_t)} \tag{8.75}$$

式中：X_D 为最终干物质产量；X_0 为计算起始时刻的潜在产量。

8.3 土壤根区含水量模块

8.3.1 时间-空间划分方案

为了准确计算生育期内根区含水量变化过程，本文对土壤剖面和时间进行网格划分，如图 8.7 所示。以 Δz 为步长对土壤剖面进行划分，以 Δt 为时间步长对生育期进行划分，$\theta_{i,t}$ 表示 t 时刻第 i 个节点处的土壤含水量。

根据这些节点，土层可以被分为不同隔层，如图 8.8 所示，分别在这些隔层上计算根系吸水能力、入渗量、土面蒸发量、作物蒸腾量，最终得到整个根区的水量平衡过程。

8.3.2 水量平衡计算方法

在计算根区含水量时，分别计算不同时间段上各个土层的土壤含水量，具体表达式如下：

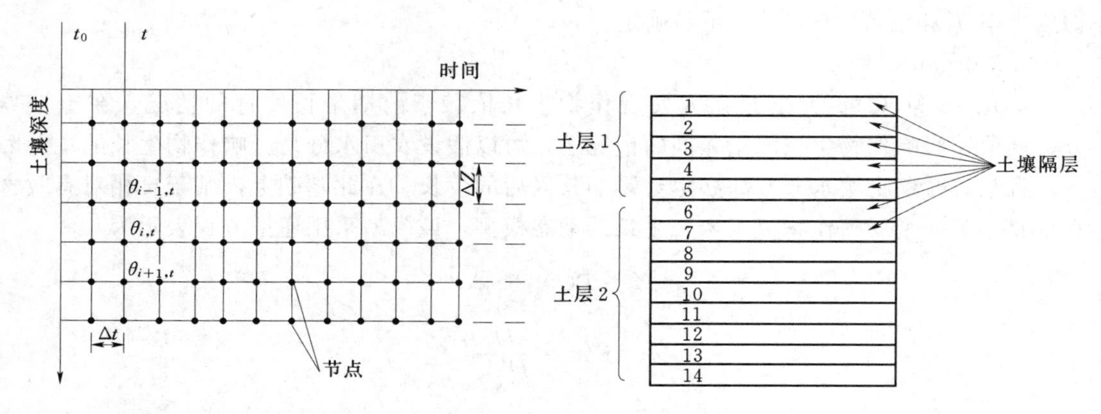

图 8.7 时间和土壤剖面划分方案　　　　图 8.8 土层和土壤隔层示意图

$$\theta_{ij}=\theta_{ij-1}+\Delta R_{i,\Delta t}+\Delta I_{i,\Delta t}+\Delta E_{i,\Delta t}+\Delta T_{i,\Delta t} \tag{8.76}$$

式中：θ_{ij}为第j时间段第i个土层上的含水量；$\Delta R_{i,\Delta t}$为该时间段内第i个土层上的再分布含水量；$\Delta I_{i,\Delta t}$为该时间段内入渗含水量，如降雨量、径流量、灌水量、深层渗漏量等；$\Delta E_{i,\Delta t}$为该时间段内土壤蒸发量；$\Delta T_{i,\Delta t}$为该时间段内作物蒸腾量。

1. 水分再分布及排水

为了模拟土层中的水分再分布、土壤剖面的排水情况、降雨入渗过程以及灌水量，AquaCrop 采用以下形式的排水函数：

$$\frac{\Delta\theta_i}{\Delta t}=\tau(\theta_S-\theta_{FC})\frac{e^{\theta_i-\theta_{FC}}-1}{e^{\theta_S-\theta_{FC}}-1} \tag{8.77}$$

式中：$\Delta\theta_i/\Delta t$为时间段Δt内第i层土层的含水量减少量；τ为排水因子；θ_i为第i层土层实际土壤含水量，m^3/m^3；θ_S为土壤饱和含水量，m^3/m^3；θ_{FC}为田间持水量，m^3/m^3；Δt为时间步长，d；且式（8.77）具有下面两个基本特性：

如果$\theta_i=\theta_{FC}$，那么$\Delta\theta_i/\Delta t=0$；

如果$\theta_i=\theta_{SAT}$，那么$\Delta\theta_i/\Delta t=\tau(\theta_{SAT}-\theta_{FC})$。

排水因子τ越大，则土层达到田间持水量越快，Barrios Gonzales 通过研究发现排水因子τ与饱和导水率K_S具有很好的相关性，且τ可有下式对其进行估算：

$$0\leqslant\tau=0.0866K_S^{0.35}\leqslant 1 \tag{8.78}$$

式中：K_S为饱和导水率，mm/d。

在整个水分再分布级排水过程中，总土壤含水量变化量为

$$DP=\sum_{i=1}^{N}1000\frac{\Delta\theta_i}{\Delta t}\Delta z_i\Delta t \tag{8.79}$$

式中：Δz_i为第i层土层厚度。

2. 降雨径流过程

降雨径流过程可以按照前面介绍土壤入渗公式计算，也可以通过 US Soil Conservation Service 提供的公式进行计算：

$$RO=\frac{[P-(0.2)S]^2}{P+S-(0.2)S} \tag{8.80}$$

$$S=254\left(\frac{100}{CN}-1\right) \tag{8.81}$$

式中：RO 为通过径流损失的水量，mm；P 为降雨量，mm；$(0.2)S$ 为形成径流前入渗的水量，mm；S 为潜在最大出水量，mm；CN 为曲率。

3. 土壤蒸发过程

土壤蒸发分为两个阶段：第一阶段，土壤水分充足，蒸发主要受能量制约；第二阶段，当累积蒸发量大于易蒸发水量 REW 时，蒸发开始衰减。REW 可由下式计算：

$$REW=1000(\theta_{FC}-\theta_{air\ dry})Z_{e,surf} \tag{8.82}$$

式中：$\theta_{air\ dry}$ 为干燥空气中土壤含水量，m^3/m^3，$\theta_{air\ dry}\approx 0.5\theta_{WP}$；$Z_{e,surf}$ 为直接与大气接触的土壤蒸发表层厚度，m，$0.15\leqslant Z_{e,surf}\leqslant 0.5$。

当降雨或灌溉时，土壤表层容易达到 REW，蒸发过程处于第一阶段：

$$E_{Stage\ I}=E_x \tag{8.83}$$

其中 E_x 为最大土壤蒸发率：

$$E_x=Ke\,ET_0=[(1-CC^*)Ke_x]ET_0 \tag{8.84}$$

$$(1-CC^*)=1-1.72CC+CC^2-0.30CC^3\geqslant 0 \tag{8.85}$$

式中：ET_0 为潜在蒸散量，mm/d；CC 为作物冠层覆盖度；Ke 为土壤表面的蒸发系数；Ke_x 为土壤表面的最大蒸发系数。当累积蒸发量大于易蒸发水量 REW 时，土壤蒸发转入第二阶段：

$$E_{Stage\ II}=Kr\,E_x \tag{8.86}$$

式中：Kr 为蒸发减小系数，且

$$0\leqslant Kr=\frac{e^{f_k W_{rel}}-1}{e^{f_k}-1}\leqslant 1 \tag{8.87}$$

式中：f_k 为衰减因子；W_{rel} 为从下层土壤中运移到蒸发土层中的相对含水量。

4. 作物蒸腾过程

根据双作物系数法，当根区含水量充分时，作物蒸腾速率达到最大：

$$Tr_x=Kcb\,ET_0=[CC^*\,Kcb_x]ET_0 \tag{8.88}$$

式中：Kcb_x 为充分灌溉和完全覆盖（$CC=1$）时最大作物蒸腾系数；CC^* 为修正的实际冠层覆盖度，表示为

$$CC^*=1-1.72CC+CC^2-0.30CC^3 \tag{8.89}$$

Kcb_x 表示在完全覆盖条件下作物特征对蒸腾作用的综合影响，一般情况下，Kcb_x 比参照作物的系数要大5%～10%，对于一些高作物如玉米、高粱或甘蔗甚至要大15%～20%。Allen 等通过研究发现，在完全覆盖条件下，不同作物生育中期的 Kcb_x 近似等于基础作物系数。

8.4 葡萄生长模型

8.4.1 试验地气象特征分析

8.4.1.1 试验区有效积温

一般葡萄的生物学下限温度为10℃，生物学上限温度为38℃，则葡萄的 $T_{base}=10℃$，

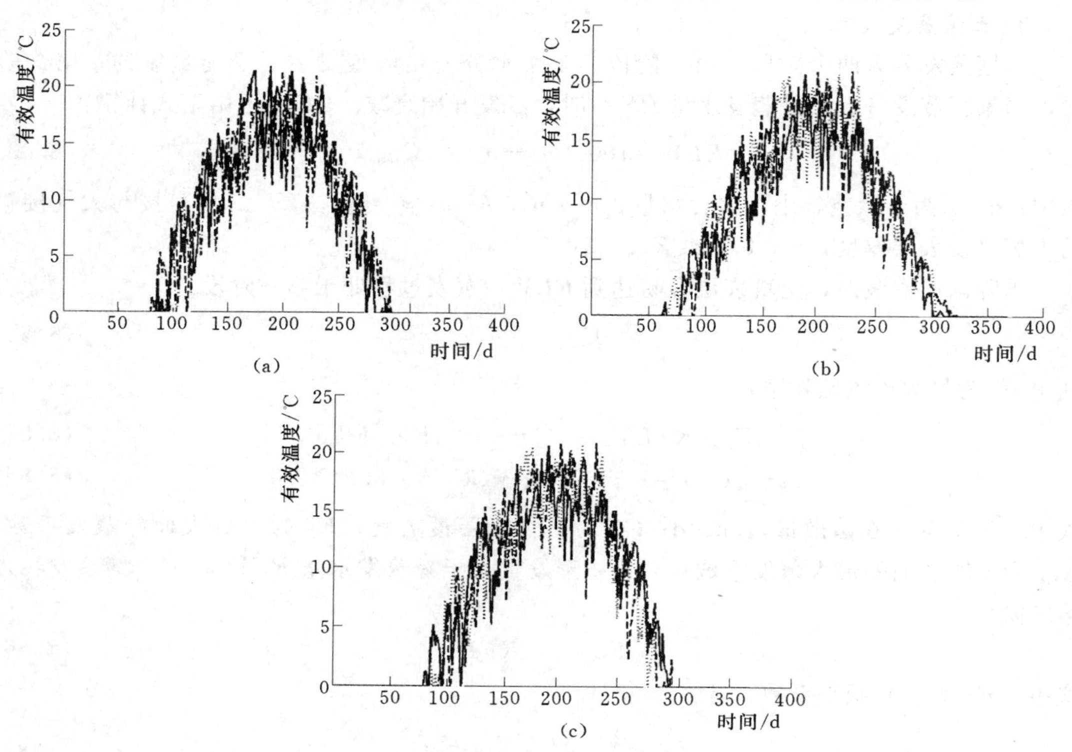

图8.9 吐鲁番地区葡萄生长的有效温度变化过程

(a) 方法1；(b) 方法2；(c) 方法3

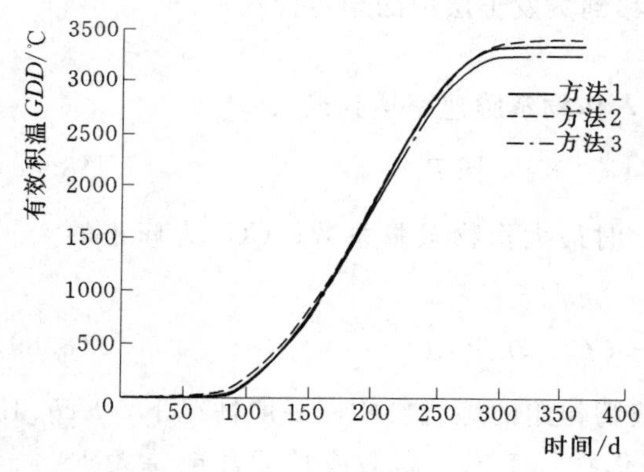

图8.10 1952—1995年吐鲁番地区葡萄生长的平均有效积温变化过程

$T_{upper}=38℃$。图8.9是采用3种方法计算得到的1951—1995年吐鲁番地区葡萄生长的有效温度，其中时间采用万年历，横坐标0表示1月1日。

从图8.9中可以看出，有效温度变化幅度较大，但3种计算方法变化趋势基本相同，因此，采用有效积温能更好地反映3种计算方法之间的关系。将有效温度累加可以得到葡萄生长所需要的有效积温GDD，图8.10显示了采用3种方法计算得到的1951—1995年吐鲁番地区的平均有效积温。

根据资料可知，无核白葡萄全生育期内最大有效积温为3300℃，则根据吐鲁番地区葡萄各生育期起始时间及其对应的有效积温（表8.1）可以确定葡萄各个生育初始阶段所需要的有效积温。从表可以看出，当$GDD \geqslant 49.7$℃时，葡萄开始萌芽进入展叶期；当$GDD \geqslant 319.2$℃时，气温回升到一定程度，展叶期结束，葡萄进入花期；当$GDD \geqslant 459.2$℃时，葡萄进入果粒膨大期；当$GDD \geqslant 1829.3$℃时，葡萄果粒不再膨大，进入果粒成熟期；当$GDD \geqslant 3107.5$℃时，葡萄收获基本结束，进入枝蔓老熟期。

表8.1　　葡萄各个生育初始阶段的有效积温（2010年，吐鲁番地区）

生育期	萌芽与展叶期（4月1日）	开花期（5月1日）	果粒膨大期（5月10日）	果粒成熟期（7月15日）	枝蔓老熟期（10月1日）
有效积温/℃	≥49.7	≥319.2	≥459.2	≥1829.3	≥3107.5

8.4.1.2 试验区潜在蒸散量

图8.11是采用FAO56彭曼公式和Hargreaves公式计算得到的不同年份吐鲁番地区日潜在蒸散量。

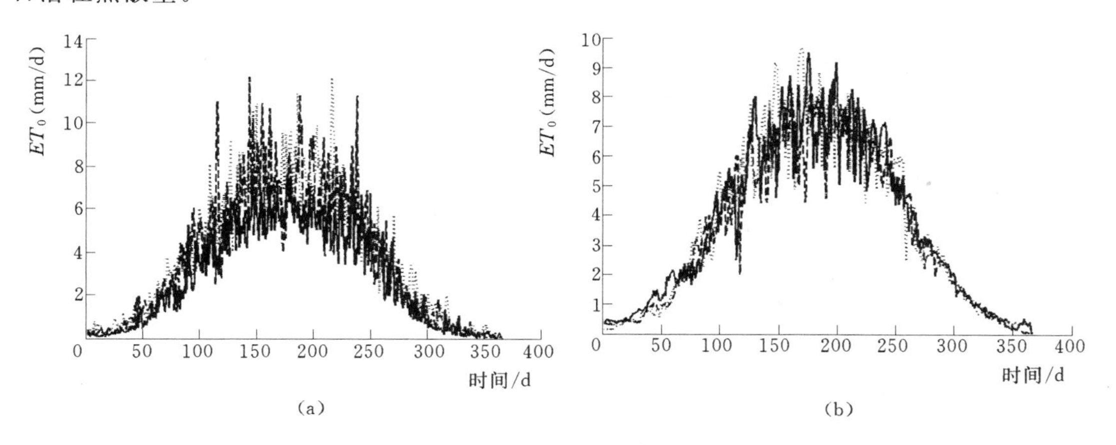

图8.11　吐鲁番地区葡萄生长的日潜在蒸散量变化过程

（a）FAO56彭曼公式计算结果；（b）Hargreaves公式计算结果

从图8.11中可以看出，吐鲁番地区一年之内ET_0呈现先增大后减小的趋势，且在180～200d之间达到最大ET_0。Hargreaves公式计算的最大ET_0在5～10mm/d之间波动，FAO56彭曼公式计算的最大ET_0在5～13mm/d之间波动。与有效积温类似，由于潜在蒸散量日变化波动较大，计算结果变化趋势基本相同，因此，采用累积潜在蒸散量能更好地反映计算方法之间的关系。将日潜在蒸散量累加可以得到葡萄生长所需要的累积蒸散量，图8.12显示了采用1985Harg公式和FAO56彭曼公式计算得到的1952—1995年每年吐鲁番地区的累积潜在蒸散量。

图8.12显示了1952—2000年间采用Hargreaves公式和FAO56彭曼公式计算得到的累积潜在蒸散量结果，其中可以看出，相对于FAO56彭曼公式计算的累积潜在蒸散量，Hargreaves公式计算的累积潜在蒸散量在不同年间变化波动较小。这是由于Hargreaves公式仅仅考虑温度和太阳辐射对ET_0的影响，而1952—2000年的有效积温呈正态分布，

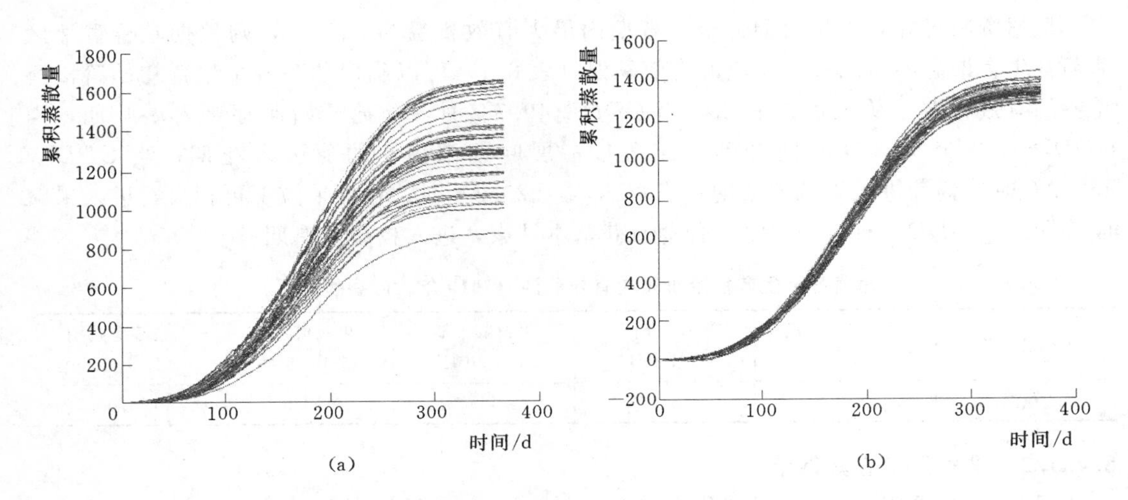

图 8.12　吐鲁番地区葡萄生长的累积潜在蒸散量变化过程

(a) 采用 1985Harg 公式；(b) 采用 FAO56 彭曼公式

因此，Hargreaves 公式计算的累积潜在蒸散量分布相对集中，变化不大；相对于 Hargreaves 公式，FAO56 彭曼公式考虑的气象因素较多，所以不同年间的累积潜在蒸散量变化较大。

8.4.2　葡萄生长特征

8.4.2.1　叶面积指数随有效积温变化特征

根据 2009 年气象资料和式 (8.1)、式 (8.5)、式 (8.6)，可以计算出 2009 年葡萄有效积温，其与叶面积指数之间的关系如图 8.13 所示。

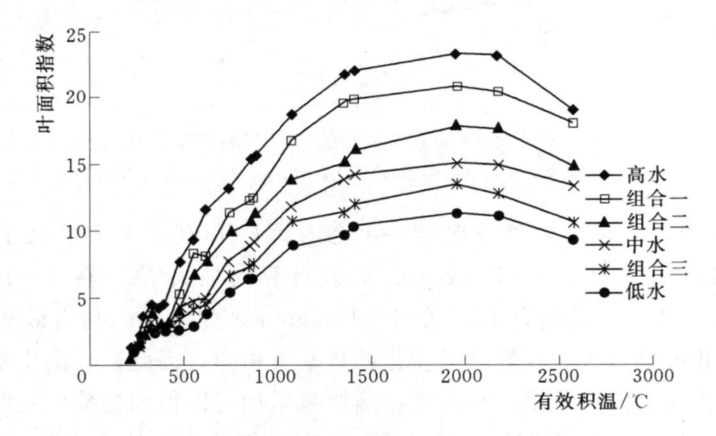

图 8.13　2009 年有效积温与叶面积指数之间的关系

有效积温与叶面积指数之间的关系同样可以采用 logistic 模型 (式 8.37) 进行模拟和修正的 logistic 模型 (式 8.39) 进行描述：

$$RLAI=\frac{LAI}{LAI_m}=\frac{1}{1+e^{3.216-0.004197GDD}} \tag{8.90}$$

$$RLAI=\frac{LAI}{LAI_m}=\frac{1}{1+e^{3.7825-0.005779GDD+1.5510\times10^{-6}GDD^2}} \tag{8.91}$$

式中：$RLAI$ 为相对叶面积指数；LAI 为叶面积指数；LAI_m 为生育期内最大叶面积指数；GDD 为有效积温,℃。对 2009 年各处理平均相对叶面积指数进行拟合，拟合结果如图 8.14 所示。

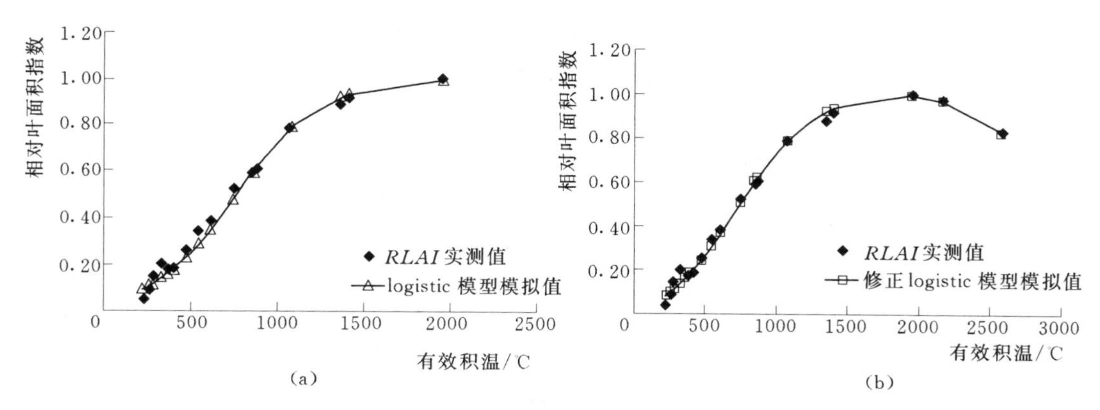

图 8.14 叶面积指数与有效积温之间关系的拟合结果
(a) logistic 模型模拟值；(b) 修正 logistic 模型模拟值

8.4.2.2 干物质质量与叶面积指数间关系

图 8.15 给出了 2010 年和 2011 年葡萄果粒成熟期干物质质量、相应的叶面积指数数据以及模拟结果。

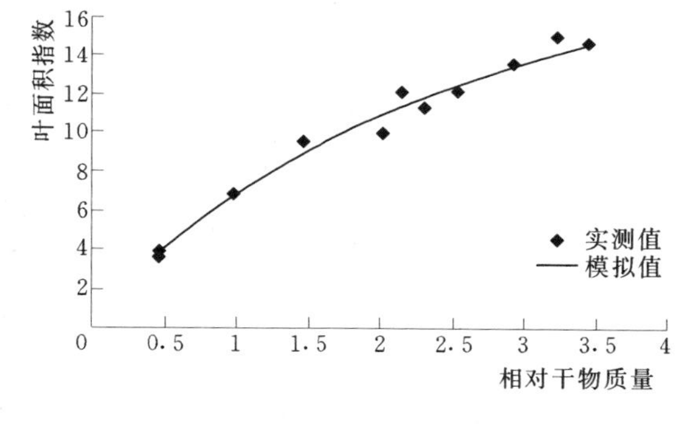

图 8.15 果粒成熟期最大叶面积指数与地上最大干物重的关系（吐鲁番，6 个处理，2010—2011）

根据式（8.46）与图 8.15 中实测数据，吐鲁番地区不同处理葡萄最大叶面积指数与最大干物质质量关系可采用 Michaelis - Menten 方程表示为

$$f(M)=\frac{9.1912M/642.9314}{1+0.3410M/642.9314} \tag{8.92}$$

$n=12$，$R^2=0.9797$，通过信度 0.05 的显著性检验。

由式（8.49）、式（8.91）和式（8.92），2011 年吐鲁番叶面积指数增长模式为

$$LAI=\frac{9.1912M_m/642.9314}{1+0.3410M_m/642.9314}\frac{1}{1+e^{5.9467-0.011415GDD+3.22\times10^{-6}GDD^2}} \tag{8.93}$$

式中：GDD 为有效积温；M_m 为最大干物质量。

8.4.3 葡萄一维根系吸水模型

8.4.3.1 根系分布模型比较

目前，通过大量研究相对根系密度分布函数 $b(z)$ 已经建立了很多形式的经验函数，较为常用的有指数关系函数、线性分布函数和分段分布函数。齐丽彬、樊军、邵明安等给

出了一种由每层土的根长实测值拟合根长密度分布函数的方法，采用该方法拟合得到葡萄根系累积分布函数：

$$Y(z)=-0.0001z^2+0.0205z \tag{8.94}$$

相关系数为 0.9929。对根系累积分布函数进行求导，可以得到根系密度分布函数：

$$b(z)=-0.0002z+0.0205 \tag{8.95}$$

由葡萄根系最大扎根深度为 100cm，即 $L=100$，同时可以得到每个经验根系分布函数的参数值。根据式（8.130），可推算出指数分布函数中的参数 a：

$$a=b(z=0)=0.0205$$

则指数关系根系密度分布函数为

$$b(z)=0.0205e^{-0.0205z} \tag{8.96}$$

线性关系根系密度分布函数为

$$b(z)=0.02(1-0.01z) \tag{8.97}$$

分段根系密度分布函数为

$$b(z)=\begin{cases}0.0166667 & ,z\leqslant 20\\ 0.020833(1-0.01z) & ,20\leqslant z\leqslant 100\\ 0 & ,z>100\end{cases} \tag{8.98}$$

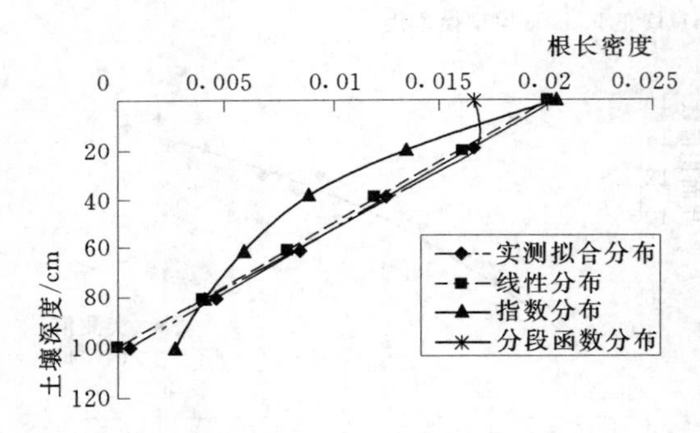

图 8.16 经验根长密度分布与由实测数据拟合的根长密度分布比较

由图 8.16 可以看出，实测拟合分布与线性分布相差不大，分段函数分布在 20cm 深度以下与实测拟合函数基本一致，而指数分布与其他几种分布均相差较大。因此在缺乏根系试验资料的情况下，可采用线性分布和分段函数分布这两种经验根系分布函数来模拟根系分布状态。

8.4.3.2 土壤水分分布的数值模拟

由于葡萄根系的吸收根主要分布在土壤深度 20cm 以下，20cm 以上土壤水分变化主要由于土面蒸发，而 20cm 以下土壤水分变化主要由于根系吸水，因此，将拟合的葡萄根系分布函数带入土壤水分运动方程模拟 20cm 以下土壤含水率分布变化，并通过土壤水分模拟值与实测值比较，分析根系分布函数和无网格数值模拟模型的准确性。图 8.17 显示了灌水后，土壤垂直剖面含水率的数值模拟结果与实测土壤水分剖面的对比情况。其中灌水时间为 4 月 25 日，同时选取水后第 1 天和水后第 8 天的实测含水率分布与模拟结果进行验证。从图 8.17 可以看出，由实测拟合根系密度分布函数得到的模拟结果能够反映实际灌水后垂直剖面含水率的变化。

8.4.4 基于收获指数的成龄葡萄产量模拟模型

对于吐鲁番地区无核白葡萄鲜重与干重之比为 6：1，则根据定义，收获指数可采用下式计算得到：

$$HI=\frac{Yd}{M+Yd} \tag{8.99}$$

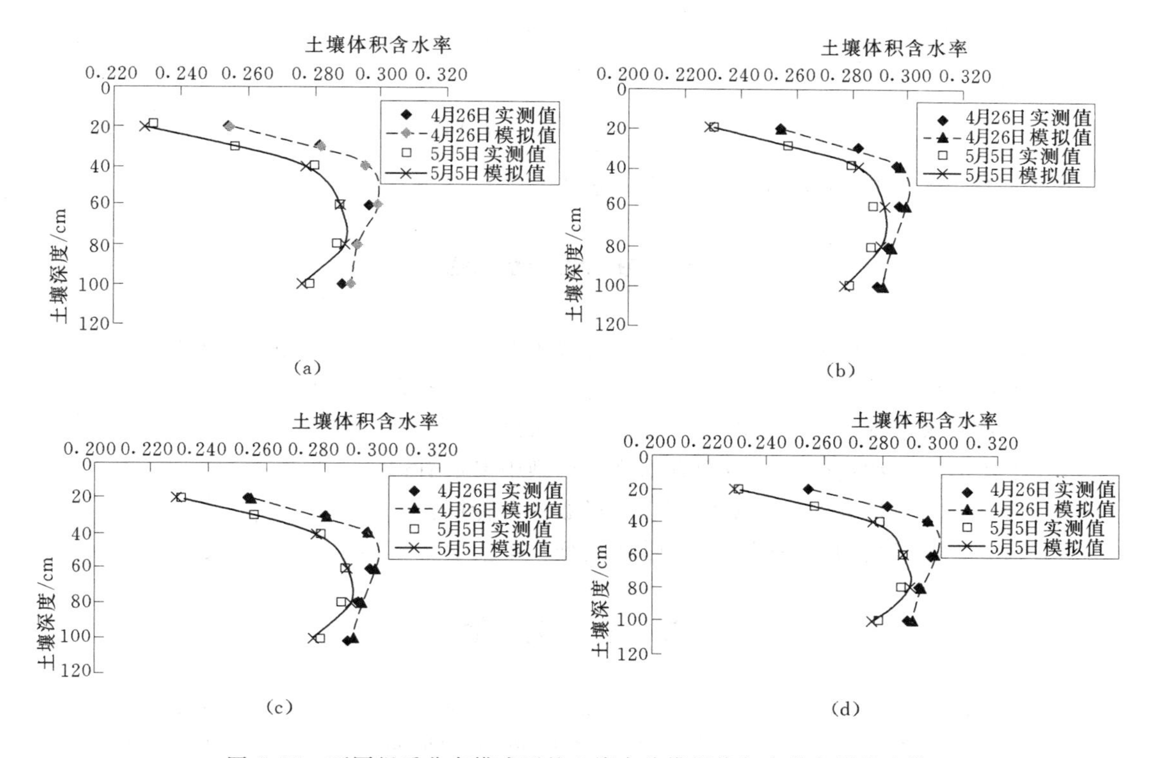

图 8.17 不同根系分布模式下的土壤水分模拟值与水分实测值比较

(a) 实测拟合根系分布；(b) 指数根系分布；

(c) 线性根系分布；(d) 分段根系分布

$$Yd = Y/6 \tag{8.100}$$

式中：HI 为收获指数；M 为地上干物质质量，kg/亩；Yd 为产量干重，kg/亩；Y 表示产量，kg/亩。

根据式（8.99）和式（8.100），可以得到产量与收获指数以及地上干物质质量之间的函数关系，可表示如下：

$$Y = \frac{6HI}{1-HI} M_m \tag{8.101}$$

式中：Y 为鲜葡萄产量，kg/亩；HI 为收获指数；M_m 为葡萄收获时地上干物质质量，kg/亩。

根据 8.4.2 节对葡萄叶面积指数和干物质质量之间的关系的研究，可知两者之间具有如下的关系：

$$M_m = \frac{LAI_H}{P - QLAI_H} \tag{8.102}$$

式中：LAI_H 为葡萄收获时叶面积指数。

结合式（8.101）与式（8.102），可以得到产量与叶面积指数之间的关系：

$$Y = \frac{6HI}{1-HI} \frac{LAI_H}{P - QLAI_H} \tag{8.103}$$

其中叶面积指数可以根据8.2.3节中提出的普适生长模型式(8.51)计算得到，计算公式如下所示：

$$LAI_H=\frac{1}{1+e^{a+bGDD_H}}LAI_m \tag{8.104}$$

式中：GDD_H 为葡萄收获时所需的有效积温,℃。

复习思考题

1. 活动温度、有效温度、活动积温、有效积温的定义，及它们之间的关系。
2. 植被冠层覆盖度定义，其计算方法有哪些？分析各方法之间的区别及应用背景。
3. 作物需水量确定方法有哪些？分析各方法之间的区别及应用背景。
4. 常用的叶面积指数增长模型有哪些？模型中参数有何意义？
5. 什么是收获指数？试分析作物收获指数分布特征？
6. 水分生产函数的静态模型包含哪些模型？不同静态模型之间有何区别？

参考文献

[1] Allen,R. G., Pereira, L. S., Raes, D., Smith, M. Crop Evapotranpiration: Guildlines for computing crop water requirements [M]. FAO Irrigation and Drainage Paper No 56. Food and Agriculture Organisation, Land and Water. Rome, Italy. 1998.

[2] Cosh M H, Brutsaert W. Microscale structural aspects of vegetation density variability [J]. Journal of Hydrology, 2003, 276 (1): 128-136.

[3] Hargreaves, G. L., Hargreaves, G. H., Riley, J. P., 1985. Agricultural benefits for Senegal River basin. J. Irrig. and Drain. Engr., ASCE 111, 113-124.

[4] Hexem R W, Heady E O. Water Production Functions for Irrigated Agriculture [M]. Iowa State University Press., 1978.

[5] Hiler E A, Clark R N. Stress day index to characterize effects of water stress on crop yields [J]. 1971, 14 (4): 757-761.

[6] Hanks R J. Model for predicting plant yield as influenced by water use [J]. Agronomy journal, 1974, 66 (5): 660-665.

[7] Kipkorir E C, Raes D, Massawe B. Seasonal water production functions and yield response factors for maize and onion in Perkerra, Kenya [J]. Agricultural Water Management, 2002, 56 (3): 229-240.

[8] Lijun Su, Quanjiu Wang, et al.. An analysis of yearly trends in Growing Degree Days and the relationship between Growing Degree Day values and Reference Evapotranspiration in Turpan, China [J]. Theoretical and Applied Climatology, 2013, 113 (3-4): 711-724

[9] Morgan T H, Biere A W, Kanemasu E T. A dynamic model of corn yield response to water [J]. Water Resources Research, 1980, 16 (1): 59-64.

[10] McMaster, G. S., Wilhelm, W. W., 1997. Growing degree-days: one equation, two interpretations. Agricultural and Forest Meteorology 87, 291-300.

[11] Raes D, Steduto P, Hsiao T C, et al. AquaCrop The FAO Crop Model to Simulate Yield Response to Water: II. Main Algorithms and Software Description [J]. Agronomy Journal, 2009, 101 (3):

438－447.

[12] J. 法朗士，J. H. M. 索恩利．农业中的数学模型［M］. 金之庆等，译．北京：农业出版社，1991.

[13] 陈云浩，李晓兵，史培军．中国西北地区蒸发散量计算的遥感研究［J］. 地理学报，2001，56（3）：261－268.

[14] 康绍忠，蔡焕杰．农业水管理学［M］. 北京：农业出版社，1996.

[15] 李合生．现代植物生理学［M］. 北京：高等教育出版社，2002.

[16] 齐丽彬，樊军，邵明安，等．紫花苜蓿不同根系分布模式的土壤水分模拟和验证［J］. 农业工程学报，2009，25（4）：24－29.

[17] 邵明安，植物根系吸收土壤水分的数学模型［J］. 土壤学报，1987，24（4）：295－304.

[18] 王信理．在作物干物质积累的动态模拟中如何合理运用 Logistic 方程［J］. 中国农业气象，1986，7（1）：1419.

[19] 王瑞军，李世清，王全九，等．半干旱农田生态系统春玉米叶面积及叶生物量模拟的比较研究［J］. 中国生态农业学报，2008，16（1）：139－144.

[20] 张云霞，李晓兵，陈云浩．草地植被盖度的多尺度遥感与实地测量方法综述［J］. 地球科学进展，2003，18（1）：85－93.